高等院校理工类专业规划教材·校级

智能化软件质量保证的概念与方法

聂长海 编著
南京大学

Intelligent Software Quality Assurance
Concepts and Methods

机械工业出版社
China Machine Press

图书在版编目（CIP）数据

智能化软件质量保证的概念与方法 / 聂长海编著 . —北京：机械工业出版社，2020.7
（高等院校理工类专业规划教材）

ISBN 978-7-111-65807-8

I. 智… II. 聂… III. 软件质量 – 质量管理 – 高等学校 – 教材 IV. TP311.5

中国版本图书馆 CIP 数据核字（2020）第 098456 号

　　本书系统介绍智能化软件质量保证的概念、理论和方法，特别是关于智能化软件的新概念、新特
性、新技术、新平台和新应用场景。全书共 10 章，主要内容包括：软件质量保证的重要过程和管理，
软件生命周期中的质量保证，软件质量保证体系，软件质量保证的自动化方法，软件服务新环境，软
件新形式，群智化与敏捷化开发，软件智能化技术，以及软件智能化开发支撑技术。

　　本书可作为高等院校计算机、软件工程及相关专业的教材，或相关领域从业人员、科研工作者的
参考书，也可帮助感兴趣的读者开阔视野和思路。

出版发行：机械工业出版社（北京市西城区百万庄大街 22 号　邮政编码：100037）
责任编辑：曲　熠　　　　　　　　　　　　　　责任校对：李秋荣
印　　刷：三河市宏达印刷有限公司　　　　　　版　　次：2020 年 7 月第 1 版第 1 次印刷
开　　本：185mm×260mm　1/16　　　　　　　印　　张：15
书　　号：ISBN 978-7-111-65807-8　　　　　　定　　价：59.00 元

客服电话：（010）88361066　88379833　68326294　　投稿热线：（010）88379604
华章网站：www.hzbook.com　　　　　　　　　　　　读者信箱：hzjsj@hzbook.com

动机

我们正在进入智能化时代，软件正在定义和实现世界，软件本身的智能化以及软件开发和质量保证技术的智能化刻不容缓。自 2015 年开始，我在南京大学计算机科学与技术系开设了软件质量保证本科生课程。当时我也在为学生讲授软件测试课程，并已经持续了 5 年。2013 年，我在参考市场上已有的近百本教材的基础上自己编写了《软件测试的概念与方法》，其中的内容更新程度超过 50%。但当我开始着手准备软件质量保证课程的教材时，在对国内外课程内容的调研中发现了以下几个特点：

- 国外教材多数从一般的质量管理出发，过渡到软件质量管理和保证的理论及方法，对软件新技术涉及较少。
- 国内教材多数把软件测试和软件质量保证的理论和方法放在一起，有很多教材几乎各占一半。
- 几乎所有的教材都是按照软件工程的过程来组织的，即分别介绍需求分析、设计、编码、测试和维护等阶段的质量保证措施和方法，而且这部分内容约占一半以上。

因此，我在选择教材的时候就面临这样一些问题：

- 现有教材的内容与软件工程课程的教学内容重合度高，而我们的学生已经学过软件工程课程。
- 很多教材的内容与我正在主讲的软件测试课程重合度高。
- 现有传统教材的内容更新速度普遍比较慢，很多新知识还没有包括进去。

基于以上考虑，我们在教学实践中进行了一些尝试和探索，拟取长补短，编写一本能够反映技术进步、与时俱进的新教材。2019 年暑假，在 4 年多教学实践的基础上，我编写了"智能化软件质量保证概念与方法讲义"作为临时教材，经过秋季学期的使用，又发现了讲义中一些新的问题。2020 年春节期间，正值新型冠状病毒肆虐，在居家抗疫的非常时期，我安下心来系统地对讲义内容又进行了一轮修改，希望这本教材正式出版后能为正在迅速发展的软件领域抛砖引玉，做出一点贡献。

编写这本教材的一个初衷就是"把散落在茫茫书海和论文中的米粒捡起来，攒成米团献给大家"，或者"把珍珠收集起来，串成项链送给大家"。所以，这本教材也是我在多年教学和科研基础上的认识和总结。

编写框架

本书系统介绍智能化软件质量保证的概念、理论和方法，从中提炼出 100 个左右的知识点，讲解这些知识点的定义、目标、方法、原理、实例、优缺点、研究现状等。个别概念与方法因具体情况而有所剪裁，特别是有些还不是很成熟的方向，只能做粗略的介绍。

针对每一个知识点，首先介绍它的目的，即可用来做什么；接着具体介绍这个知识点的概念，即是什么；然后介绍其原理和理论基础等，即为什么；之后尽可能通过例子将该知识点描述得更清楚，并评论其长处和不足；最后介绍研究现状，为学者和研究人员提供知识来源。另外，作为教材，我们还需要检验和巩固学习效果，因此各节末尾还设计了思考题。

内容组织

经过 5 年的探索和积累，在充分继承已有教材优点的基础上，本教材充分收集和整理了智能化软件质量保证相关的新技术、新方法和新理论。全书共 10 章。其中，第 1 章作为概论，从软件与智能化软件、质量与质量观两条线出发，讨论软件质量及软件度量。特别重要的是，我把国务院 2010 年出台的《质量发展纲要（2011—2020 年）》放进来，这是国家层面对各行各业质量工作的顶层设计、规划和工作安排，对于提高读者的质量认识水平和指导我们做好软件质量保证工作具有重要意义。

传统部分的内容包括：软件质量保证的重要过程和管理（第 2 章）、软件生命周期中的质量保证（第 3 章）和软件质量保证体系（第 4 章）。在传统质量保证的基础上，后续内容侧重于软件质量保证的自动化方法（第 5 章）、软件服务新环境（第 6 章）、软件新形式（第 7 章）、群智化与敏捷化开发（第 8 章）、软件智能化技术（第 9 章）和软件智能化开发支撑技术（第 10 章）。后面 6 章的内容是本教材的特色，基本上覆盖了智能化软件开发和质量保证的方方面面，而这部分内容是以前的教材几乎没有涉及的。

在本教材中我们整理了关于软件质量保证的 100 个左右的知识点（具体见第 1 章），其中绝大部分知识点都有专门的著作或教材加以讲解。例如，软件测试只是其中一个知识点，即 1% 的内容，但在高校中软件测试就是单独的一门课程，市场上有上百种软件测试教材和著作。在本教材共 10 章的内容中，只有第 2、3、4 章是对传统质量保证教材内容的重新组织，其他章节的内容基本上都是新增的知识点。

致谢

在教材编写的过程中，得到了南京大学计算机系各位老师的帮助。这里特别感谢计算机系主任及人工智能学院院长周志华教授对"学件"一节内容提供的支持和帮助。还要感谢周毓明教授在"软件度量"方面，许蕾副教授在"软件分析"方面，陈林副教授在"软件重构"方面，以及我系青年教师吴化尧博士和钮鑫涛博士在很多方面提供的帮助。

感谢北京航空航天大学蔡开元教授在"软件控制论"方面，北京科技大学孙昌爱教授在"智能化软件"方面，哈尔滨工业大学苏小红教授在"软件安全"方面，东南大学李必信教授在"软件体系结构"方面，西北工业大学董云卫教授在"信息物理系统"方面，南京邮电大学张迎周教授在"程序分析"方面，中国电信研究院移动通信研究所张志荣高级工程师在"5G"方面，美国甲骨文公司首席软件工程师高维忠在"区块链技术"方面提供的很多支持和帮助。感谢南京晓庄学院徐家喜老师和王燕老师、中国电信江苏省公司李忠超高级工程师等帮助收集和整理教学资料。

感谢我的博士生陆超逸、张文茜协助收集和整理资料。感谢2015至2019年这5年来选修我的"软件质量保证"课程的同学，与他们进行的教学研讨，以及他们每个人在学期结束时提交的调查报告，给我提供了开阔的思路和丰富的材料，这些对形成本教材的内容也起到了非常重要的作用。

本书在编写过程中得到了科技部重点研发计划项目"面向服务的群智化生态化软件开发方法与环境"（No.2018YFB1003800）、南京大学软件新技术国家重点实验室、南京大学计算机科学与技术系、华为科技有限公司等项目和单位的支持。

聂长海
2020 年 2 月 14 日
于南大和园

目 录

第1章

软件质量保证概论

我们已经进入了软件定义与实现无处不在的时代，从能够上九天揽月、下五洋捉鳖的大国重器，到身边的手机、手表及家用电器，都可以从中找到软件扮演的重要角色。软件不仅是推动社会发展的重要力量，同时也成了制约发展速度和质量的重要因素。

软件质量保证研究和讨论一系列用以提高和保证软件质量的理论、方法和规程体系，以及确保它们在生产实践过程中得到落实的措施。软件质量保证体系的建立和运行，不仅可以帮助软件开发人员提高软件开发的效率和质量，使软件开发管理人员轻松透明地管理复杂的开发过程，同时也可以极大地提高用户对软件产品质量的信心。

1.1 软件质量保证的概念和理论体系

软件质量保证的概念

软件质量保证（Software Quality Assurance，SQA）是指建立一套有计划、有系统的方法，来向管理层保证拟定的标准、步骤、实践和方法能够正确地被所有项目所采用。软件质量保证的目的是使软件过程对于管理人员来说是可见的。它通过对软件产品和活动进行评审和审计来验证软件是否合乎标准。软件质量保证组在项目开始时就一起参与建立计划、标准和过程，目标是使软件项目满足组织机构的要求。

质量保证是一个需要从顶层管理角度给予充分关注的战略问题，它是一种积极主动的方法，通过对产品全生命周期建立有意义的、适当的过程，并确保这些过程得到遵循，从而确保质量。

软件质量保证是一种有计划的、系统化的行动模式，一种为使人们信任项目或者使产品符合已有技术需求而必需的行动。它是用于评价开发或者制造产品的过程的一组活动，与质量控制有区别。

软件质量保证的理论体系

软件质量保证经过几十年的发展，已经形成了一个具有丰富内涵的知识体系，本书将这些知识体系分成以下几个方面。

- 基础部分：软件与智能化软件；质量与质量观；软件质量；软件度量；质量发展纲要。
- 基本技术：验证与确认（V & V）；软件评审与审计（review & audit）；质量保证与质量控制（QA & QC）；软件度量与软件质量度量（measure）。

- 基本标准与规程：ISO；CMM；六西格玛标准。
- 基本管理：配置管理；风险管理；质量管理；缺陷管理。
- 软件开发过程中的质量保证：需求分析的质量（头脑风暴）；软件设计的质量；软件编码的质量；软件测试的质量；软件发布与维护的质量。
- 软件质量保证体系：软件质量保证计划；软件质量保证组织；软件质量工程体系；软件质量保证的文档模板；软件质量工具；软件质量相关职业；软件质量经济学。
- 工程化方法（X-软件工程）：可信软件工程；自动化软件工程；基于搜索的软件工程；面向对象软件工程；面向构件软件工程；面向服务软件工程；逆向软件工程；面向方面软件工程；计算机辅助软件工程（CASE）；敏捷软件工程（AGILE）；净室（cleanroom）软件工程；智能化软件工程；实证软件工程；基于项目的软件工程；大数据软件工程；群智软件工程；分布式软件工程；基于模型的软件工程；基于知识的软件工程；网构软件工程。
- 新技术与新平台保障：云计算；雾计算；边缘计算；普适计算；互联网＋与工业 4.0；物联网；5G。
- 软件质量的特别要求：软件可靠性；软件安全性；软件可信性。
- 软件开发形式创新：软件众包；软件生产线；开源软件；群智软件；DevOps。
- 软件质量保证方法创新：形式化方法；模型检查；软件分析；软件演化；软件架构；仿真；定理证明；软件重构；容错计算；设计模式；软件控制论。
- 新型软件应用与系统的质量保证：移动 App；多核与并发系统；信息物理系统；智能软件；软件 Agent；中间件；分布式系统；网构软件（internetware）；知件（knowware）；学件（learnware）。
- 软件智能化技术：数据挖掘；软件仓库挖掘；机器学习；知识图谱；统计预测；人工智能；大数据；区块链。

学习软件质量保证具有重要的意义，不仅可以指导我们以科学的态度和方式做好相关工作，还可以进一步指导我们提高日常的学习和生活质量。为了学好这些知识，不仅需要深入理解其中的理论、方法和技术，还要结合国家层面关于质量的大政方针，特别是国务院颁布的质量发展纲要，紧密结合自己的工作、生活和学习情况，理论联系实际，学以致用，不断提高理论和实际应用水平。

思考题

1. 什么是软件质量保证？
2. 为什么要学习软件质量保证？
3. 软件质量保证主要包括哪些内容？
4. 怎样学习软件质量保证课程？

1.2　软件与智能化软件

人们从不同的角度对软件给出了不同的定义，以下列出了一些主要定义。

维基百科：计算机软件（简称软件）是一系列使计算机能够完成某项工作的指令和数据的集合，与构建和执行系统任务的物理硬件相对应。软件包括所有被计算机系统处理的信息，如计算机程序、库、相关的不可执行的数据（如在线文档和数字媒体）等。计算机硬件和软件互相依存，缺一不可。

百度百科：软件是一系列按照特定顺序组织的计算机数据和指令的集合。一般来讲，软件被划分为系统软件、应用软件和介于这两者之间的中间件。软件并不只是包括可以在计算机（这里的计算机是指广义的计算机）上运行的电脑程序，与这些电脑程序相关的文档一般也被认为是软件的一部分。简单地说，软件就是程序加文档的集合体。

IEEE：软件是计算机程序、规程以及可能的相关文档和运行计算机系统需要的数据。软件包含计算机程序、规程、文档和软件系统运行所必需的数据四个部分。

当软件产品打包发布时，分发的不仅仅是代码，也包含许多支持，如帮助文档、用户手册、样本和实例、标签和补丁、产品支持信息、图标和标志、错误提示信息、广告和宣传材料、安装信息以及其他说明文件。它们都是软件产品的组成部分，客户都要查看或者使用。

从平台的角度，软件是程序与文档的结合体，即程序 + 文档（是什么）；从认知的角度，软件是知识的固化，即知识 + 使用（含什么）；从问题的角度，软件是针对各种需求的一种服务，即服务 + 需求（做什么）。（引自中国科学院院士、南京大学校长吕建教授）

软件是对客观世界中问题空间与解空间的具体描述，是客观事物的一种反映，是知识的提炼和"固化"。客观世界是不断变化的，因此，构造性和演化性是软件的本质特征。如何使软件模型具有更强的表达能力，更符合人类的思维模式，即如何提升计算环境的抽象层次，在一定意义上讲，这紧紧围绕了软件的本质特征——构造性和演化性。（引自中国科学院院士、北京大学杨芙清教授）

软件经过三个发展阶段，从"软硬一体化阶段"，到"产品化、产业化阶段"，再到目前的"网络化、服务化阶段"。服务化已经成为互联网环境下软件应用的新形式，服务即软件（Service as a Software，SaaS）。

软件的分类方式有很多种，可以依软件的目的分为以下几种：系统软件（如 Windows、Linux、macOS 等），应用软件（如 Office、AutoCAD），Web 应用软件（如百度、Google），工程和科学软件（如 Mathematics），嵌入式软件（如各种家电控制软件），人工智能软件（如各种机器学习软件等）。目前还有移动应用软件，主要在移动设备上安装和使用，如微信、支付宝等手机上的各种 App。当然还有很多其他类型的软件，如网络工具、病毒防治、图形图像、媒体工具、管理 / 行业软件、桌面工具、教育教学、游戏娱乐、网站源码、编程开发、数码软件、硬件驱动等。依据许可方式的不同，大致可将软件区分为几类：专属软件、自由软件、共享软件、免费软件等。

软件已经成为重新定义和实现世界的基础设施，软件已经无处不在，同时，软件质量也日益成为制约社会发展和技术进步的关键因素。

智能化软件的应用背景

我们正在进入智能化时代（互联网 + 和工业 4.0 时代），大数据、云计算和人工智能已经成为这个时代进步的"三驾马车"，分别为智能化时代提供数据、算力和算法层面的支持，成为各行各业技术革新和社会发展的重要引擎。

美、英、日、德、法、印等世界各国为推动智能化进程紧锣密鼓地制定了相应的发展战略及行动计划。2016 年 10 月，美国总统奥巴马在白宫前沿峰会上发布《国家人工智能研究和发展战略计划》；同年 12 月 20 日，美国白宫跟进发布了一份关于人工智能的报告——《人工智能、自动化与经济》；日本政府也先后发布《机器人新战略》和《人工智能技术战略》。由此可见，世界各国已经把推动智能化软件的发展提升到国家战略的高度。

近年来，我国同样密集出台了一系列发展战略、行动计划和支持政策。2015 年，国务院颁布《促进大数据发展行动纲要》，强调数据已成为国家基础性战略资源；李克强总理在两会的政府报告中，提出"制定互联网＋行动计划"的要求，推动移动互联网、云计算、大数据、物联网与现代制造业结合，促进电子商务、工业互联网和互联网金融健康发展，引导互联网企业拓展国际市场。2016 年，国家发改委、科技部、工信部、中央网信办联合发布了《"互联网＋"人工智能三年行动实施方案》，提出了三大方向共九大工程，系统地阐述了我国在2016～2018 年间推动人工智能发展的具体思路和内容。2017 年，国务院颁布《新一代人工智能发展规划》，指出要抢抓人工智能发展的重大战略机遇，构筑我国人工智能发展的先发优势，加快建设创新型国家和世界科技强国；同年，工信部发布了《促进新一代人工智能产业发展的三年行动计划（2018—2020 年）》，目的在于深入实施"中国制造 2025"，加快人工智能产业发展，推动人工智能和实体经济深度融合，力争于 2020 年在一系列人工智能标志性产业取得重要突破，在若干重点领域形成国际竞争优势。

智能化软件的广泛应用

在当前全面推进战略性新兴产业及高技术制造业的形势下，智能化软件为提升现代企事业单位生产力水平提供了重要支撑，为国民经济飞速增长和社会持续稳定发展提供了有力保障。"智能化软件"是指能够产生人类智能行为的软件系统，通常通过学习或者自适应等方式获得处理问题的逻辑，具有强大的认知和问题解决能力，正在推动经济社会从数字化、网络化向智能化加速跃进。在智能化时代的背景下，大数据提供的海量数据、云计算带来的超强计算能力以及人工智能算法的不断演进为智能化软件的飞速发展插上了腾飞的翅膀。

目前，智能化软件在各个领域表现良好甚至达到了人类的水平。谷歌公司的 AlphaGo 围棋智能机器人依靠深度学习技术战胜了排名世界第一的围棋冠军柯洁及职业九段棋手李世石，IBM 公司的深蓝智能计算系统战胜了国际象棋特级大师加里·卡斯帕罗夫。人工智能技术还可以提升研究人员发现和解决问题的能力，助力科学研究与发现，造福人类。谷歌最新的人工智能 AlphaFold，在一项极其困难的任务中击败了所有的人类对手，成功根据基因序列预测了生命基本分子——蛋白质的三维结构。医学影像企业 Enlitic 开发了从 X 光照片及 CT 扫描图像中找出恶性肿瘤的图像识别软件，利用深度学习方法对大量医疗图像数据进行机器学习，自动总结出病症的"特征"以及"模式"。智能化软件已经渗透到我们生活的每个角落，正在逐渐改变家居、出行、医疗、教育、金融、工作等诸多领域（如表 1-1 所示）。

表 1-1　智能化软件的应用实例

智能领域	应用实例
智能家居	智能家电，如三星公司的智能冰箱 Family Hub、亚马逊的 Echo 智能音箱；家居智能控制平台用于控制门、窗、家用电子设备等，如谷歌的 Google Home 家庭设备控制中心、扎克伯格的"贾维斯"智能管家、苹果的 HomeKit 智能家居平台
智慧出行	无人驾驶汽车；智能交通机器人，用于路口的交通指挥，降低交通警察工作量；智能交通监控可应用于停车场、高速路口收费站等，进行车辆抓拍
智慧工作	目前在服务行业有广泛应用，如京东的无人仓储、微软亚洲研究院利用智能化软件来优化现有的航运操作
智慧医疗	智能医疗机器人用于外科手术、功能康复及辅助护理等方面，如 Verb Surgical 公司研发的新一代辅助手术的机器人；智能药物研发，如 IBM 的 Watson 机器人；智能诊疗与智能影像识别；智能健康管理，如 Welltok 的健康管理平台
智慧教育	网络课程将占据主流，通过人机交互可以在线答疑，通过图像识别可以让机器批改试卷、识题答题等，教育资源丰富且共享
智能金融	准确预测股票价格，进行客户信誉度量和风险管理

（续）

智能领域	应用实例
智能零售	凭借丰富的客户数据，人工智能可以应用在定制产品推荐、购物助手、实时价格调整、库存管理、订单分配以及面向聊天机器人的客户服务等方面，如微软合作商推出的 Fellow Robots 服务机器人
智能电商	用于电商平台的商品管理，如创建个人推荐、预测商品价格、提高产品图像质量以及识别可疑广告和行为等，实例如 Ubcoin Market

智能化软件的质量与安全隐患

　　智能化软件系统在为人类带来极大便利的同时，由于自身的复杂性和智能性等特点，在软件的可靠性和安全性等方面也会遇到普通软件从未面临的挑战。软件安全性指软件在受到恶意攻击或者非正常使用时仍提供所需功能的能力，是评判软件质量的重要标准之一，也是计算机软件研究的一个重要领域。单机时代的软件安全问题主要是操作系统容易感染病毒，而互联网普及以后，软件安全问题尤为突出。主要原因包括：

- 软件开发人员大多安全意识不足，导致开发的软件存在安全缺陷。
- 不断增加的软件复杂性和可扩展性需求凸显了软件安全问题的严重性。
- 安全性相关缺陷（也称漏洞）是指在软件设计与实现过程中存在的一些容易被恶意攻击者所利用或有可能影响软件可靠运行的缺陷或不足。它不同于一般的软件缺陷，一个很难发现的软件缺陷可能只影响少部分用户或者产生轻微的影响，而一个很难发现的软件安全漏洞可能导致大量用户受到影响或者产生极为严重的影响。

　　智能化软件系统这类安全关键软件一旦发生故障，可能造成重大人员伤亡、财产损失、环境污染等危险事故。表 1-2 列举了一些近年来智能化软件系统发生的故障案例。

表 1-2　智能化软件故障案例

智能应用	案例描述	故障原因
亚马逊 Alexa	一名儿童向亚马逊 Alexa 下达播放 "Digger digger"（一首儿童歌曲）的指令，亚马逊个人助手通过算法进行识别，竟然认为孩子想听情色内容，并开始播放	Alexa 很难完全屏蔽成人内容，且很难鉴别是否是儿童在使用设备
Echo 音箱	一个德国人的 Echo 音箱在他不在家的时候被意外地激活，午夜之后开始播放音乐，吵醒了邻居，邻居无奈报警	有可能是由于指令没有成功传达造成的误报
微软聊天机器人 Tay	Tay 被人灌输了种族歧视、反女权等思想，经常说脏话，不但说自己喜欢希特勒，还说 9·11 事件是小布什所为	有人利用 Tay 无法甄别信息虚假性这一漏洞发动攻击，采用一些虚假谎言对 Tay 进行训练
谷歌无人驾驶汽车	2016 年，谷歌的无人驾驶汽车和一辆公共汽车相撞	系统预测公共汽车会在一系列罕见的条件下减速或停车，而实际上公共汽车不可能停止
特斯拉无人驾驶汽车	2016 年，特斯拉的一辆无人驾驶汽车和一辆拖车相撞	拖车的外表颜色和天空相近并且底盘较高，导致系统将一辆白色卡车误检测为天空
医疗机器人 "达芬奇"	2015 年 "达芬奇" 医疗机器人在心瓣修复手术中把病人的心脏 "放错位置"，并戳穿其大动脉，病人最终由于多器官衰竭逝世	测试无法真实模拟病人的情况，所以难以全面测试系统所有可能的情况
无人机	2017 年日本一架无人机因操作失误在坠落的过程中砸伤一名工人	无人机飞行时受到无线电信号干扰，致使飞行器跟遥控器失联，导致失控

上述案例中的故障是智能化软件自身漏洞导致的，这些漏洞导致软件表现出不被期望的行为，如 Echo 音箱莫名启动，同时在一些安全关键的领域（如无人驾驶、航空航天等）带来灾难性影响。因此，在智能化软件系统充溢生活的今天，保障智能化软件的质量是一个意义深远的问题。如何有效保障智能化软件系统正确、高效、可靠地实现其既定任务是一个需要解决的重要问题。

> **思考题**
> 1. 什么是软件？软件有哪些特点？
> 2. 什么是智能化软件？智能化软件有什么特点？

1.3　质量与质量观

质量是质量保证领域最基本的概念之一，其内涵十分丰富，并且随着社会经济和科学技术的发展而不断充实、完善和深化，人们对质量概念的认识也经历着一个不断发展和深化的历史过程。

质量的定义包括常规定义（好与坏、便宜与否、缺陷多少等直观概念）与专业定义，狭义观点和广义观点等（见表 1-3）。

表 1-3　狭义质量概念和广义质量概念的对比

主　题	狭义质量概念（以内部为中心）	广义质量概念（以人为中心）
产品	有形制成品（硬件）	硬件、软件、服务和研发流程
过程	直接与产品制造有关的过程	包括制造核心过程、销售支持性过程等的所有过程
产业	制造业	制造、服务、政府等各行各业，可以是赢利的或非赢利的
质量问题	技术问题	经营问题
客户	购买产品的客户	所有有关人员，无论是内部还是外部
认识质量	基于职能部门	基于普适的朱兰三部曲：质量计划、质量控制和质量改进
质量目标	工厂的各项指标	公司经营计划承诺和社会责任
劣质成本	与不合格的制造品有关	无缺陷使成本总和最低
质量评价	符合规范、程序和标准	满足客户的需求
改进提高	部门业绩	公司业绩
质量管理培训	集中在质量部门	全公司范围内
协调质量工作	中层质量管理人员	高层管理者组成的质量委员会

为了全面认识质量这个概念，以下给出一些有代表性的专业定义。

- 六西格玛管理的定义：产品质量是顾客和供应者从商业关系的各个角度共同认知的价值观念。对于顾客来说，质量意味着用尽可能低的价格买到高质量的产品；对于供应者来说，质量意味着提供顾客期望水准产品的同时获得最大可能的利润。
- 美国著名的质量管理专家朱兰博士从顾客的角度出发，提出了产品质量就是产品的适用性（fitness for use），即产品在使用时能成功地满足用户需要的程度。用户对产品的基本要求就是适用，适用性恰如其分地表达了质量的内涵。
- 美国质量管理专家克劳斯比从生产者的角度出发，曾把质量概括为"产品符合规定要求的程度"。该定义认为每个行业要制定出其专业的产品标准，各个厂商应该按照此标准持续地对生产状况进行衡量和控制，使生产出的产品和服务符合相关规定。

- ISO8402"质量术语"中定义质量为反映实体满足明确或隐含需要能力的特性总和。国际标准化组织（ISO）2005 年颁布的 ISO9000:2005《质量管理体系基础和术语》中对质量的定义是一组固有特性满足要求的程度，"质量是指产品或服务所具有的、能用以鉴别其是否合乎规定要求的一切特性和特征的总和"。
- 在 Rational 统一过程（Rational Unified Process，RUP）中，质量的定义为：满足或超出认定的一组需求；使用经过认可的评测方法和标准来评估；使用认定的流程来生产。
- 其他定义还有：美国的质量管理大师德鲁克认为"质量就是满足需要"；全面质量控制的创始人菲根堡姆认为，产品或服务质量是指营销、设计、制造、维修中各种特性的综合体。

针对以上定义，需要做以下补充说明。

用户对产品使用要求的满足程度，反映在对产品的性能、经济特性、服务特性、环境特性和心理特性等方面。质量是一个综合的概念，它并不要求技术特性越高越好，而是追求诸如性能、成本、数量、交货期、服务等因素的最佳组合，即所谓的最适当。

定义中的"特性"是指事物所特有的性质，固有特性是事物本来就有的，它是通过产品、过程或者体系设计和开发及其之后的实现过程所形成的属性。例如：物质特性（如机械、电气、化学或生物特性）、感官特性（如通过嗅觉、触觉、味觉、视觉等感觉）、行为特性（如礼貌、诚实、正直）、时间特性（如准时性、可靠性、可用性）、人体工效特性（如语言或生理特性、人身安全特性）、功能特性（如飞机最高速度）等。这些固有特性的要求大多是可测量的。赋予的特性（如某产品的价格）并非产品、体系或过程的固有特性。

"满足要求"就是应满足明示的（如明确规定的）、通常隐含的（如组织的惯例、一般习惯）或必须履行（如法律法规、行业规则）的需要和期望。只有全面满足这些要求，才能评定为优秀的质量。目前，人们把质量分成 3 个层次：符合性质量，即能够满足国家或行业标准、产品规范的要求；适应性质量，让顾客满意，不仅满足标准、规范的要求，而且满足客户的其他要求；广义质量，不仅要让客户满意，还要让客户愉快，不仅要求产品质量，还要求开发这种产品的过程、组织和管理体系的质量。

顾客和其他相关方对产品、体系或过程的质量要求是动态的、发展的和相对的。它将随着时间、地点、环境的变化而变化。所以，应定期对质量进行评审，按照变化的需要和期望，相应地改进产品、体系或过程的质量，确保持续地满足顾客和其他相关方的要求。

质量的常规定义可用差、好或优秀等形容词来修饰。质量是一个多层面概念，具有多层面的属性，具体包括：客户属性，即相对客户而存在；成本属性，即为保证满意的质量而付出的费用，以及没有获得满意的质量而导致的有形或无形的损失；社会属性，即质量是一种文化，一种心态、理念和社会价值观。

质量的特性

质量的特性包括以下方面。

- 质量成本：包括预防成本、鉴定成本、内部生产过程中因故障导致的再设计、再生产等成本、投入使用后因故障造成损失的外部成本等。
- 质量维度：一个产品通常需要多个指标来反映它的质量，质量维度不仅包括各类产品质量的基本属性和特征，还应包含重点关注的关键因素和改进方向。

- 质量可测性：质量的好坏取决于对相应特征属性的衡量，质量的可测性决定了质量的可控性，在实际工作中，通常需要把不定量的特性转换成可以定量的代用质量特性。
- 质量时效性：由于顾客的期望和需求是在不断变化的，原来受欢迎的产品可能现在不再受欢迎了，其质量具有时效性。
- 质量相对性：质量是相对于顾客的满意度而言的，有的重视价格，有的重视方便和耐用性，对质量的评价也是仁者见仁，智者见智，对于不同领域的消费群体，质量具有不同内涵。
- 质量成本与效益分析：随着预防成本和鉴定成本的增加，质量水平就会相应提高，而随着质量水平的提高，故障成本也会相应降低，因此，需要找到一个最佳点，使质量总成本最低。

质量的重要性

质量发展是兴国之道、强国之策。质量反映一个国家的综合实力，是企业和产业核心竞争力的体现，也是国家文明程度的体现；既是科技创新、资源配置、劳动者素质等因素的集成，又是法治环境、文化教育、诚信建设等方面的综合反映。

——《质量发展纲要（2011—2020 年）》

产品质量具有重要的社会意义。质量是企业生存的需要，是企业和国家竞争力的标志，例如，日本和德国因制造业产品的质量上乘而在国际上享有很高的声誉。

提高产品质量具有重要的经济意义。质量可以节约成本，避免因质量问题造成的损失；同时，质量可以吸引新客户，留住老客户，从而提高利润。

高质量产品可以提高企业的竞争优势。高质量产品可以做到"一直被模仿，从未被超越"，竞争对手可能很快就模仿出相同功能的产品，但质量将是唯一的门槛。

提高质量具有重要的市场意义。目前市场竞争从"价格竞争"逐渐转向"质量竞争"。高质量已经成为企业占领市场、参与全球化竞争的需要。

质量面临的挑战

在实际环境中，我们难以一次性确定产品质量的目标，而且不同产品和机构的度量方法也不同，用户和利益相关者的需求以及系统和产品的应用需求标准也不同。使用在小系统上的质量测试方法可能不适合大系统，应用到实时软件系统的质量标准不适合非实时系统，复杂系统也需要采用与小系统不同的检测过程。质量评估方法必须针对具体的产品，而且必须对整个产品生产过程进行评估，而不是针对个别部分。

质量目标必须明确定义、有效监控并严格执行，项目必须从开始就注重质量，保证质量标准和定义的需求保持一致。质量必须规划到整个项目结构中，不断评估，在发现缺陷时进行相应的纠正。

思考题

1. 质量是什么？通过你熟悉的产品简单说明你心中的质量。

1.4 软件质量

美国国家标准学会（American National Standards Institute，ANSI）在 1983 年的标准陈述中，将软件质量定义为"与软件产品满足规定的和隐含的需求的能力有关的特征和特性的总和"。具体包括：软件产品中能满足用户给定需求的全部特性的集合，软件具有所期望的各种属性组合的程度，用户主观得出的软件是否满足其综合期望的程度，软件在使用中将满足其综合期望程度的软件合成特性。

百度百科中，将软件质量定义为"软件与明确和隐含定义的需求相一致的程度"，即软件与明确叙述的功能和性能需求、文档中明确描述的开发标准以及任何专业开发的软件产品都应该具有的隐含特征相一致的程度。

过程质量观认为软件质量就是其开发和维护过程的质量，对软件质量的度量应转化为对软件过程的度量。因此，需要定义一套良好的过程，并严格遵守这一过程进行软件开发。

所以，软件质量可以通过多个方面的特性去度量，例如产品质量、过程质量、动态质量和静态质量等（见图1-1）。也可以从用户的要求出发去归类软件质量，如表1-4所示。

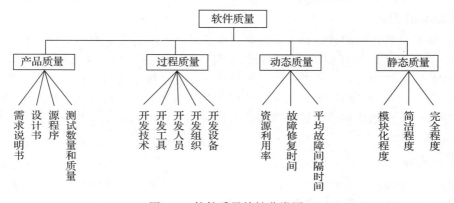

图 1-1　软件质量特性分类图

表 1-4　用户要求与软件质量特性

用户要求	具体问题	质量特性
功能	能否在有一定错误的情况下也不停止运行？ 软件故障发生的频率如何？ 故障期间的系统可以保存吗？ 使用方便吗？	完整性 可靠性 生存性 可用性
性能	需要多少资源？ 是否符合需求规格？ 能否回避异常状况？ 是否容易与其他系统连接？	效率性 正确性 安全性 互操作性
修改 变更	发现软件差错后是否容易修改？ 功能扩充是否简单？ 能否很容易地变更使用中的软件？ 移植到其他系统中能否正确运行？ 可否在其他系统里再利用？	可维护性 可扩充性 灵活性 可移植性 再利用性
管理	检验性能是否简单？ 软件管理是否容易？	可检验性 可管理性

软件质量的特性

从管理角度对软件质量进行度量，可将影响软件质量的主要因素划分为 3 个方面，分别反映用户在使用软件产品时的三种不同倾向或观点：产品运行（正确性、健壮性、效率、完整性、可用性、风险）；产品修改（可理解性、可维修性、灵活性、可测试性）；产品转移（可移植性、可再用性、互运行性)。

人们总结了软件质量应该具有的 3A 特性,具体包括:可说明性(accountability),用户可以基于产品或服务的描述和定义进行使用(例如市场需求说明书、功能设计说明书);有效性(availability),产品或服务对于 99.999% 的客户总是有效的;易用性(accessibility),对于用户,产品或服务非常容易使用并且一定是非常有用的功能。

Rational 统一过程(RUP)将软件质量定义为 3 个维度:功能(functionality),按照既定意图和要求执行指定用例的能力;可靠性(reliability),包括软件坚固性和可靠性(防故障能力,如防止崩溃、内存丢失等)、资源利用率、代码完整性以及技术兼容性等,健壮性和有效性有时可看成可靠性的一部分;性能(performance),用来衡量系统资源占用(CPU 时间、内存)、系统响应及表现的状态等。

软件质量面临的困难

软件是计算机系统中的逻辑部件而不是物理部件,软件开发是逻辑思维过程,也是科学创新的过程。所以,软件开发的工作量难以估计、进度难以度量、度量难以评价、成本高、维护难、软件质量难以保证。随着软件规模的增加,复杂度呈指数增长,需要多人共同参与开发大型系统。团队开发在增加开发力量的同时,也增加了交流和沟通的复杂性。组织不严密或管理不善经常会造成软件开发失败多、费用高。当前,人们面临的不仅是技术问题,管理问题也日益凸显。

软件质量的内容

人们往往赋予软件质量更为广义的概念,不仅仅包括软件产品的质量,还包括软件开发过程的质量以及软件运维阶段提供的服务质量等。

产品质量是人们实践产物的属性和行为,是可以认识、可以科学地描述的,并且可以通过一些方法和人类活动来改进质量。人们可以通过质量模型(如 McCall 模型、Boehm 模型、ISO9126 模型等)充分度量和认识产品质量。

关于过程质量,可以通过软件能力成熟度模型(Capability Maturity Model,CMM)、国际标准过程模型 ISO9000、软件过程改进和能力测定(Software Process Improvement and Capability dEtermination,SPICE)等对软件开发过程的质量进行评估。

在商业过程中有关的质量内容包括培训、成品制作、宣传、发布日期、客户、风险、成本、业务等方面。

总之,高质量软件应该是相对的无产品缺陷或只有极少量的缺陷,它能够准时递交给用户,所用的费用在预算内,并且能满足客户需求,是可维护的。但是,有关质量的好坏,最终评价依赖于用户的反馈。

思考题

1. 什么是软件质量?通过你熟悉的软件产品简单说明软件质量的要素。

1.4.1　软件可靠性

软件可靠性的发展史

- 1950~1958 年:程序由应用计算机的科学家和工程师自行编制,没有公认的规则可以遵循,没有软件可靠性的概念。
- 1959~1967 年:软件领域开始出现高级语言,应用日趋广泛,计算机硬件和软件技术飞快发展，但可靠性问题没有引起重视，计算机应用及其他领域暴露了大量问题。历史上称这段时期为"软件危机"时期。

- 1968～1978 年：在硬件技术迅速发展的前提下，以及在软件危机的刺激和推动下，软件工程学得以建立、发展。一些著名的软件工程专家开始致力于利用和改造硬件可靠性工程学的成果，使之移植到软件领域，从而迎来了软件可靠性的开创时期。但 20 世纪 70 年代小型机还不具备虚拟机的基本特征，无法从根本上解决软件的质量和可靠性问题。
- 1978 年至今：大规模集成电路的出现导致计算机向大型化和微型化两个极端的方向发展，软件的重要性更加突出，软件的设计、测试技术都有所提高，软件可靠性标准化工作开始起步，但其与硬件可靠性工程的发展水平相比仍具有较大差距。

软件可靠性的定义

可靠性是软件的一个质量要素。IEEE 于 1983 年将"软件可靠性"定义为：在规定的条件下，在规定的时间内，软件不引起系统失效的概率，该概率是系统输入和系统使用的函数，也是软件中存在的错误的函数，系统输入将确定是否会遇到已存在的错误；在上述条件下，程序执行所要求的功能的能力（此处"软件"与"程序"意义相同）。

该定义中"规定的时间"指的是 CPU 时间，即计算机在执行程序时实际占用 CPU 的时间、日历时间或时钟时间等；"规定的条件"指的是环境条件，包括与程序存储、运行有关的计算机及其操作系统、程序的输入分布等。

软件可靠性的影响因素

软件可靠性是关于软件能够满足需求功能的性质。软件不能满足需求往往是因为软件中的差错引起了软件故障。软件差错是软件开发各阶段潜入的人为错误，包括以下几种：

- 需求分析定义错误：用户提出的需求不完整、用户需求的变更未及时消化、软件开发者和用户对需求的理解不同等。
- 设计错误：处理的结构和算法错误，缺乏对特殊情况和错误处理的考虑等。
- 编码错误：语法错误、变量初始化错误等。
- 测试错误：数据准备错误、测试用例错误等。
- 文档错误：文档不齐全、文档相关内容不一致、文档版本不一致、不完整等。

错误被引入软件的方式可归纳为两种特性，即程序代码特性和开发过程特性。程序代码特性中最直观的是长度，另外还有算法和语句结构等，代码越长，结构越复杂，可靠性越难保证。开发过程特性包括采用的工程技术和使用的工具，也包括开发者个人的业务经历水平等，这其中哪个环节出问题，都会影响开发出来的软件的可靠性。

影响软件可靠性的另一个因素是健壮性，即对非法输入的容错能力。因此，提高可靠性从原理上看就是要减少错误和提高健壮性。

软件可靠性的意义

随着计算机应用的不断发展，软件已成为各行各业智能化、网络化的关键，由于软件的漏洞和缺陷造成系统运行失常的后果也愈加严重，特别是在航空航天、金融保险、交通通信、工业控制等关系国计民生的重要领域。同时，随着软件规模越来越大、结构日趋复杂，软件在构建和编程过程中会引入一些缺陷，缺陷可能导致失效，失效引发事故，导致软件的开发、集成和维护工作越来越复杂。

随着计算机和信息处理的广泛应用，计算机系统的可靠性问题越来越得到人们的关注。而软件体系规模的日益增大及其复杂性的日益增强，也使软件的可靠性问题更为突出。

为了对软件可靠性进行评估，除了进行软件测试外，还要借助软件可靠性模型的帮助。软件可靠性模型是指为预计或估算软件的可靠性所建立的可靠性框图和数据模型。建立可靠性模型可以将复杂系统的可靠性逐级分解为简单系统的可靠性，以便于定量预计、分配、估算和评价复杂系统的可靠性。

软件可靠性的模型

软件可靠性模型的标准如下：
- 模型的假设对实际项目应该是正确或接近的，在实际应用中应该是可行的、有效的。
- 模型应该是容易执行的，并且资源开销较小。

软件可靠性模型的建立是通过对所选模型关联参数的统计来确定失效情况、可靠性目标和实现这一目标的时间，并利用可靠性模型来制定测试策略，同时确定软件交付的预期可靠性。具有代表性的模型包括 Musa 模型（包括基本模型和对数模型）、Shooman 模型、Goel-Okumoto 模型、测试成功模型、威布尔模型等，表 1-5 简要介绍了其中的几种模型。

表 1-5　软件可靠性经典模型

模　　型	假　　设	适用阶段	难　易　度
Musa 基本模型	固有故障总数有限 常数故障率 故障随时间指数分布	集成测试后	简单
Musa 对数模型	固有故障总数无限 故障率随时间变化 故障随时间对数分布	单元测试	简单
Goel-Okumoto 模型	缺陷分布非时齐 可能错误修复 指数/威布尔分布	集成测试后	中等

软件可靠性模型的评价标准如下：
- 模型拟合性：指模型估计出的失效数据与实际失效数据的吻合程度。
- 模型的预计有效性：指模型预计数据的精确程度。
- 模型偏差：指模型预测分布是否平均地接近实际分布。
- 模型噪声：指模型本身给模型预测引入噪声的程度。

软件可靠性的测试与评估

软件可靠性评测是指运用统计技术对软件可靠性测试和系统运行期间采集的软件失效数据进行处理并评估软件可靠性的过程。具体步骤包括：确定可靠性目标，选择运行域，计划和执行测试，分析和反馈测试结果。下面给出两个实例：
- 可靠性增长测试：当程序可靠性未知时，为了检测程序在多少压力下能保持可靠性，需要将测试压力从小到大递增，直到软件在某压力下崩溃，则该压力为当前软件保持可靠性的阈值。
- 可靠性验证测试：当程序可靠性已知时，为了验证该可靠性，需要将测试压力保持在软件可靠性规定的测试压力下，观察软件是否能保持可靠性。

提高软件可靠性的方法与技术

建立以可靠性为核心的质量标准。软件质量从构成因素上可以分为产品质量和过程质量。

- 产品质量：软件成品的质量，包括各类文档和编码的可读性、可靠性、正确性、用户需求的满足程度等。
- 过程质量：开发过程环境的质量，与所采用的技术、开发人员的素质、开发的组织交流、开发设备的利用率等因素有关。

软件质量从用户角度上可以分为动态质量和静态质量。

- 静态质量：通过审查各开发过程的成果来确认的质量，包括模块化程度、简易程度、完整程度等内容。
- 动态质量：通过考查运行状况来确认的质量，包括平均故障间隔时间（MTBF）、软件故障修复时间（MTRF）、可用资源的利用率等。

质量标准度量至少应达到以下两个目的：

- 明确划分各开发过程（需求分析过程、设计过程、测试过程、验收过程），通过质量检验的反馈作用确保及早排除差错并保证一定的质量。
- 在各开发过程中实施进度管理，产生阶段质量评价报告，对不合要求的产品及早采取对策。

其中各开发过程质量度量的定义如下：

- 需求分析质量度量：需求分析定义是否完整、准确（无二异性），开发者和用户间是否存在理解不同的情况，文档完成情况，是否有明确的可靠性需求目标、分析设计及可靠性管理措施等。
- 设计结果质量度量：设计工时，程序容量和可读性、可理解性，测试情况数，评价结果，文档完成情况等。
- 测试结果质量度量：测试工时，差错状况，差错数量，差错检出率及残存差错数，差错影响评价，文档，有关非法输入的处理度量等。
- 验收结果质量度量：完成的功能数量，各项性能指标，可靠性等。

选择开发方法。目前的软件开发方法主要有 Parnas 方法、原型化方法、面向对象方法、可视化方法等。其中 Parnas 方法的核心思想如下：

- 在设计中要求先列出将来可能要变化的因素，在划分模块时将一些可能发生变化的因素隐含在某个模块内部，使其他模块与此无关，这样就提高了软件的可维护性与可靠性。
- 对接近硬件的模块对硬件行为进行检查，及时发现错误。
- 输入模块对输入数据进行合法性检查，检查是否合法、越权，及时纠错。
- 加强模块间检查，防止错误蔓延。

软件重用。软件重用不仅仅指软件本身，也可以是软件的开发方法、文档，甚至环境、数据等，包括以下 3 个方面的重用：

- 开发过程重用：指开发规范以及各种开发方法、工具和标准等。
- 软件构建重用：指文档、程序和数据等。
- 知识重用：指相关领域专业知识的重用。

使用开发管理工具。使用开发管理工具可以带来不少好处：

- 规范开发过程，缩短开发周期，减少开发成本，降低项目投资风险。
- 自动创造完整的文档，便于软件维护。
- 管理软件多重版本。
- 管理和追踪开发过程中威胁软件质量和影响开发周期的缺陷和变化，便于软件重用，避免数据丢失，也便于开发人员的交流。

加强测试。测试规范如下：

- 测试设计文档：详细描述测试方法，规定该设计及其有关测试所包括的特性，还应规定完成测试所需的测试用例和测试规程，规定特性的通过 / 失败判定准则。
- 测试用例规范：列出用于输入的具体值及预期输出结果，规定在使用具体测试用例时对测试规程的各种限制。
- 测试规程规范：规定对于运行该系统和执行测试用例所要求的所有步骤。

容错设计。主要包括以下方面：

- 算法模型化：把可以保证正确实现需求规格的算法模型化。
- 模拟模型化：为了保证在确定资源条件下的预测性能，使软件运行时间、内存使用量及控制执行模型化。
- 可靠性模型：使用可靠性模型从差错发生频度出发预测可靠性。
- 正确性证明：使用形式符号及数学归纳法等证明算法的正确性。
- 软件危险分析与故障树分析：从设计或编码的结构出发，追踪软件开发过程中潜在系统缺陷的原因。
- 分布接口需求规格说明：在设计的各阶段使用接口需求规格说明，以便验证需求的分布接口实现可能性与完备性。
- N 版本技术：依据相同规范要求独立设计 N 个功能相等的程序（或版本）。
- 恢复块技术：使用自动前向错误恢复的故障处理技术。
- 防错性程序设计：在程序中进行错误检查。被动的防错性程序设计是在到达检查点时检查计算机程序适当点的信息；主动的防错性程序设计是周期性地搜查整个程序、数据，或在空闲时间寻找不寻常的条件。

更多关于容错设计的理论与方法可以参考 5.5 节的相关内容。

思考题

1. 什么是软件可靠性？
2. 提高软件可靠性的措施有哪些？

1.4.2　软件安全性

软件安全性（software safety）指的是确保在系统范围内软件所完成的功能不会引起不可接受的风险，即软件能够使其所控制的系统始终处于不危及人的生命、财产和自然环境的安全状态的性质。Nancy G. Leveson 给出了软件安全性的定义："软件安全性涉及确保软件在系统环境中运行而不产生不可接受的风险，它是软件运行不引起危险和灾难的能力。"GJB/Z 102A—2012《军用软件安全性设计指南》中对软件安全性的定义为"软件运行不引起系统事故的能力"。软件安全（software security）是使软件在受到恶意攻击的情形下依然能够继续正确运行的工程化思想。

软件安全威胁包括软件自身的缺陷与漏洞、恶意软件攻击与检测和软件破解等。软件缺陷指计算机软件或程序中存在的某种破坏正常运行能力的问题、错误，或者隐藏的功能缺陷。软件漏洞是指软件在设计、实现、配置策略及使用过程中出现的缺陷。恶意软件是指设计目的是实施特定恶意功能的一类软件程序。软件破解是指通过对软件自身进行逆向分析，发现软件的注册机制，对软件的各类限制实施破解，从而使得非法使用者可以正常使用软件。

软件安全性的意义

软件的缺陷和漏洞严重威胁到网络及信息系统的安全，因此软件漏洞防护技术引发了人们的普遍关注。恶意代码是计算机安全问题的主要威胁之一，人们研发出一系列优秀的反病毒产品，主要用于病毒的防护、检测及其清除等。软件破解是软件盗版的第一步，人们将多种软件保护技术结合起来，可以有效提高软件的保护程度。

随着网络上每年爆出大量的安全事件，如软件漏洞、蠕虫病毒、木马、黑客攻击、用户信息泄露等，对软件可靠性、安全性提出了更高的要求，人们开始越来越重视软件的安全性。普通软件本身可能不会对生命、财产和环境等造成安全威胁，但是，一旦软件嵌入一些安全关键系统中，软件失效就可能导致控制系统出现问题，从而造成灾难性后果。同时，与目前硬件安全性的快速提升相比，安全关键软件的安全性已经成为制约系统安全性的关键因素，因此，安全关键软件的质量显得尤为重要。

随着面向对象、构件软件、分布式软件等新技术的兴起，软件安全性变得日益重要，并成为制约软件技术发展与应用的一个重要因素。特别是在一些涉及国家安全和军事机密的应用场合，软件的安全性更被认为是软件产品的首要质量属性。

软件安全性缺陷的引入、方式和危害

软件安全性缺陷的产生主要是由于程序员不正确和不安全的编程引起的。大多数程序员在编程初始没有考虑到安全问题。软件发布后，用户不正确的使用以及不恰当的配置都可能引入安全性缺陷。

软件安全性缺陷在具体软件中被非法利用，是通过一定的使用行为体现出具体的执行过程的，而这种具体的行为被称为对软件产生影响的具体方式，这在一定程度上能够指导具体的基于软件安全性缺陷的测试行为。

软件安全性缺陷具体包括：

- 非法删除软件实体。这种缺陷是指非法用户通过恶意删除软件系统中的实体，从而达到相应的非法使用目的。通常这种误操作方式可以不只是针对单一实体，也可能是针对多个实体的删除操作。
- 非法增加新实体。这种缺陷是指非法用户通过在被测软件中非法地增加新实体，从而达到相应的非法使用目的。同理，在采用不同实现技术的被测软件中，实体的具体形式有所不同。
- 非法修改实体。相对于前两类非法修改方式，通过非法修改实体从而达到非法用户相应目的的方式最为常见。

其中，实体包括构件、类、函数以及数据库中的项等。

软件安全性缺陷被非法利用，从其可能造成的危险后果的视角来看，可以分为以下四类：

- 非法执行目标代码。非法用户利用被测软件系统中特定的软件安全性缺陷，可以达到执行目标代码的目的。这可能只是非法用户初步的目的，并不是最终产生的最为危险的后果。如对于缓冲区溢出缺陷，虽然其最终的目的可能是非法访问数据或者修改目标对象，但是对于非法用户，最初的目的就是按照其用意非法执行特定目标代码。
- 非法修改目标对象。这里的目标对象也包括不同粒度的对象，但是这并不等同于误操作分类方面的修改实体。这里的非法修改目标对象是一种软件特定执行的不可预期的结果，而并不是基于软件安全性缺陷的特定执行方式。如对于缓冲区溢出缺陷，非法用户利用缺陷进行攻击的目的可能就是由溢出造成对内存数据进行修改，而为了达到这种目的，可以通过软件系统中相应的输入构件。这里的修改也包括对目标对象的删除。

- 非法访问数据对象。数据的非法访问是大多数软件安全性缺陷被利用而造成的危险后果。对于关键软件系统的安全性，重点就是保护关键数据信息的安全性，而数据信息安全性的首要保证就是防止非法访问。
- 造成拒绝服务。拒绝服务主要是针对软件系统结构设计上的缺陷，从而可能造成的拒绝服务的危险后果。

软件安全性的研究现状

目前软件安全防护手段主要分为以下几种：强化软件工程思想，将安全问题融入软件的开发管理流程之中，在软件开发阶段尽量减少软件缺陷和漏洞的数量；保障软件自身运行环境，加强系统自身的数据完整性校验；加强系统自身软件的行为认证，软件动态可信认证；恶意软件检测与查杀；黑客攻击防护，主机防火墙，HIPS；系统还原；虚拟机、沙箱隔离技术等。

软件安全的智能化与智能化软件的软件安全

在执行层，人工智能可以显著提升安全工具的规则运维效率，机器学习已经展现出非常强大的价值，它可以自动生成规则，不用依靠庞大的人力资源来维护。举例而言，AI 技术在移动杀毒引擎中的应用效果明显。众所周知，现在病毒种类的变形越来越多，如果人工构建那些恶意代码的识别特征，就需要构建一套非常庞大的体系，不仅慢而且难以维护，而使用 AI 技术可以显著提高效率。在感知层，当下最重要的应用是生物特征认证。举例而言，使用 AI 感知来做人脸识别，能够把这个体系构建得更加标准化，并随着技术的进步不断完善。

人工智能软件面临着多个方面的威胁，包括深度学习框架中的软件实现漏洞、对抗机器学习的恶意样本生成、训练数据的污染等。这些威胁可能导致人工智能所驱动的识别系统出现混乱，形成漏判或者误判，甚至导致系统崩溃或被劫持，并可使智能设备变成僵尸攻击工具。

利用 Web 漏洞的攻击方式

常见的利用 Web 漏洞进行攻击的方式有以下几种：

- 参数篡改。首先对 WSDL 文件进行扫描，寻找 Web 服务调用可接受的参数类型，故意发送 Web 服务不期望的数据类型，对 Web 服务进行攻击。
- XML 解析器攻击。XML 消息可以对递归实体进行扩展。基于这一特征，攻击者通过恶意构造包含大量递归嵌套元素的消息，例如构造嵌套 100000 层的消息，用来耗尽服务器资源或者使 XML 解析器崩溃，达到拒绝服务攻击的目的。
- 注入式攻击。SOAP（简单对象访问协议）是一种轻量的、简单的、基于 XML 的协议，它被设计成在 Web 上交换结构化的和固化的信息。SOAP 消息携带了 Web 服务调用需要的参数，而这些参数极有可能是 SQL 查询语句或者 XPATH 查询语句的一部分。注入式攻击者构造相关的查询语句或认证语句用来绕过数据库认证，从而执行非法查询操作、恶意篡改数据或者非法执行系统命令等。
- 跨站脚本攻击。跨站脚本攻击（也称为 XSS）是指利用网站漏洞从用户那里恶意盗取信息。用户在浏览网站、使用即时通信软件或者阅读电子邮件时，通常会点击其中的链接。攻击者通过在链接中插入恶意代码，就能够盗取用户信息。对于跨站脚本攻击进行防范主要涉及两方面：验证所有输入数据，有效检测攻击；对所有输出数据进行适当的编码，以防止任何已成功注入的脚本在浏览器端运行。

思考题

1. 软件安全威胁包含哪些方面?
2. 智能化软件有哪些安全问题?

1.4.3　软件可信性

随着软件在人们生活、学习和工作中的日益渗透和普及，由于软件的缺陷、漏洞、故障和失效而给人们生活、生产带来不便和重大损失的事件越来越多，软件的可信性问题日益突出，并已经成为国际上普遍关注的问题。

软件的可信性体现的是人们对软件性能的一种新的抽象追求，它其实也包括正确性、可靠性、安全性、可用性、可控性、完整性、实时性和可预期性等许多传统特性。目前关于可信性还未形成比较完整和有说服力的解释，但人们已经普遍认为软件的可信性应该是软件的行为及结果符合人们的预期，在存在操作失误、环境影响、外部攻击等干扰时仍然可以提供连续的服务。

软件系统的可信性是指该系统需要满足的关键性质。若软件一旦违背这些关键性质就会造成不可容忍的损失，则称这些关键性质为高可信性质。由此进一步提出了可信软件的定义。可信软件是指软件系统的运行行为及其结果总是符合人们的预期结果，在受干扰的环境下仍能提供连续服务。

高可信软件技术是当前软件技术面临的重大挑战。从科学意义上，它要求人们对软件系统开发和运行等规律有更深一步的认识；从应用价值上，它关系到人们在信息社会中对信息基础设施的依赖和可信程度的提高。

高可信软件工程涉及一系列科学问题。第一，软件系统的行为特征。如何定性 / 定量地描述软件的行为？如何建立各类复杂的软件结构和系统对应的系统行为？这是软件理论的基本问题，软件的静态语法与其动态语义的分离是造成软件行为难于描述和推理的原因。随着软件规模的增大，软件中并发、实时、分布、移动等特性纷纷出现，我们对这些问题的认识亟待深入。第二，软件可信性与软件行为的关系。如何描述软件可信性及其与软件行为的关系？我们看到，上述关于软件可信性的描述是非形式化的抽象陈述，必须建立起软件可信性和软件行为之间的内在联系及其严格的描述，才能在软件开发中设计并验证所需的可信性。第三，面向软件可信性的设计和推理。如何将软件可信性（通常是非操作性的）融入软件设计（操作性）？可信性通常是软件系统的全局约束，伴随着软件开发过程逐步地"设计"出来，最终获得这些可信性。如何针对可信性发现一种分而治之的策略从而控制复杂性，是进行面向可信性的软件设计和验证的关键。第四，软件系统可信性的确认。如何发现和评估软件系统是否具有可信性？量化是一种工程科学成熟的重要标志，需要对软件可信性采用合适的度量方法，并能在软件过程中进行跟踪。

思考题

1. 高可信软件应该包含哪些特性?
2. 人们为什么在高质量软件、高可靠性软件等名称之后，提出高可信软件的概念?

1.5　软件度量

度量是依据特定属性将现实世界中的实体映射为数值世界中数值（或者符号）的函数。软件度量是用于量化软件产品、软件开发资源和软件开发过程的度量，以定量化的方式帮助人们理解、控制和改进软件的质量，是项目工作量/成本估算、开发进度追踪、产品复杂性评估、软件质量理解、缺陷分析等软件开发活动的基础。软件度量既有直接度量和间接度量之分，也有静态度量和动态度量之别。

Tom Demarco 曾经说过，"没有度量就不能控制"；Norman Fenton 曾经说过，"没有度量既不能预测也无法控制"。计算机软件在现代社会的方方面面都扮演了非常重要的角色，以量化的方式理解、控制进而改进软件的质量对确保高质量的软件非常重要。软件度量的干系人包括项目经理、软件开发者、客户和软件维护者等，度量结果可帮助他们回答如下重要问题。

- 对项目经理而言：预算超标了吗？项目在进展吗？产品可以发布了吗？
- 对软件开发者而言：需求是一致和完备的吗？设计的质量高吗？代码包含缺陷吗？软件的易维护性和可靠性高吗？
- 对客户而言：所发布的产品是满足我们需求的产品吗？
- 对软件维护者而言：目前这款产品是需要升级还是重新开发？

软件度量方法

在软件产品的量化方面，主要有规模、复杂性、内聚性和耦合性等度量。在规模度量上，SLOC（Source Lines Of Code）、软件科学法（software science）和功能点度量是具有代表性的三类度量：SLOC 对源代码的规模进行量化，指不包括注释行和空白行在内的代码行数；软件科学法对算法的规模进行量化，由词汇量、长度、容量等一组度量构成；功能点度量在需求分析文档上对软件的功能进行计数，主要用于开发工作量估算。圈复杂度（cyclomatic complexity）对控制流复杂性进行量化，数值上等于线性独立的路径数目。内聚性度量用于量化模块内部各成分之间联系的紧密程度，其中 LCOM（Lack of Cohesion in Methods）是最具代表性的内聚性度量。耦合性度量用于量化模块之间的耦合程度，其中 CBO（Coupling Between Objects）是最具代表性的耦合性度量。

在软件开发资源的量化方面，Barry Boehm 等人提出的 COCOMO 模型将其分为产品、计算机、人力和项目四类特性进行量化。在产品特性上，对软件可靠性、数据库规模和产品复杂性进行量化；在计算机特性上，对执行时间约束、存储大小约束等进行量化；在人力特性上，对分析能力、应用经验、编程能力、虚拟机经验和语言经验进行量化；在项目特性上，对编程经验和开发进度等与方法和工具有关的属性进行量化。

在软件开发过程的量化方面，常见的过程度量包括代码 churn 度量、开发者数目、开发者的开发经验、模块被修订的次数和在先前版本中的缺陷数目等。过程度量是对软件开发过程的各个方面进行度量，目的在于预测过程的未来性能，减少过程结果的偏差，对软件过程的行为进行目标管理，为过程控制、过程评价持续改善提供定量性基础。过程度量与软件开发流程密切相关，具有战略性意义。软件过程质量的好坏会直接影响软件产品质量的好坏，度量并评估过程、提高过程成熟度可以改进产品质量。同时，度量并评估软件产品质量会为提高软件过程质量提供必要的反馈和依据。

软件度量的理论基础是测度论（measurement theory）。如图 1-2 所示，软件度量过程分为如下四步：第一步，利用度量（metric）将现实世界中的实体属性映射为数值世界中的数值（或者符号）；第二步，在数值上进行统计分析，得到统计量；第三步，对实验结果进行解释；第四步，将所得的解释和现实世界中的经验关系进行对照，验证其正确性。

为了得到真正有用的度量，在第一步中定义的度量需满足表达条件（representation condition），使得实体在特定属性上的经验关系在数值关系中能得到保留。在第二步，需根据度量的刻度类型（scale type）确定度量值上可进行什么样的统计分析。在第三步，需要清楚对分析结果进行什么样的解释是有意义的。在第四步，验证所提出的度量是否真的量化了所想要量化的实体属性。

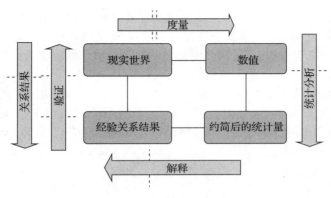

图 1-2　软件度量过程

在上述步骤中，第一步是确保得到理论上有效的度量，其前提是需要对实体之间的经验关系（在所关注的属性上）有深刻的认识。然而，人们对软件实体的经验关系的认识程度还很有限，难以设计出满足表达条件的度量。在实践中，当前在软件工程中使用的许多度量并不满足表达条件，在理论上不是有效的度量。

软件度量的优缺点

软件度量能够为软件项目干系人提供有关项目的各种重要信息，帮助他们清楚地理解该实体。软件度量贯穿整个软件开发生命周期，是软件开发过程中进行理解、预测、评估、控制和改善的重要载体。软件度量的目标可大致分为两类：一是用度量来进行估计，这使得我们可以同步地跟踪一个特定的软件项目；二是用度量来预测项目的一些重要特性。需要指出的是，不能过分夸大这些预测，因为它们并不是完全正确的。有些人认为只要使用合适的模型和工具，所获得的预测可以精确到只需使用极少的其他度量（甚至根本就不用使用度量）。这种想法显然高估了软件度量的作用，目前，软件度量得到的仅仅是预测而已。

软件度量的研究现状

软件度量肇始于 20 世纪 60 年代，典型的应用场景包括软件质量评估和开发工作量估算。在 1976 年，Boehm 等人在软件度量的基础上提出了软件质量度量的层次式模型，定量地评价软件质量的概念。1978 年，Walter 和 McCall 提出了从软件质量要素（factor）、评价准则（criteria）到度量（metric）的三层次式软件质量度量模型，将软件质量要素降为 11 个，且给出了各要素的关系。在 80 年代，Boehm 等人在软件度量的基础上提出了 COCOMO 模型，用于估算软件项目的开发工作量。

早期的软件度量大多集中于产品度量，代表性的度量包括 McCabe 提出的圈复杂性度量和 Halstead 提出的软件科学法度量。在 90 年代，Zuse 对软件复杂性度量、Briand 等人对面向对象度量进行了系统的梳理和总结。在 21 世纪初，研究重点偏向于软件过程度量甚至于开发团队的组织结构度量。2010 年之后，随着人工智能技术的发展，研究人员开始探索软件度量的自动化抽取方法，而不是费时费力的人工设计。软件度量或者说软件工程度量领域是过去 50 多年中一个非常活跃的软件工程研究领域。软件度量研究主要分为两个阵营：一部分认为软件可以度量，一部分认为软件无法通过度量分析。无论如何，研究主流是关心软件的品质和认为软件需要定量化度量。目前有上千种软件度量方法被软件研究人员及从业人员提出，并且有上万篇论文已被出版或发表。

软件度量的智能化与智能化软件的度量

传统的软件度量是通过人工设计函数，将软件开发资源、软件产品和软件开发过程中的实体映射为数值世界中的数值（或者符号），本质上是人工设计特征。随着人工智能技术的发展，研究人员最近开始利用 CNN 等神经网络技术自动抽取预测能力强的特征，以摆脱软件度量的费时费力的人工设计。

随着深度学习技术的飞速发展，深度学习系统在自动驾驶和医疗诊断等智能化软件中得到了越来越广泛的应用。为确保质量，近年来人们在软件度量的基础上对深度学习系统的测试充分性准则、测试用例生成和优化技术进行了积极探索，取得了显著进展。

思考题

1. 什么是软件度量？
2. 为什么软件度量很重要？
3. 什么是描述性度量？什么是预测性度量？
4. 怎样验证软件度量的有效性？
5. 你能列举几个具有代表性的资源度量、产品度量和过程度量吗？
6. 你能列举几个用在设计阶段、编码阶段、测试阶段和维护阶段的软件度量吗？
7. 在预测代码缺陷时，你认为是产品度量还是过程度量更有用？为什么？
8. 你知道软件度量在软件工程中的典型应用场景吗？
9. 有哪些现有的工具可以自动收集软件度量？

---

*1.6 质量发展纲要（2011—2020 年）

为深入贯彻落实科学发展观，促进经济发展方式转变，提高我国质量总体水平，实现经济社会又好又快发展，特制定本纲要。

本节剩余内容为在线资源，请访问华章网站 www.hzbook.com 搜索本书并下载。也可查阅其他网络资源，了解本纲要的详细内容。

思考题

1. 简述我国政府职能工作的 24 字工作方针的基本内容。

第 2 章

软件质量保证的重要过程和管理

软件评审与审计（2.1 节）是指通过向项目成员、管理人员、用户、顾客、用户代表或其他相关方阐述软件产品的过程或会议，以便进行评论或批准。验证和确认（2.2 节）是检查软件系统是否符合规范并且满足其预期目的的过程。这些都是 QA & QC（2.3 节）的工作。在很多软件开发组织中，软件缺陷管理（2.4 节）是软件开发和测试过程中的一个重要组成部分，包括缺陷预防、缺陷发现、缺陷记录和报告、缺陷分类和跟踪、缺陷处理和缺陷预测。软件配置管理（2.5 节）是一种标识、组织和控制修改的技术。风险管理（2.6 节）是指为了最大限度地达到项目的目标，识别、分析、应对项目生命周期内风险的科学与艺术。最后，在一般的质量管理理论与方法的基础上介绍软件质量管理（2.7 节）和全面质量管理（2.8 节）。

2.1　软件评审与审计

上面提到，软件评审与审计简称软件评审，是指通过向项目成员、管理人员、用户、顾客、用户代表或其他相关方阐述软件产品的过程或会议，以便进行评论或批准。其形式通常包括管理评审、技术评审、审查、走查和审核 5 种类型。在这里，"软件产品"是指软件开发活动交付的任何技术文档或部分文档，且可能包括各种文件，如合同、项目计划、预算、文档要求、规范、设计、源代码、用户文档、支持和维护文档、测试计划、测试规范、标准，以及任何其他类型的工作产品。

软件评审的目的是发现任何形式的软件功能、逻辑或实现方面的错误，进而保证软件按预先定义的标准表示，并且使获得的软件是以统一的方式开发的，使项目更易于管理。

软件评审是软件质量控制的一种重要手段，是静态测试技术的重要组成部分，是对软件工作产品（包括代码）进行测试的一种方式，通常是通过深入阅读和理解被检查文档来完成的。

软件评审不是在软件开发完毕后再进行评审，它应该在动态测试之前和软件开发过程中进行，因为在软件开发的各个阶段都可能产生错误。所以，软件评审是在软件的生命周期内实施的对软件本身的评审，具体包括评审设计质量、评审可靠性、评审可移植性、评审可测试性、评审规格说明是否符合用户的要求、评审保密情况的实施、评审是否有可复用性等。

软件评审是一个过滤器，用在软件开发的各个阶段，通过软件评审可以及时发现软件中存在的问题，然后加以改正。

软件评审的内容

评审的对象涉及所有软件开发的中间和最终工作产品，包括：
- 产品需求规格说明书。
- 用户界面规范及设计。
- 架构设计、概要设计、详细设计及模型。
- 源代码。
- 测试计划、设计、用例及步骤。
- 项目计划，包括开发计划、配置管理计划和质量保证计划等。

所有这些评审内容，都应该在编制的项目计划或者小的开发计划中体现，不应该也不能是临时性的安排。

软件评审的角色和职能

评审小组至少由 3 人组成（包括被审材料作者），一般为 4 至 7 人。通常，概要性的设计文档需要较多的评审员，涉及详细技术的评审只需要较少的评审员。评审小组应包括下列角色。
- 评审员（reviewer/inspector）：评审小组中的每一位成员，无论是主持人、作者、宣读员还是记录员，都是评审员。他们的职责是在会前准备阶段和会上检查被审查材料，找出其中的缺陷。合适的评审员人选包括被审材料在生命周期中的前一阶段、本阶段和下一阶段的相关开发人员。例如，需求分析评审员可以包括客户和概要设计者，详细设计和代码的评审员可以包括概要设计者、相关模块开发人员、测试人员。
- 主持人（moderator）：主持人在评审会前负责正规技术评审计划和会前准备的检查；在评审会中把握评审会方向，保证评审会的工作效率；在评审会后负责对问题的分类及问题修改后的复核。
- 宣读员（reader）：宣读员的任务是在评审会上通过朗读和分段来引导评审小组遍历被审材料。除了代码评审可以选择作者作为宣读员外，其他评审最好选择直接参与后续开发阶段的人员作为宣读员。
- 记录员（recorder）：记录员负责将评审会上发现的软件问题记录在"技术评审问题记录表"中。在评审会上提出但尚未解决的任何问题以及前面工作产品的任何错误都应加以记录。
- 作者（author）：被审材料的作者负责在评审会上回答评审员提出的问题，以避免明显的误解被当作问题。此外，作者须负责修正在评审会上发现的问题。

软件评审的流程

以正式评审为例，主要流程如下。

预备：为保证评审的质量，可以先组织一场预备会议。会议上，由作者花几分钟的时间向评审组概要介绍评审材料，例如讲解一下本工作产品的目标是什么，其他相关的实现细节、开发标准等。（从某种角度上来说，讲解过程也保证了作者提交工作产品的质量。）

审查：在预备会和正式评审会之间，评审小组成员会对工作产品进行彻底检查，记录发现的缺陷、问题种类与严重程度。

评审：在预定的正式评审时间内，评审小组成员以会议形式聚在一起，依次对产品进行检查。每个评审员花一定的时间（一般为十几分钟）指出问题，并与作者确定问题和定义问题的严重程度。（注意，评审过程中是发现错误，而不是现场改正。）会议中，记录员详细记录每一个已达成共识的缺陷，包括缺陷的位置、缺陷的简短描述、缺陷类别、缺陷的发现者等。未达成共识的缺陷也将记录下来，加入"待处理"或者 TBD 标识，评审主持人将指派作者和评审员在会后处理评审会议中未能解决的问题。

　　书写评审报告：评审主持人根据记录员的记录和自己的总结，在一天内写出评审报告。

　　返工：作者根据评审报告的决议，负责解决确定的所有缺陷和问题。

　　跟踪：评审组长必须确保所提出的每个问题都得到了圆满解决。必须仔细检查对文档的每个修正，以确保没有注入新的错误。

软件评审的形式

　　IEEE 标准及国家军用标准《军用软件评审》中定义的软件评审形式通常包括管理评审、技术评审、审查、走查和审核 5 种类型。

- 管理评审：由管理部门或代表管理部门对软件获取、供应、开发、运行或维护等过程进行的一种系统性评价，以便监督进展，确定计划和进度的状态，确认需求的系统分配，或评价管理方法的有效性。
- 技术评审：由一组合格人员对软件产品进行的一种系统性评价，以检查软件产品对其预期用途的适合性，并标识与规格说明和标准的差异。技术评审可提出推荐的备选方法并检查各种不同的备选方法。
- 审查：对软件产品的一种可视检查，以检测和标识软件异常，其中包括错误、对标准和规格说明的偏离。审查是由受过审查技术培训的、公正的组织者领导的同行检查。
- 走查：一种静态分析技术，设计者或程序员引导开发组成员和其他有关方通读软件产品，参与者提出问题并对可能的错误、违反开发标准之处和其他问题进行评论。
- 审核：为评估与规格说明、标准、合同协议或其他准则的符合性而对软件产品、软件过程或软件过程集合所做的一种独立检查。

　　Karl Wiegers 认为，审查是最正式的评审形式，并且其他评审形式的有效性低于审查的有效性。表 2-1 对比了各形式的评审方法的特点。

表 2-1　软件评审形式对比

	目　　的	小组成员	陈　述　者	输　　出	管理人员参与
管理评审	确保进度，推荐纠正措施，确保适当的资源分配	管理人员、技术领导和同行	项目代表	管理评审文档	有
技术评审	评价与规格说明和计划的符合性，确保更改的完整性	技术领导和同行	开发组代表	技术评审文档	可选
审查	发现异常，验证产品质量	同行	领导者	异常清单、异常概述	无
走查	发现异常，检查备选方法，改进产品	技术领导和同行	作者	异常清单、措施项、后续工作建议	无
审核	独立评价与客观标准和条例的符合性	审核员、被审核组织的管理和技术人员	审核者	正式报告，观察发现和缺陷	有

软件评审遵循的原则

　　同行评审有所谓的"123 准则"：同行评审准备时间大于开会时间，同行评审期间发现的缺陷数量应该是同行评审准备期间发现的缺陷数量的 2 倍以上，同行评审发现缺陷的效率是测试发现缺陷的效率的 3 倍。

同行评审需要管理层的支持，如果没有，即使是目标明确的开发组成员也会抵制进行评审。管理层的支持包括建立评审策略和目标，提供资源、时间、培训和激励，并遵守评审小组的决定等。

同行评审是结构化的过程，涉及许多参与人员的角色，在评审专家的选择上，一定要注意其中的互补性。经验表明，同行评审的参与人员在相关的技术领域与方向发现缺陷的效率较高。需要为参与人员分配职责，会议参与人员要从不同的技术角度发现缺陷。

对于每种类型的同行评审，应制定通用的工作产品评审检查表，必要时可以进行裁剪以适应特定项目的要求。工作产品评审检查表应涵盖审查计划、准备、实施、结束和报告准则。

评审的重点在于发现问题，而非解决问题，再加上认真细致的准备工作，可以最大限度地避免在评审中浪费时间。

对于技术人员工作的审查，应由技术人员进行，管理人员不要参与，但应将评审结果和解决所发现问题的日期通知管理人员。

成功的审查要求所有参与人员精力高度集中，可能会使参与人员十分疲惫。因此，每个审查阶段最好不要超过 2 小时。对每个人来说，一天最好只参加一个阶段审查。

软件评审的意义

软件评审，特别是软件审查在美国军用软件领域早已引起高度重视并得到了广泛应用。在美国，除军用软件外，航空软件、电信软件、医疗设备软件及系统软件和操作系统等所有高可靠性软件的开发商都会在测试前对软件进行审查，并将审查作为首选的软件缺陷清除方法。

软件评审可以更早、更有效地发现软件缺陷。尽早发现并改正软件中的缺陷，可以大大减少因软件存在缺陷而造成的返工，提高软件的开发效率和软件产品的内在质量。据统计，软件中的大部分缺陷是在编码之前造成的，因设计不当而引入软件中的缺陷占整个软件开发阶段引入缺陷的 50%～65%，而软件评审技术可以发现其中 75% 左右的设计缺陷。

软件评审成本与效用的权衡。软件评审不仅成本非常高，也非常耗时。评审的目的是发现并且修正错误，软件工作产品中错误的数量和严重级别会对评审的时间和成本产生非常大的影响。从整个软件生命周期来看，审查既可降低项目成本，又可缩短项目进度，是一个名副其实的、一举多得的质量控制方法。

软件评审赋能软件开发过程。通过评审，开发人员能够及时得到专家的帮助和指导，加深对软件产品的理解，有利于及早和高效地从软件工作产品中识别并消除缺陷。评审应当严格遵循其流程、步骤和注意事项，保证评审的有效性。

软件评审的实际难点

如前所述，评审是业界公认的最高效的质量控制手段。但在实际软件开发过程中，软件评审并没有得到很好的实施，甚至有些中小型软件根本就没有进行评审。造成这种现象的主要原因如下：

- 评审过程流于形式，缺乏可操作性（如没有提供检查表，或检查表不具备可操作性和针对性）。
- 既未对员工进行评审流程的培训，也未在评审过程中提供适当的指导和监督。
- 对评审的重要性和严肃性认识不足，没有在项目计划中考虑评审的时间，评审前的计划和准备也不够充分。这样，评审就变成一种临时性的行为。
- 评审人员的评审技能或专业知识技能不够。

- 评审会偏离主题，不是重在发现问题，而是讨论如何解决问题，会变成技术攻关会，从而降低了评审效率。
- 没有对评审发现的问题进行跟踪，使评审功亏一篑。
- 没有收集、分析评审的测量数据，如评审工作量、发现的问题数、解决的问题数、缺陷清除率等，无法使管理层和技术人员看到评审带来的效益。因此，也就无法说服他们积极组织并参与评审。

因此，要想使软件评审在实际开发中真正得到很好的应用，应当加强软件评审监管体系，并提高开发人员、评审人员的专业技能以及对软件评审的重视程度。

思考题

1. 软件评审有哪些形式？
2. 软件评审可以解决哪些问题？
3. 软件评审存在哪些问题？

2.2　验证和确认

本章开始提到，验证和确认（Verification and Validation，V&V）是检查软件系统是否符合规范并且满足其预期目的的过程。这也被称为软件质量控制，是保障软件质量的一种重要方法。软件验证和确认是贯穿整个软件开发生命周期的一系列测试与评估活动，是软件质量管理体系的关键组成部分。有许多测试方法可实现软件的验证和确认，例如黑盒测试、白盒测试。独立软件验证和确认在安全性、可靠性和高质量上有着更高的保障。验证和确认是两个独立的过程，在不同的层面上保障了产品的质量。研究软件验证和确认，能帮助我们规范保障软件质量的方法，开发出更可靠的软件产品。

随着社会生活水平的逐步提高，各种各样的新奇高科技产品逐渐出现在人们的生活中。例如人们对手机的定位，从一开始的通信工具到现在的集通信、社交、娱乐等于一体的能够安全流畅运行的工具。出远门时乘坐的交通工具也从普通火车变成了高铁、飞机。但是无论事物如何发展，其质量是必须得到保障的，尤其是在与人们息息相关的方面或者风险大的方面。如果不注重产品的质量，产生了严重的缺陷，很可能导致惨重的后果，遭受巨大的损失。

因此，为了尽量减少产品缺陷以及由此导致的损失，保障产品质量，必须建立起一个科学完备的质量管理体系。其中，验证和确认作为质量管理体系的关键组成部分，指的是共同工作来检查一件产品、服务或者系统是否满足要求规范和是否达到其预期目标的独立程序。在软件产业领域，验证和确认同样扮演着一个必不可少的重要角色。

验证

可以将软件验证理解为检验软件是否已正确地实现了产品规格书所定义的系统功能和特性。比方说每个软件我们都对它有一定的需求，最终产品经过验证应该能满足产品规格书的一些要求。

软件验证是为了提供证据来表明软件相关产品与所有生命周期活动（需求分析、设计、编程、测试等周期）的要求（正确性、完整性、一致性、准确性等要求）相一致。此外，软件验证也是一个基准，它为判断每一个阶段的生命周期活动是否已经完成，以及能否启动下一个生命周期活动建立了一个新的基准。一个阶段完成后需要通过验证的过程，然后才能进入下一阶段。这样我们可以保证软件开发的每一个阶段都是正确的。

在欧洲标准 EN50128 中，对于软件验证还有以下认识：软件验证指的是测试人员参照安全完整性等级的要求，测试并评估任何一个阶段的软件产品，用来保证在产品和标准进入该阶段时的正确性和相容性。为了能够指导验证活动并提出相关的设计，软件验证计划是必不可少的。同时，根据欧洲标准的要求，必须由独立机构来执行验证活动，仅仅由软件开发人员自身所进行的验证或者没有详细记录的验证都不能作为正式的验证。

确认

确认，更准确的说法是"有效性确认"，此种有效性确认要求更高，是保证所生产的软件能够追溯到用户需求的一系列活动。对于一个软件，我们不仅要保障它的生产过程是正确的，还要保证当这个软件交付到客户手上时，能够解决客户的问题，满足客户的需求。确认过程同样要提供证据来表明软件是否已经满足客户需求（指分配给软件的系统需求），并解决了相应的问题，即该软件是否真正有效。

软件确认的作用是分析和测试已集成的系统，通过软件确认可以证明最终的系统已经在功能及安全性等各个方面都完全满足了用户需求规格书上的要求。此证明是提交给独立的第三方安全权威机构的。确认的主要活动是分析和测试，而仿真则可以被视为确认过程的补充手段。在 EN50128 标准中，必须先评估软件确认计划的范围和内容，待得到批准后才可以进行软件确认。

通常情况下，软件确认阶段是软件生命周期的最后阶段，但软件确认活动却不应只在最终阶段执行，还必须从中间工作产品（如用户需求规格书、软件需求规格书、结构说明等）中选择最能体现用户要求的产品进行确认。

软件验证和确认的区别

软件验证，指的是评估软件以确定给定开发阶段的产品是否满足该阶段开始时所规定的条件的过程。它倾向于关注"Are we building the product right？"，即"正确地做事"，检验软件在其开发生命周期过程内是否都走在正确的道路上，最终软件是否正确实现了产品规格说明书所定义的系统功能和特性。

软件确认，指的是在开发过程中或在开发过程结束时评估软件以确定它是否满足指定需求的过程。它更倾向于关注"Are we building the right product？"，即"做了正确的事"，这意味着需要创建一个需求规范，其中包含软件产品的利益相关者的需求和目标，来保证所生产的软件满足客户需求并且解决了相关问题。

在软件生产过程中，首先应该对软件进行验证来查明软件产品是否符合规定的设计要求，之后再确认所开发的最终产品是否在其预定环境中发挥了预定作用，满足了客户的使用需求。这是因为，有时候软件设计规格说明书本身存在问题，使得按照它实现的某个功能无法满足客户需求。

为了更好地理解两者的不同作用，表 2-2 从 6 个方面进行了对比。软件验证指的是在软件生命周期的每个阶段，QA 人员通过审计及评审等手段，证实此阶段得到的输出是否满足上一阶段的要求，即"正确地做事"；软件确认则指的是 QC 人员通过分析及测试的手段来确定最终系统是否能够符合用户的真正需求，即"做了正确的事"。

表 2-2　软件验证和确认的对比

验　　证	确　　认
验证的过程包括检查文档、设计、代码等	确认是一种动态测试实际产品的手段
验证不包括代码的执行过程	确认通常需要执行代码

（续）

验　　证	确　　认
验证使用审查、走查、桌面检查、同行评审等方式辅助工作	确认使用黑盒测试、白盒测试、功能性测试、系统测试等方法辅助工作
验证的目标是软件架构、完整设计、高层的数据库设计等	确认的目标是实际的产品
验证通常由 QA 团队执行，确保软件符合 SRS 文档的要求	确认通常需要测试团队的参与，并执行软件代码
验证的目的是检查软件是否符合文档和规范	确认的作用是检查软件是否满足客户的要求和期望

组织实施 V&V 的过程和步骤

　　IEEE1012 是内容较为完整的软件 V&V 标准，1998 年发布的版本详细规定了软件 V&V 的过程和要求并描述了软件 V&V 计划的内容和格式，要求软件验证和确认贯穿整个软件生命周期。根据 IEEE1012 标准，软件生命周期可分为系统设计、软件需求、软件设计、软件实现、软件集成各个阶段，对应的软件验证和确认活动分为在概念、需求、设计、实现、测试各个方面的验证和确认活动（见图 2-1 和图 2-2）。软件 V&V 的准则如下：

- 计划先于行动，没有计划和大纲无法开展工作。
- 对所有软件开发步骤的验证和确认方案，没有完全可信的东西，不存在不需要检查的产品。
- 所有结果和过程都应详细地记录并保存，确保可追溯性。

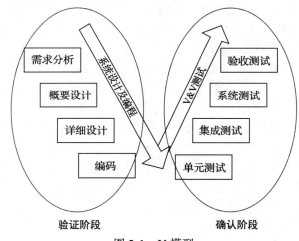

图 2-1　V 模型

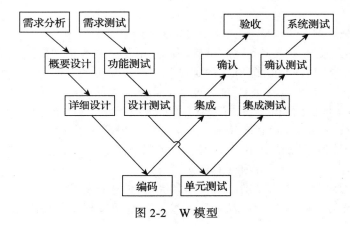

图 2-2　W 模型

在软件开发中，V 模型可以被认为是瀑布模型的扩展开发过程，演示了开发生命周期的每个阶段与相关测试阶段之间的关系。V 模型的局限性在于，软件测试一般是从软件开发早期就开始不断进行的，而 V 模型无法体现这一原则。W 模型可以被认为是 V 模型的发展，其所强调的是测试和开发两者间的同步进行，验证和确认活动将伴随整个软件开发周期，测试的对象也不限于程序编码，需求及设计也一样需要进行验证。

独立软件验证和确认（ISVV）

独立性。独立软件验证和确认的独立性指的是软件验证和确认团队在独立于开发团队的前提下进行软件的验证和确认，这就要求其具有财务独立性、管理独立性与技术独立性。财务独立性要求双方有分开的财务预算，以限制资金在开发与验证和确认之间流动，防止验证和确认工作团队因被施加负面影响而无法完成工作。管理独立性指的是工作应由不同的人员来领导和推动，验证和确认团队与开发团队应该有不同的管理渠道，借此保证验证和确认团队不受开发团队的限制和压力。技术独立性指的是工作应由不同的人员使用不同的技术、工具和方法来完成。

优点。独立软件验证和确认不同于传统的软件验证和确认。传统的软件验证和确认技术是为了确保软件的性能符合名义上的要求。而独立软件确认和验证技术主要致力于测试软件的非功能性需求，像是鲁棒性和可靠性，以及导致软件失败的各种情况。因此相较于传统软件确认和验证技术，独立软件确认和验证技术覆盖率更大，客观性更强，对开发团队有着更好的反馈，使得软件能够得到更好的改正和提高。具体来说，就是独立软件验证和确认可以使软件开发过程有可视性，确认软件性能与规格说明相符，提高软件的安全性，鉴别风险，使软件缺陷在可控范围内，降低软件的开发和维护费用。

应用。经过时间的考验，独立软件验证和确认已经被证明是保证复杂产品安全性、可靠性和高质量的一个有效方法。在航天航空、医疗设备、大型自动化设备等软件项目中，独立软件验证和确认正在逐步得到推行。在我国，为了使核电厂安全系统所使用的核安全软件满足当前核安全监管的要求规范，明确要求核安全级别软件验证和确认的独立性是十分必要的。

思考题

1. 软件验证和确认的区别和联系是什么？
2. 软件评审和审计与验证和确认的关系如何？

2.3   QA & QC

QA（Quality Assurance，质量保证）在 ISO8402:1994 中的定义是"为了提供足够的信任以表明实体能够满足质量要求，而在质量管理体系中实施并根据需要进行证实的全部有计划和有系统的活动"。在 ISO9000:2000 中的定义是"质量管理的一部分，致力于提供质量要求会得到满足的信任"。有些推行 ISO9000 的组织会设置这样的部门或岗位，负责 ISO9000 标准所要求的有关质量保证的职能，承担这类工作的人员就叫作 QA 人员。

QA 的主要工作是过程评审和产品审计。从实践经验来看，只完成这两项工作很难体现出 QA 的价值。为了让 QA 组织的产出大于投入，实现增值，就应该根据企业需要适当增加 QA 的职责，比如过程指导、过程度量和过程改进等。

QC（Quality Control，质量控制）在 ISO9000:2000 中的定义是"质量管理的一部分，致力于满足质量要求"。QC 是负责产品的质量检验，以及发现质量问题后的分析、改善和进行不合格品控制的相关人员的总称，一般包括 IQC（Incoming Quality Control，来料检验）、IPQC（In-Process Quality Control，制程检验）、FQC（Final Quality Control，成品检验）、OQC（Out- going Quality Control，出货检验）。QC 所关注的是产品，而非系统（体系），这是它与 QA 的主要差异，目的与 QA 是一致的，都是"满足或超越顾客要求"。

QA 通过建立和维持质量管理体系来确保产品质量没有问题，一般包括体系工程师、SQE（Supplier Quality Engineer，供应商质量工程师）、CTS（客户技术服务人员）、六西格玛工程师，以及计量器具的校验和管理等方面的人员。QA 不仅要知道问题出在哪里，还要知道这些问题的解决方案如何制订，以及今后该如何预防。QC 要知道的仅仅是有问题就去控制，但不一定知道为什么要这样控制。

QA 人员的配备可根据企业特点分为两类：全职和兼职。由于 QA 的概念引入国内不久，QA 人才相当缺乏。为了获得足够的资源来完成 QA 工作，也可以采取岗位轮换的方式。比如，允许项目经理在项目管理岗位和 QA 岗位上轮换，把一定的 QA 工作经历作为项目经理上岗的必备条件。采取岗位轮换的方式，一方面解决了 QA 资源的不足，另一方面还促进了轮岗人员把 QA 的思想和方法融入开发和项目管理工作中，在更大程度上提高产品质量。

打个不恰当的比方，QC 是警察，QA 是法官，QC 只要把违反法律的人抓起来就可以了，并不能防止其他人犯罪和给罪犯最终定罪，而法官则是制定法律来预防犯罪，依据法律宣判处置结果。

总结一下，QC 主要是以事后的质量检验类活动为主，默认错误是允许的，期望发现并选出错误；QA 主要是事先的质量保证类活动，以预防为主，期望降低错误的发生概率。

QC 是为使产品满足质量要求所采取的作业技术和活动，包括检验、纠正和反馈，比如 QC 通过检验发现不良品后将其剔除，然后将不良信息反馈给相关部门以采取改善措施。因此 QC 的控制范围主要是在工厂内部，其目的是防止不合格品投入、转序、出厂，确保产品满足质量要求，以及只有合格品才能交付给客户。

QA 是为满足客户要求提供信任，即使客户确信你提供的产品能满足他的要求。因此须从市场调查开始，在后续的评审客户要求、产品开发、接单及物料采购、进料检验、生产过程控制及出货、售后服务等各阶段留下证据，证实工厂的每一步活动都是按客户要求进行的。

QA 的目的不是保证产品质量，保证产品质量是 QC 的任务。QA 主要是提供信任，因此需要对从了解客户要求开始至售后服务的全过程进行管理，这就要求企业建立品管体系，制定相应的文件规范各过程的活动并留下活动实施的证据，以便提供信任。这种信任可分为内外两种：外部是指使客户放心，相信企业是按其要求生产和交付产品的；内部是让企业领导者放心，因为领导者是产品质量的第一责任人，产品出现质量事故时他要负全部责任。这也是各国制定产品质量法律的主要要求，以促使企业真正重视质量，因此企业领导者必须以文件规范各项活动并留下证据。但工厂内部人员是不是按文件要求操作，领导者不可能一一了解，这就需要 QA 代替他进行稽核。

因此，QC 和 QA 的主要区别是：前者保证产品质量符合规定，后者建立体系并确保体系按要求运作，以提供内外部的信任。同时 QC 和 QA 又有相同点：QC 和 QA 都要进行验证。例如，QC 按标准检测产品就是验证产品是否符合规定要求，QA 进行内审就是验证体系运作是否符合标准要求。又如，QA 进行出货稽核和可靠性检测，就是验证产品是否已按规定进行各项活动，是否能满足规定要求，以确保工厂交付的产品都是合格和符合相关规定的。

QA 与 QC 密切相关，QA 依赖于 QC 的工作反馈，同时 QC 按照 QA 的指导进行工作。例如，QC 发现产品中的问题之后，向 QA 反映，QA 分析其根本原因之后，设计并调整生产过程，使其不再出现类似故障。所以，QA 与 QC 为生产高质量产品共同努力，协同工作。但这两个角色确实截然不同。

QA 最重要的职责在于系统层面的完善，侧重于问题的防范及对已发生问题的根本原因进行探究，从而降低不良品的产生。随着 QA 的出现，企业的质量管理范围进一步扩大，包括了整个质量保证体系的范围，质量管理人员的权限也进一步增大。有些企业的 QA 还包括了 CS（顾客满意）的业务，就是处理顾客的投诉，如分析、对策、顾客满意度调查等业务。

QC 是指检验，在质量管理发展史上先出现了 QC，产品经过检验后再出货是质量管理最基本的要求。QC 的工作主要是对成品、原辅料等的检验，QA 是对整个公司的质量保证，包括成品、原辅料等的放行，质量管理体系的正常运行等。二者的比较见表 2-3。

表 2-3　QA 与 QC 的比较

角　　色	QA	QC
工作对象	面向过程，确保用正确的方法做正确的事	面向产品，确保产品质量满足预期
工作方式	事先预防，定义必需的工作标准和流程	事后纠错，发现产品的偏差并纠正
缺陷应对	预防缺陷	发现缺陷
功能类型	工作人员职能	生产线职能
工作风格	主动务虚	被动务实
建立信任	客户的信任	生产者的信任
示例	流程定义、质量审计、工具选择、培训、建立检查表、建立标准等	走查、测试、审查、检查点评审、需求定义是否准确等

思考题

1. QA 与 QC 存在哪些差别？

2.4　软件缺陷管理

软件质量保证的核心任务就是要避免和发现软件缺陷，那么什么是软件缺陷呢？我们先从错误说起，错误是我们生活的一个组成部分，不仅在思想上、行动上会犯错误，而且这些错误可以体现到人们生产出来的产品上，可以说，错误处处都可能发生。人们可能犯语言错误、观察错误、处方错误、手术错误、驾驶错误、运动错误、恋爱错误等各种各样的错误，当然，程序员在软件开发的过程中也可能犯类似的错误。错误的后果有时可能微不足道，有时却可能导致重大的灾难，特别是软件开发过程中，人们的错误往往会给软件留下隐患。

程序员在根据设计规格说明书编写程序的时候可能想错，也可能写错，他们犯的一个或多个错误（error），最后变成程序中的故障（fault 或 bug）或缺陷（defect）。当我们执行程序的时候，就会发现观察到的行为特征与软件规格说明书中预期的行为之间的差异，这就导致了矛盾、软件失效或异常等各种毛病和问题。我们将所有的软件问题统称为缺陷，而不管它是大的、小的、有意的、无意的，因为它们都会制造障碍。

软件工程就是一门与缺陷做斗争的工程学科，软件工程的发展为高可信软件的开发提供了许多方法、技术和工具环境等支持，为软件质量把好了四道关：通过软件的分析与理解、形式化验证和软件过程管理等方法和过程进行错误预防（第一关，预防错误）；通过软件测试来检查出没有防得住的错误（第二关，检查错误）；通过容错计算和设计应对那些没有防得住也没能检查出来的错误与缺陷（第三关，容错计算）；最后，进行错误预测，估计系统仍然会出现故障的可能性（第四关，软件可靠性）。

软件缺陷的概念

具体来说，软件缺陷可以有以下几种表现方式：

- 软件未达到产品说明书中已经标明的功能。
- 软件出现了产品说明书中指明不会出现的错误。
- 软件未达到产品说明书中虽未指出但应当达到的目标。
- 软件功能超出了产品说明书中指明的范围。
- 软件测试人员认为软件难以理解、不易使用，或最终用户认为该软件使用效果不良。

更进一步来说，软件缺陷的主要类型或现象有：

- 功能、特性没有实现或部分实现。
- 设计不合理，存在缺陷。
- 实际结果和预期结果不一致。
- 运行出错，包括运行中断、系统崩溃、界面混乱。
- 数据结果不正确、精度不够。
- 用户不能接受的其他问题，如存取时间过长、界面不美观。

软件缺陷的特征是：

- 看不到：软件的特殊性决定了缺陷不易看到。
- 看到但是抓不到：发现了缺陷，但不易找到问题发生的原因所在。

软件缺陷的实例

近年来，软件缺陷给人们造成重大损失的例子数不胜数，以下简要地列出一些影响比较大的事件（表 2-4），关于事件的完整故事，读者可以查阅有关资料。

表 2-4　典型的因为软件缺陷造成重要损失的案例

事　件	年份	原　　因	后　果
金星探测器飞行失败	1963	程序语句中缺少一个逗号	损失 1000 多万美元
新西兰客机撞山	1979	飞行软件故障	257 名乘客全部遇难
放射性设备医疗事故	1985	软件设计存在缺陷	多人因超剂量辐射死亡
爱国者导弹事故	1991	计时器误差	误杀 28 名美国士兵
伦敦救护中心瘫痪	1992	计算机系统故障	整个机构无法工作
英特尔奔腾芯片缺陷	1994	浮点数除法算法缺陷	支付 4 亿美元更换芯片
狮子王游戏事件	1995	缺乏充分的配置测试	客户无法使用，退货损失
阿丽亚娜火箭爆炸	1996	惯性导航系统软件故障	9 年的航天技术受重挫
NASA 火星登陆器	1999	集成测试不充分	登陆器丢失
千年虫问题	2000	节省内存，时间表示的缩写	全球损失几千亿
Windows 2000 安全漏洞	2000	操作系统远程服务软件存在安全漏洞	拒绝服务、权限滥用、信息泄露
校园网瘫痪	2000	软件系统故障	无法工作
"冲击波"计算机病毒	2003	微软 Messenger Service 缺陷被攻破	成千上万台基于 Windows 的计算机崩溃
美国及加拿大停电	2003	电力管理系统故障	大规模停电
金山词霸出现错误	2003	系统安装问题	无法取词，无法解释
北京机场瘫痪	2005	软件系统故障	飞机无法起飞，旅客滞留
银行系统故障	2006	软件系统故障	无法工作

（续）

事　件	年份	原　因	后　果
Norton "误杀门"	2007	将系统文件定义为病毒	超过百万台电脑瘫痪
北京奥运会售票事件	2007	大量访问造成网络拥堵	无法售票
F-16 战机失事	2007	导航软件失灵	飞机失事

软件缺陷产生的原因

由于软件的复杂性和抽象性，以及涉及的项目人员之间沟通不畅等，导致在软件生命周期的各个阶段都可能产生缺陷（图 2-3）。大约 56% 的缺陷来自需求分析阶段，27% 的问题来自设计，只有 7% 的缺陷是编码阶段引入的（图 2-4）。

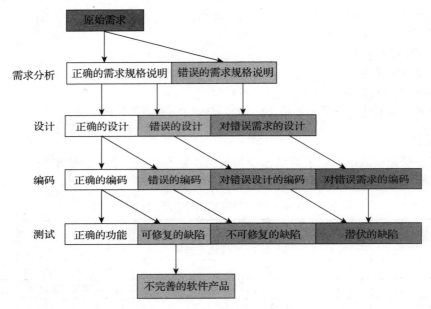

图 2-3　软件缺陷的形成过程

软件在从需求、设计、编码、测试一直到交付用户公开使用后的过程中，都有可能产生和发现缺陷。随着整个开发过程的推进，更正缺陷或修复问题的费用呈几何级数增长（图 2-5）。所以，软件错误发现得越早，修改错误的成本就越低，测试要从需求分析和设计就开始，在软件开发的每个环节都要不断地进行测试，才有可能使错误不被遗漏。

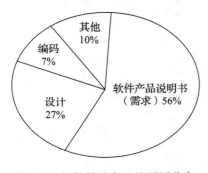

图 2-4　软件缺陷产生的原因分布

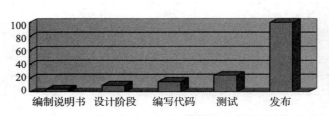

图 2-5　软件缺陷在不同阶段发现时的修复费用

关于软件缺陷产生的更深层次的原因可能是：项目期限的压力，产品的复杂度，沟通不良，开发人员的疲劳、压力或受到干扰，缺乏足够的知识、技能和经验，不了解客户的需求，缺乏动力等。

软件缺陷管理

软件缺陷管理在很多软件开发组织中都是软件开发和测试过程中的一个重要组成部分，它包括缺陷预防、缺陷发现、缺陷记录和报告、缺陷分类和跟踪、缺陷处理和缺陷预测。

- 缺陷预防：通过各种过程和工具，如良好的编码技术、单元测试计划和代码审查等，预防软件错误。
- 缺陷发现：找出软件在静态或动态测试时观察到的错误原因，一般通过调试来完成。
- 缺陷记录和报告：发现的缺陷记录在一个数据库中进行管理，数据库记录缺陷的类型、发生的频率、严重程度和发生位置等信息，方便生成缺陷报告。
- 缺陷分类和跟踪：数据库中的缺陷一般被分为高严重性和低严重性，并根据缺陷的性质建议处理方式，高严重性缺陷一般需要尽早提交给开发人员处理。
- 缺陷处理：每个记录在数据库中的缺陷一开始都被标为开放状态，表示需要进行处理。必须指定一些开发人员来进行缺陷的定位和修改工作，直至缺陷消除，这时将数据库中的缺陷状态置为关闭，表明缺陷已经处理好。
- 缺陷预测：通过一些高级的统计模型，根据已有的缺陷信息和统计数据，对软件中可能存在的错误数量和性质进行预测，是软件缺陷管理的一个重要功能。

目前关于缺陷管理的工具有很多，例如开源工具 Bugzilla、商业工具 FogBugz。

思考题

1. 什么是软件缺陷？
2. 缺陷产生的原因有哪些？
3. 缺陷管理包括哪些内容？

2.5 软件配置管理

本章开始提到，软件配置管理（Software Configuration Management，SCM）是一种标识、组织和控制修改的技术。软件配置管理应用于整个软件工程过程。在软件建立时变更是不可避免的，而变更加剧了项目中软件开发者之间的混乱。SCM 活动的目标就是标识变更、控制变更、确保变更正确实现并向其他有关人员报告变更。从某种角度讲，SCM 的目的是使错误最少并最有效地提高生产效率。

软件配置管理贯穿于整个软件生命周期，为软件研发提供了一套管理办法和活动原则。软件配置管理无论是对于软件企业管理人员还是对于研发人员都有着重要的意义。软件配置管理可以提炼为三个方面的内容：版本控制、变更控制和过程支持。

常用的软件配置管理工具主要有 Rational ClearCase、Perforce、CA CCC/Havest、Merant PVCS、Microsoft VSS 和 CVS。常用的免费开源软件配置管理工具有 SVN、GIT 和 CVS。

软件配置管理的发展历史

配置管理的概念源于美国空军。为了规范设备的设计与制造，美国空军于 1962 年制定并发布了第一个配置管理的标准" AFSCM375-1，CM During the Development & Acquisition Phases"。

　　而软件配置管理概念的提出则在 20 世纪 60 年代末 70 年代初。当时加利福尼亚大学圣巴巴拉分校的 Leon Presser 教授在承担美国海军的航空发动机研制合同期间，撰写了一篇名为 *Change and Configuration Control* 的论文，提出控制变更和配置的概念，这篇论文同时也是他对管理该项目（这个过程中进行过近 1400 万次修改）的经验总结。

　　Leon Presser 在 1975 年成立了一家名为 SoftTool 的公司，开发了配置管理工具 Change and Configuration Control（CCC），这是最早的配置管理工具之一。

　　随着软件工程的发展，软件配置管理越来越成熟，从最初的仅仅实现版本控制，发展到 21 世纪初提供工作空间管理、并行开发支持、过程管理、权限控制、变更管理等一系列全面的管理能力，形成了一个完整的理论体系。同时在软件配置管理的工具方面，也出现了大批产品，如最著名的 ClearCase、有将近 20 年历史的 Perforce、开源产品 CVS、入门级工具 Microsoft VSS、新秀 Hansky Firefly。

　　在国外已经有 50 年左右历史的软件配置管理，在国内的发展却只有十几年。不过，国内的软件配置管理已经取得了迅速发展，并得到了软件公司的普遍认可。

软件配置管理的相关概念

　　配置：有关技术文档中陈述的或产品中已实现的硬件或软件的功能和物理特性。

　　配置项：处于配置管理之下的软件和硬件的结合体，这个结合体在配置管理过程中作为一个实体出现。例如项目计划、软件配置管理计划、设计文档、源代码、测试数据、项目数据、用户手册等。

　　基线：一种通过正式评审和认可的规格说明或产品，此后将其作为进一步开发的基础，只有通过正式的变更控制过程才能变更（图 2-6）。

图 2-6　软件开发过程中的基线

　　版本：某一配置项的已标识了的实例。

软件配置管理的目标

　　软件配置管理的基本目标包括：软件配置管理的各项工作是有计划进行的；被选择的项目产品得到识别、控制并且可以被相关人员获取；已识别出的项目产品的更改得到控制；使相关组别和个人及时了解软件基准的状态和内容。软件配置管理工作能够解决的问题如下。

- 同时更新：当两个或更多的程序员独立开发同一软件时，一个人所做的变更很容易损害他人的工作。
- 共享代码：当共享代码中的一个错误得以修复时，常常不能让共享代码的所有人知道。
- 通用代码：在大型系统中，若通用软件的功能已修改，所有使用通用代码的人都有必要知道。如果缺乏有效的代码管理，就无法保证找到并提醒每个使用者。
- 版本冲突：很多大型软件是以增量式发布的方式开发的，可能会同时发布多个活动版本，参与错误修复和软件增强的人员很多，这样很容易产生冲突和混乱。

　　版本管理：版本亦称配置标识，是指某一特定对象的具体实例的潜在存在。这里的某一特定对象是指版本维护工具管理的软件组成单元，一般是指源文件；具体实例则是指软件开发人员从软件库中恢复出来的某软件组成单元的一个真实拷贝，该组成单元具有一定内容和属性。例如，对源文件的每一次修改都生成一个新版本。版本管理是配置管理最核心的功能，其他功能大多建立在版本管理之上。版本管理的对象包括软件开发过程中涉及的所有文件系统对象，包括文件、目录、链接。版本管理的目的是对软件开发进程中文件或目录的发展过程提供有效的追踪手段，保证在需要时可以回到旧的版本，避免文件的丢失、修改的丢失和相互覆盖。版本管理是实现团队并行开发、提高开发效率的基础。

工作空间管理：工作空间是指为了完成特定的开发任务（开发新功能、进行软件测试、修复 bug），从版本库中选择一组文件 / 目录的正确版本并拷贝给开发人员的开发环境。团队共享的集成空间用于集成所有开发人员的开发成果，应保证稳定、透明、一致。工作空间管理就是指工作空间的创建、维护、更新、删除。

并行开发支持：为了便于开发和维护，要求能够实现开发人员同时在同一个软件模块上工作，同时对同一个代码部分做不同的修改，即使是跨地域分布的开发团队也能互不干扰，协同工作，而又不失去控制。因此分支的引入变得极为重要。创建分支的过程实际上就是一个建立副本的过程，针对每个发布分别建立相应的分支，分支之间具备相对的独立性，这样不同的发布就可以在各自的分支上并行开发。在适当的时候，分支之间可以进行合并，从而实现将 Release1 中后期开发的功能合并到 Release2 中。如果两个分支之间产生了冲突，则后提交的版本与先提交的版本合并。

异地开发支持：由于广域网带宽等限制，大型项目的跨地域共同开发如果只使用一个本地库，那么对工作空间的更新将会花费大量的时间，增加了发生冲突的可能性，降低了团队开发效率。因此，对于位于多个工作地点的各个工作团队，应该采用分别建立本地库的方式，各个团队开发人员的日常开发工作基于本地存取的方式，而多个本地库时间应按照一定规则进行同步更新。

变更请求管理：变更请求管理指的是记录、跟踪和报告针对软件系统的任何变更，其核心是一个适合软件开发组织的变更处理流程。系统应具备强大的统计、查询和报告功能，及时准确报告软件的变更现状，开发团队的工作进展和负荷，软件的质量水平以及变更的发展趋势。典型的变更请求有新的功能需求、对已有功能的优化和改进、针对发现的缺陷的修复等。

软件配置管理的功能

配置标识：识别和选择要纳入配置管理的配置项和其他项，建立并维护软件层次，按命名方案赋予配置项标识符，标识配置项特性，建立和更新配置项清单。

配置控制：在配置项的配置标识和基线正式确立之后，对其更改进行系统控制的过程。变化控制系统记录每次变化的相关信息（变化的原因、变化的实施者以及变化的内容等），查看这些记录信息，有助于追踪出现的各种问题。记录正在执行的变更的信息，有助于做出正确的管理决策。

配置状态报告：状态纪实，即记录和描述受控库中的配置项在任何给定时间的状态。记录的配置状态，包括软件和相关文档的标识及其当前状态、基线进化的状态、建议和已批准变更的状态、已批准更改的实施状态等。配置状态报告的目的是将记录中所包含的信息形成文件并进行传播。

配置审核：配置审核的目的是验证配置管理过程和标准在项目的开发活动中是否得到遵循，以及已开发的产品配置与规定的要求是否相符。部分配置审核清单如下：

- 配置项：
  - 项目的配置项是否已被识别？

- 每个配置项的责任人是否已被识别？
- 配置项是否被唯一识别？
- 每个配置项的变更是否被追踪？
- 配置状态报告：
  - 状态报告是否按照计划生成？
  - 状态报告是否按照计划发送给适当的人员？
  - 对每个受影响人员的状态报告是否都可获取？
  - 报告是否给出了系统的正确状态？

软件配置管理的优缺点

优点：提高软件开发生产率，降低软件维护费用，确保构建正确的系统，进行更好的质量保证，减少缺陷，使软件开发依赖于过程而不是依赖于人。

缺点：为配置管理设置专门的管理人员，并且要有一些软硬件环境支持，这些都增加了开发的成本；对简单系统的开发没有实际意义。

软件配置管理的过程

随着软件开发方法和开发过程的不断变化以及配置管理工具的涌现，配置管理的内容也随之改变。但配置管理的过程始终遵循某种规律，可以将配置管理过程分成4个阶段（图 2-7）。

- 配置管理目标定义：定义整个配置管理活动的目的和任务。
- 配置管理过程定义：根据配置管理目标定义配置管理的过程，即规定过程中的所有活动。
- 配置管理环境建立：按照过程定义，建立相应的配置管理环境。
- 配置管理实施：按照所定义的配置管理过程，借助建立的配置管理环境，实现系统的配置管理目标。

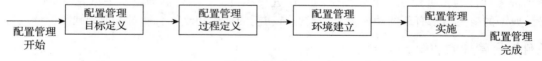

图 2-7　配置管理过程的 4 个阶段

版本控制。版本控制是软件配置管理的核心，其目的是按照一定的规则保存配置项的所有版本，避免发生版本丢失或混淆等现象，保证产品的可追溯性。配置项的状态包括编辑、调试、发布和评审（图 2-8）。配置项最初建立时的状态为"编辑"，在此状态下，由开发人员对其进行编辑；编辑完成后的配置项经过提交进入"评审"状态；若通过评审，则其状态变为"发布"，否则转入"调试"状态，进行修改；发布后的配置项若需要修改，其状态也可变为"调试"；当配置项修改完并重新通过评审时，其状态又变为"发布"，如此循环。

图 2-8　版本控制流程图

变更控制。变更控制是通过创建产品基线，在产品的整个生命周期中控制其发布和变更。

其目的是建立一套控制软件修改的机制，保证生产符合质量标准的软件，保证每个版本的软件包含所有必需的元素，使其在同一版本中的各元素可以正常工作，以确定在变更控制过程中控制什么、如何控制、谁控制变更、何时接收变更等。变更控制过程的流程如图 2-9 所示。需要变更的软件元素首先处于"待修改"状态，由 QA 人员将其分配给相关人员进行修改，修改完成后再经 QA 人员批准后将其置为"关闭"。待分配的变更要求若无法修改，则可将其设为"不修改"状态，由 QA 人员将其置为"遗留"；若认定为不需要修改，则也由 QA 人员将其关闭。

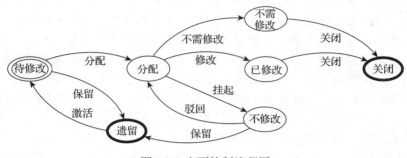

图 2-9　变更控制流程图

过程支持。过程支持包括相应的平台工具支持、开发人员的技术支持、状态统计和审核验证等。

软件配置管理的应用案例

云安全措施中最重要的要素就是配置管理。在 SaaS 环境中，配置管理是完全由云供应商负责处理的。如有可能，客户可通过鉴证业务准则公告（SSAE）、服务组织控制（SOC）报告或 ISO 认证，以及云安全联盟的安全、信任和保证注册证明向供应商提出一些补丁管理和配置管理实践的要求。在 PaaS 环境中，平台的开发与维护都是由供应商来负责的。应用程序配置与开发的库和工具可能是由企业用户管理的，因此安全配置标准仍然属于内部定义范畴。这些标准都应在 PaaS 环境中被应用和监控。

思考题

1. 配置管理的主要功能是什么？

2.6　软件项目的风险管理

软件项目的风险管理越来越受到项目团队的重视。充分重视软件项目的风险管理，借助科学的理论工具趁早进行，就可以最大限度地减少风险发生的概率。

软件项目风险是指在软件开发过程中遇到的预算和进度等方面的问题以及这些问题对软件项目的影响。软件项目风险会影响项目计划的实现，如果项目风险变成现实，就有可能影响项目的进度，增加项目的成本，甚至使软件项目不能实现。如果对项目进行风险管理，就可以最大限度地减少风险的发生。

软件项目中的风险主要包括不断变化的需求、低劣的计划和估算、不可信赖的承包人、欠缺的管理经验、人员问题、技术失败、政策的变化等多个方面。风险是遭受损失的一种可能性，这个定义包含两层含义：第一，风险会造成损失，如产品质量的降低、费用的增加或进度的推迟等；第二，风险的发生是一种不确定性随机现象，可用概率表示其发生的可能程度。

项目风险管理是指为了最大限度地达到项目的目标，识别、分配、应对项目生命周期内风险的科学与艺术。项目风险管理的目标是使潜在机会或回报最大化，使潜在风险最小化。风险管理涉及的主要阶段包括风险识别、风险量化、风险应对计划制定和风险监控。风险识别在项目的开始就要进行，并在项目执行中不断进行。也就是说，在项目的整个生命周期内，风险识别是一个连续的过程。风险识别包括确定风险的来源和风险产生的条件、描述风险特征以及确定哪些风险事件有可能影响本项目。风险识别不是一次就可以完成的事，应当自始至终定期进行。风险量化涉及对风险及风险的相互作用的评估，是衡量风险概率和风险对项目目标影响程度的过程。风险量化的基本内容是确定哪些事件需要制定应对措施。风险应对计划制定是针对风险量化的结果，为降低项目风险的负面效应而制定风险应对计划和选定技术手段的过程。风险应对计划以风险管理计划、风险排序、风险认知等为依据，得出剩余风险和次要风险等风险的相应应对计划。风险监控涉及对整个项目管理过程中的风险进行监控，该过程的输出包括应对风险的纠正措施以及风险管理计划的更新。

在风险管理的四个阶段都已经有成熟的理论方法。在风险识别阶段，可以使用头脑风暴法、面谈、Delphi 法、核对表和 SWOT 技术。在风险量化阶段，可以使用风险因子计算、PERT 估计、决策树分析和风险模拟等方法。常见的风险应对计划包括回避风险、转移风险、减小风险、接受风险和设置风险预留项。常见的风险监控技术包括风险预警系统、风险审计和技术指标分析。

SWOT 是 Strength（优势）、Weakness（劣势）、Opportunity（机会）和 Threat（威胁）的简写。SWOT 分析法的基准点是对企业内部环境之优劣势的分析，在了解企业自身特点的基础之上，判明企业外部的机会和威胁，然后对环境做出准确的判断，从而做出合理决策。

将内部优势与外部机会相组合，形成 SO 策略，制定抓住机会、发挥优势的战略；将内部劣势与外部机会相组合，形成 WO 策略，制定利用机会克服弱点的战略；将内部优势与外部威胁相组合，形成 ST 策略，制定利用优势减少威胁的战略；将内部劣势与外部威胁相组合，形成 WT 策略，制定弥补缺点、规避威胁的战略（见表 2-5）。

表 2-5　SWOT 分析法

	内部优势	内部劣势
外部机会	SO 战略	WO 战略
外部威胁	ST 战略	WT 战略

由于 SWOT 分析法明确了项目的优势和劣势，以及机会和威胁，因此可以多角度地、合理地分析并识别项目的风险。

模拟分析法是一种运用概率论及数理统计的方法来预测和研究各种不确定因素对软件项目的影响，分析系统的预期行为和绩效的定量分析方法。大多数模拟都以某种形式的蒙特卡罗分析为基础，它是指随机地从每个不确定因素中抽取样本，对整个软件项目进行一次计算，重复进行很多次，模拟各式各样的不确定性组合，获得各种组合下的多个结果。通过统计和处理这些结果数据，找出项目变化的规律。

回避风险是指当项目风险发生的可能性太大，不利后果很严重，又无其他策略可用时，主动放弃或改变会导致风险的行动方案。回避风险包括主动预防和完全放弃两种。通过分析找出发生风险的根源，通过消除这些根源来避免相应风险的发生，这就是通过主动预防来回避风险。回避风险的另一种策略是完全放弃可能导致风险的方案。这是最彻底的风险回避方法，可把风险发生的概率降为零，但也是一种消极的应对手段，在放弃的同时也可能会失去发展的机遇。

转移风险又叫合伙分担风险，其目的是借用合同或协议，在风险事故一旦发生时将损失的全部或一部分转移到项目以外有能力承受或控制风险的个人或组织。当项目的资源有限、不能实行减轻和预防策略，或风险发生频率不高但潜在损失或损害很大时，可采用此策略。这种策略要遵循两个原则：第一，必须让承担风险者得到相应的回报；第二，对于各具体风险，谁最有能力管理则让谁分担。

减小风险是指在风险发生之前采取一些措施来降低风险发生的可能性或减少风险可能造成的损失。例如，为了防止人员流失，提高人员待遇，改善工作环境；为防止程序或数据丢失而进行备份等。减小风险策略的有效性与风险的可预测性密切相关。对于那些发生概率高、后果也可预测的风险，项目管理者可以在很大程度上加以控制，可以动用项目现有资源降低风险的严重性后果和风险发生的概率。而对于那些发生概率和后果很难预测的风险，项目管理者很难控制，对于这类风险，必须进行深入细致的调查研究，降低其不确定性。

接受风险是指项目团队有意识地选择由自己来承担风险后果。当项目团队认为自己可以承担风险发生后造成的损失，或采取其他风险应对方案的成本超过风险发生后所造成的损失时，可采取接受风险的策略。其中，主动接受是指在风险识别、分析阶段已对风险有了充分准备，当风险发生时马上执行应急计划；被动接受是指风险发生时再去应对。在风险事件造成的损失数额不大，不会对软件项目的整体目标造成较大影响时，项目团队将风险的损失当作软件项目的一种成本来对待。

风险预留是指事先为项目风险预留一部分后备资源，一旦风险发生，就启动这些资源以应对风险。风险预留一般应用在大型项目中。项目的风险预留主要有风险成本预留、风险进度预留和技术后备措施三种。

很多组织和科研机构都提出了各自的软件项目风险管理模型，比较流行的有 Boehm 模型、CRM 模型和 SERIM 模型。

项目风险管理的成功因素包括：

- 对风险管理价值的认同——对组织管理、项目干系人（内部或外部）、项目管理和项目成员来说，在项目风险管理上的投入是有潜在正面回报的。因而项目风险管理应该被认为是极富价值的。
- 个人承诺/责任——项目参与者和干系人都应该愿意承担从事风险相关活动的责任。风险管理实际上是每个人的分内事。
- 开诚布公的沟通——每个人都应该参与到项目风险管理过程中。相对于积极处理和有效决策，任何隐藏风险的行为或态度都会降低项目风险管理的效率。
- 组织级的承诺——组织级的承诺只有在风险管理与组织的目标和价值一致时才能建立。和其他项目管理原则相比，项目风险管理需要更高级别的管理层支持，因为一些风险的应对需要比项目经理更高级的管理层批准。
- 量化项目上风险管理的投入——项目风险管理活动应该和组织对于项目目标价值的判定，风险本身的程度、规模，以及其他组织级制约因素相一致。特别是，进行项目风险管理所需的成本应该和风险管理能给项目及组织带来的价值相对应。
- 与项目管理整合——项目风险管理并非独立存在于其他项目管理过程之外。成功的项目风险管理需要和其他项目管理过程的正确执行进行整合。

项目风险管理的经验告诉我们：

- 风险管理要趁早。海恩法则说：任何不安全的事故都是可以预防的。而防患于未然的代价显然要比亡羊补牢的代价低，良好的风险管理规划是项目成功的保障。
- 不要忽视参考以前相关的项目经验。项目管理本来就是一个积累的实践过程，"前车之鉴，后车之师"，以前的项目，无论是从风险识别还是风险应对的角度，都能给现在的项目一些启示和经验。
- 要充分考虑项目成员对风险的态度。风险管理不是项目经理一个人的事，需要全员的参与，而不同成员对风险的态度往往也会在某种程度上决定风险应对的措施。对于风险追逐型的组员，就要考虑其对风险的分析和认识是不是过于乐观，同时也不能由于某些风险保守型成员对风险的态度而止步不前。
- 借助相关的风险管理工具，如 RPM、GS Risk、Deltek Risk+ 等。其中，RPM 为风险和响应集中编目，并生成措施或任务来识别与记录项目有关的问题并做出响应，从而能够提供从计划、监控到控制阶段的有效风险管理，同时其强大的风险数据库还可以为项目风险提供模板。

思考题

1. 风险管理的作用是什么？
2. 风险管理的主要措施是什么？

2.7　软件质量管理

在介绍软件质量管理之前，我们先简要讨论一般质量管理的理论与方法。质量管理是为实现质量目标而进行的管理性质的活动，更具体来说是指确定质量方针、目标和职责，并通过质量体系中的质量计划、控制、保证和改进来使其实现的全部活动。

质量管理的发展历史

质量管理的发展历史如图 2-10 所示。

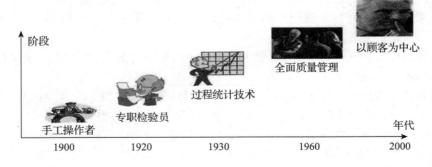

图 2-10　质量管理的发展过程

手工操作者阶段（约 20 世纪初）：20 世纪前，产品质量主要依靠操作者本人的技艺水平和经验来保证，属于"操作者的质量管理"。

质量检验阶段（20 世纪 20 年代前后）：20 年代初，产品的质量检验从加工制造中分离出来，质量管理的职能由操作者转移给工长，是"工长的质量管理"。随着企业生产规模的扩大和产品复杂程度的提高，产品有了技术标准，各种检验工具和检验技术也随之发展，大多数企业开始设置检验部门，有的直属于厂长领导，这时是"检验员的质量管理"。这两种做法都属于事后检验的质量管理方式。

统计质量控制阶段（20 世纪 30 年代前后）：1924 年，美国数理统计学家 W. A. 休哈特提出控制和预防缺陷的概念。他运用数理统计的原理提出在生产过程中控制产品质量的"六西格玛"法。与此同时，美国贝尔研究所提出关于抽样检验的概念及其实施方案，成为运用数理统计理论解决质量问题的先驱。以数理统计理论为基础的统计质量控制的推广应用始自第二次世界大战，由于事后检验无法控制武器弹药的质量，美国国防部决定把数理统计法用于质量管理，并于 1941～1942 年先后公布了一批美国战时的质量管理标准。

全面质量管理阶段（20 世纪 60 年代开始）：20 世纪 50 年代以来，随着生产力的迅速发展和科学技术的日新月异，人们对产品的质量从注重产品的一般性能发展为注重产品的耐用性、可靠性、安全性、维修性和经济性等。在生产技术和企业管理中要求运用系统的观点来研究质量问题。在管理理论上也有新的发展，突出重视人的因素，强调依靠企业全体人员的努力来保证质量，除此以外，还有"保护消费者利益"运动的兴起，企业之间的市场竞争越来越激烈。在这种情况下，美国的 A. V. 费根鲍姆于 60 年代初提出全面质量管理的概念，强调对质量特性的全方位、产品生产的全过程和企业全员的管理。

以顾客为中心、质量知识体系的成熟和国际质量标准的应用阶段（2000 年以后）：人们越来越认识到，质量就是要稳定地满足顾客的需要。世界各国先后发布了自己的质量标准，推动了国际通用性质量体系标准的发展。目前，很多企业正是用一些产品的国际标准来规范化产品的特征和生产过程，产生了买方主导型企业的质量管理。这些质量管理标准有六西格玛、ISO9000、CMMI 等，它们都从不同角度吸纳了全面质量管理的内容，发展成为各具特色的质量体系。

关于质量管理的三个主要阶段——质量检验阶段，统计质量控制阶段，全面质量管理阶段——的比较见表 2-6。

表 2-6　质量管理的三个主要阶段的比较

项目	质量检验阶段	统计质量控制阶段	全面质量管理阶段
生产特点	手工半机械化	大量生产	现代化大生产
质量概念	狭义质量	向广义质量过渡	广义质量
管理范围	检验	制造过程	全过程
管理对象	产品	产品和工序质量	产品和工作质量
管理依据	质量标准	质量标准、控制标准	用户需要
管理方法	技术检验方法	数理统计方法	运用一切有效手段
参加人员	检验人员	技术部门、检验人员	企业全体员工

质量管理的特性

质量管理的社会性：质量的好坏不仅是从直接用户的角度，而且是从整个社会的角度来评价的，涉及生产安全、环境污染、生态平衡等问题时更是如此。

质量经济性：质量不仅从某些技术指标来考虑，还从制造成本、价格、使用价值和消耗等几方面来综合评价。在确定质量水平或目标时，不能脱离社会的条件和需要，不能单纯追求技术上的先进性，还应考虑使用上的经济合理性，使质量和价格达到合理的平衡。

质量系统性：质量是一个受到设计、制造、安装、使用、维护等因素影响的复杂系统。例如，汽车是一个复杂的机械系统，同时又是涉及道路、司机、乘客、货物、交通制度等的使用系统。产品的质量应该达到多维评价的目标。费根鲍姆认为，质量系统是指具有确定质量标准的产品和为交付使用所必需的管理上和技术上的步骤的网络。

质量管理战略

在市场经济条件下，市场竞争已把质量置于企业发展的战略地位，企业必须以质量求发展，通过提供高质量的产品和服务来增加企业的经济效益，获得长期的竞争优势。质量成本分析从保证产品质量支出的有关费用和未达到既定质量标准付出的代价入手，探求以最少的质量资本投入来取得最大的经济效益，这已成为企业质量管理部门的一项重要职能，也是质量管理必不可少的重要工具。进行质量成本分析能够为企业带来意想不到的收获。质量成本是人们在企业质量管理的实践中逐步形成和发展起来的。20 世纪 50 年代朱兰提出了"矿中黄金"的概念，认为废品损失就像亟待开采的"金矿"，只要管理得当，降低废品费用就如同从金矿中开采出黄金，这指出了质量成本分析的重要性。今天，人们已经明白，良好的产品和服务质量与低成本并不是相互矛盾的。

在实际工作中，质量过高或过低都会造成浪费，不能使企业获得好的经济效益。因此，必然追求最佳质量水平和最佳成本水平。为了使企业产品质量和成本达到最佳质量水平，就应围绕企业经营目标分析企业内外的各种影响因素（图 2-11）。

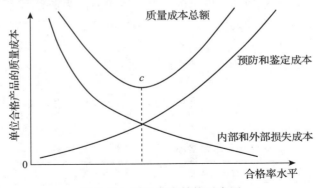

图 2-11　质量成本结构示意图

软件质量管理的重要性

自 1968 年软件工程概念被提出以来，经过 50 多年的发展，软件开发方法和技术已经有了巨大的进步，人们在实践中逐渐认识到一个影响软件开发质量的关键问题是：开发组织不能很好地定义和管理软件开发过程，即使采用了先进的开发方法及其支持工具，也难以发挥很好的作用、产生预期的效果。先前那种依赖于个人才华的软件开发管理方式具有很大的不确定性，不能为提高整个组织的软件生产率和质量奠定坚实的基础，只有既重视软件新方法和新技术的应用，又重视软件质量管理，并在实践中不断贯彻、实施和改进，才能真正开发出高质量的软件。

由于软件需求模糊且不断变化，软件本身及其开发过程可视性差且逻辑复杂，软件测试等技术能力有限，决定了从技术上解决质量问题效果有限，所以，需要从管理角度出发，通过加强软件质量管理，建立健全的软件质量保证体系，规范软件开发过程，从而尽可能减少软件开发过程中产生的缺陷，提高软件质量。

软件质量管理的参与者及其期望

软件质量管理的参与者包括项目经理、程序员 / 开发者、应用系统设计者、分析师、管理高层、人事部门、客户、测试者、市场部门等，他们对质量管理体系都有自己不同的期望，以下分别讨论他们的个性化需求。

项目经理。项目经理指负责软件项目日常控制的人员，通过检查进度监控整个项目、通过引入新方法进行技术革新、代表团队与客户沟通。项目经理期待质量管理体系能够从以下几个方面提供支持：提供风险分析支持，指出影响项目的关键因素；制定规范，统一员工的工作汇报方式；制定标准和流程，确保项目开销和过程数据易获取；提供充分的数据收集和分析方法，为多种用途做准备；包含项目计划标准，阐述员工任务分工和资源需求等。

程序员 / 开发者。程序员或开发者需要为一部分软件给出详细的规格说明、编写代码、完成单元测试，还需要随着需求的变更不断修改代码。所以质量管理体系应该给程序员以下帮助：纸质编码标准以确定编码方法；指明通过文件存储测试数据和测试输出的方式；提供命名标准等。

应用系统设计者。系统设计者根据需求完成系统设计，提供实现用户功能需求所需的体系结构，因此需要质量管理体系从以下几个方面提供支持：提供描述过程结构和数据结构的标准；制定系统可维护方面的标准，如高内聚、低耦合等；为良好的需求规格说明提供标准等。

分析师。系统分析师负责与客户联系并输出需求规格说明，因此期望质量管理体系能够提供需求规格说明书的标准和一系列清单，确保软件系统的若干特征和条款不被忽略，对分析师与客户交流过程予以规范等。

管理高层。管理高层是位于项目管理者之上的人员，要求质量管理体系提供实现项目目标的进度报告、对审计追踪文档的建立提供指导、支持定期报告开发过程发现的错误等。

人事部门。人事部门负责提供人力资源和培训，需要质量管理体系提供符合标准的工程计划，包括项目组成员及其所需要的技术水平，指定工程完成时应该进行的一些活动。

客户。客户也是产品提供单位的质量管理体系的使用者，他们关注项目进展以及进展会议如何召开，关注具体使用了哪些方法作为项目的质量控制手段，需要质量管理体系指定提交给客户的报告格式及提交报告的频率。

测试者。测试人员需要检查所开发的系统是否满足客户需求，希望质量管理体系规范需求规格说明的方式以易于生成测试用例，并制定相关流程和检查清单以易于重用。

市场部门。市场部门负责销售企业生产的软件系统和应用，需要质量管理体系对每个项目都能给出一个模块清单或一个子系统，便于估计价格，或在投标中给出"聪明的"报价。

思考题

1. 质量管理的主要任务是什么？
2. 质量管理的三个主要阶段的区别是什么？
3. 在软件项目的参与者中，不同角色对质量管理有什么期待？

---

*2.8 全面质量管理

全面质量管理（Total Quality Management，TQM）是企业管理现代化、科学化的一项重要内容。它于 20 世纪 60 年代产生于美国，后来在西欧与日本逐渐得到推广与发展。TQM 应用数理统计方法进行质量控制，使质量管理实现定量化，变产品质量的事后检验为生产过程中的质量控制。首先，质量的含义是全面的，不仅包括产品服务质量，而且包括工作质量，用工作质量保证产品或服务质量；其次，是全过程的质量管理，不仅要管理生产制造过程，而且要管理采购、设计直至储存、销售、售后服务的全过程。

　　本节剩余内容为在线资源，请访问华章网站 www.hzbook.com 搜索本书并下载。

思考题

1. 什么是全面质量管理？
2. PDCA 循环的具体内容是什么？

第3章

软件生命周期中的质量保证

本章围绕软件生命周期，分别介绍如何保证需求分析的质量（3.1节）、软件设计的质量（3.2节）、软件编码的质量（3.3节）、软件测试的质量（3.4节）、软件发布的质量（3.5节）和软件维护的质量（3.6节），我们将系统地介绍相关的理论和方法。

3.1 需求分析的质量

需求分析简单地说就是确定系统必须完成哪些工作，对目标系统提出完整、准确、清晰和具体的要求。需求分析实际上就是对用户需求的理解和表达，保证软件系统能很好地满足客户的要求。工程师与项目经理通过和客户不断地沟通，以顾客为主体，不断明晰、确定、整理顾客的需求，并在这个过程中不断地修订更新，最终形成完整的需求分析文档。

需求分析的意义

需求分析对软件具有决定性——分析客户需要什么，是开发出用户满意的软件的基础；同时，需求分析也对软件开发具有方向性——为开发人员和项目组成员指明方向，让他们知道下一步应该做什么。

需求分析是项目建设的基石，在以往建设失败的项目中，80%是由于需求分析不明确造成的。因此对需求分析的把握程度影响着项目的成功与否，软件产品的需求分析质量直接关系到软件成品的质量。

需求分析的主要流程就是分析、理解问题和运行环境，明确用户需求和软件面向的用户群体，形成规则的说明文档，建立包含问题设计信息、功能、行为的问题模型。在需求分析的同时也要进行可行性分析，验证可行性，明确风险，解决需求冲突，明确外界因素依赖以及技术方面的障碍，等等。成功的需求分析可以及时处理漏洞，降低开发成本。

需求分析方法

表3-1列出了7种国际上比较主流的需求工程方法，分别从不同角度、应用不同手段、通过不同途径和利用不同线索全方位深度而系统地开发软件需求。

表 3-1　软件需求工程的代表性方法

方　法	视　角	手　段	途　径	线　索
面向目标	存在需要实现的目标	从高层目标到低层目标的分解	需求的满足来自低层目标的支撑和贡献	目标关联
面向主体	存在需要维持的组织关系	依赖关系的建立、反依赖关系的防止	依赖关系的可满足性、鲁棒性	主体依赖关系
面向情景	存在需要支撑的业务场景	场景活动分析	软件需求对业务活动的支持	情景 – 活动 – 软件需求
多角度	需求来自不同利益相关者	分视角建模再进行模型组合	不同视角不同理解，组合时协调统一理解	按视角建立关联，最后建模组合关联
面向对象	软件由对象 / 类组成。对象 / 类来自现实世界问题空间或软件世界解空间	抽象、封装、继承	对象及其关联表达现实世界的抽象	统一建模语言
面向问题	软件处于环境中，在和环境的交互中展现能力	通过上下文特征和上下文的交互识别软件问题	问题框架	环境模型、共享现象
面向领域	共性的需求可以被重用	共性和变化性建模	需求重用	领域模型和应用模型的关系

需求分析原理

　　需求分析处于整个软件开发流程的上游（图 3-1），由于需求分析错误造成的根本性的功能问题尤为突出。很少有项目的需求是一成不变的，需求分析过程不是一次性完成的，需要在开发维护的实践中迭代完善（图 3-2）。许多客户提需求时忽视了可行性，许多创新应用的需求不是一开始就完全明确的。很多用户不是专业的软件开发者，因此，完整的需求可能会像拼图一样一块一块拼接起来。另外，需求在频繁变动中也可能让开发人员和客户之间产生误解，但我们却需要在合同中明确"做什么"和"不做什么"。

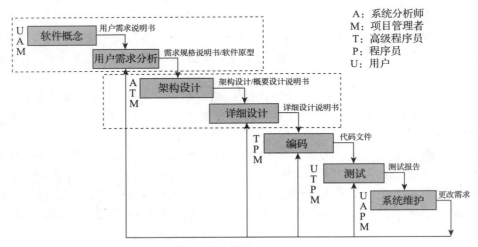

图 3-1　需求分析是关键环节

需求分析的优缺点

　　实行有效的需求工程管理的组织能获得多方面的好处。最大的好处是在开发后期和整个维护阶段重做的工作大大减少了。这使得整个开发过程少走了许多弯路，并在开始阶段就为整个产品开发过程指明方向。

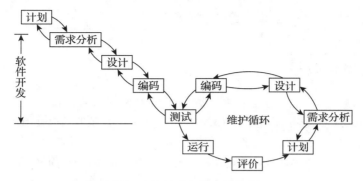

图 3-2 软件工程开发流程图

不适当的需求引起的一些风险包括以下几个方面：

- 无足够的用户参与——用户参与不多会导致产品无法被接受。
- 用户需求的不断增加——用户需求的增加带来过度的耗费和产品质量的降低。
- 模棱两可的需求说明——将导致时间的浪费和返工。
- 不必要的特性——用户增加一些不必要的特性和开发人员的画蛇添足。
- 过分精简的规格说明——过分简略的需求说明以致遗漏某些关键需求。
- 忽略用户分类——忽略某类用户的需求将导致众多客户的不满。
- 不准确的计划——不完善的需求说明使得项目计划和跟踪无法准确进行。

优秀的需求规格说明包括以下特征：完整性、正确性、可行性、必要性、与实现无关性、划分优先级、无二义性、可验证性、正确的详细层次、一致性、简洁明了、可修改性、可跟踪性。

需求分析的研究现状

与软件工程相比，软件需求工程是一个新兴的研究方向，只有 30 多年历史，软件需求工程方法论还处在百花齐放、百家争鸣阶段，系统化的方法正在形成，现有的工作集中在需求分析的工程化实施和过程管理（图 3-3），以及对某些特定方法的研究。

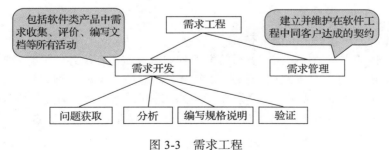

图 3-3 需求工程

需求分析中的头脑风暴法

头脑风暴法又称智力激励法，是由美国创造学家 A. F. Osbotn 提出的一种激发创造性思维的方法。所谓"风暴"，即新点子的涌现。头脑风暴是对群体智慧的热情激励，是高效的创意发生源头。借助头脑风暴采取会议形式进行分析，大家求同存异，最终达到需求目标，过程中由专人进行详尽记录。

3.2 软件设计的质量

软件设计是从软件需求规格说明书出发，根据需求分析阶段确定的功能设计软件系统的整体结构、划分功能模块、确定每个模块的实现算法以及编写具体的编码，形成软件的具体设计方案。以上是百度百科给出的对于软件设计的定义。在维基百科上有着类似的定义："Software design is the process by which an agent creates a specification of a software artifact, intended to accomplish goals, using a set of primitive components and subject to constraints." 其中比较突出的是实现目标（即满足需求）和创造软件的具体设计方案。可以看到软件设计很重要的一点就是要满足需求，并输出一个具体的设计方案。

其实在维基百科上对于软件设计有两种定义，一种是指 "all the activity involved in conceptualizing, framing, implementing, commissioning, and ultimately modifying complex systems"，即从定义到实现以及最终结果的整个过程；另一种就是上面提到的，介于需求分析和编码实现之间的过程。我个人更偏向于第二种说法，软件设计就是根据已有的需求进行特定的设计的过程，在这个过程中，需要注意满足需求，同时要做好文档的编写，为之后的编码工作打好基础。我在查资料的时候看到了一句话，意思大概是这样：当你最终完成设计时，你连一行代码都没有写，但却相当于已经完成了一半的编码工作。足以见得设计的重要性。

3.2.1 设计过程

从工程管理的角度来看，软件设计可以分为两个部分：概要设计和详细设计。其中概要设计是指将系统的功能模块进行初步划分，并给出合理的研发流程和资源要求，故有时也被称为初步设计或总体设计；详细设计则是根据概要设计的结果，确定软件系统各组成成分内部的数据结构和算法。从技术角度来看，软件设计主要分为数据设计、系统结构设计和过程设计三大部分。

总体设计

典型的总体设计包括以下 9 个步骤：

1. 设想供选择的方案。根据需求分析阶段得到的数据流图考虑各种可能的实现方案。

2. 选取合理的方案。对于之前选择的每个方案，应该准备好 4 种材料——系统流程图、组成系统的物理元素清单、成本/效益分析、实现的进度计划，为之后的步骤做准备。

3. 推荐最佳方案。综合比较各个可能的方案，从中选择一个最优方案，并制定详细的实现计划。

4. 功能分解。首先进行结构设计，确定模块组成和它们之间的关系；接着进行过程设计，确定每个模块的处理过程。将实现复杂的功能进一步分解。

5. 设计软件结构。应当把模块组织成良好的层次系统，根据情况使用层次图、结构图、数据流图等方法进行设计和描述。

6. 设计数据库。在需求分析的基础上，进一步设计数据库。

7. 制定测试计划。在软件开发的早期就应当考虑测试问题，这样可以促使软件设计人员在设计的时候注意提高软件的可测试性。

8. 书写文档。文档是软件设计中很重要的一部分，我们需要利用以下几种文档来记录总体设计的结果：系统说明、用户手册（对基于需求分析阶段产生的用户手册进行修改即可）、测试计划（即上一步中制定好的计划）、详细的实现计划、数据库的设计结果。借助这几种文档可以更好地完成设计过程。

9. 审查和复查。对设计结果进行审查，完成之后进行复审，以确保设计的正确性。

3.2.2　设计原理

模块化

要理解模块化首先要知道模块的定义。模块主要由 4 个部分组成：接口（负责输入和输出）、功能（此模块所实现的具体功能）、逻辑（模块内部的实现以及所需要的数据）、状态（模块间的关系以及运行环境）。在此基础上，模块化就是指将一个程序划分为多个独立的模块，每个模块可以完成分配到的一个小功能，模块之间既相互独立又相互联系。

模块化的好处在于划分程序功能可以降低软件的复杂性，便于进行设计。同时，模块化可以使软件结构更加清晰，这样就使得软件更容易进行测试和调试，提高了软件的可修改性，有助于软件开发工程的组织管理。但是，并不是模块划分得越多越好，模块多了，接口成本会迅速增加（图 3-4）。

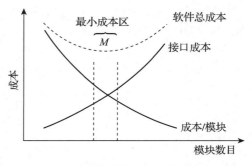

图 3-4　模块化的数量与成本

抽象和逐步求精

抽象是人类处理复杂问题的基本方法之一。——Grady Booch

在这个过程中，我们可以先用一些高级的抽象概念来构造和理解，这些高级概念可以用一些低级一点的概念来构造和理解，依次进行下去。在实现抽象化的过程中，一个很重要的方法就是逐步求精，这也是一种分层。集中精力解决主要问题而尽量推迟对问题细节的考虑，一步一步地往外扩展，最终达到目标。

信息隐藏和局部化

关于信息隐藏，维基百科上有这样一段描述："Modules should be specified and designed so that information contained within a module is inaccessible to other modules that have no need for such information."一个模块内的信息对于不需要这些信息的模块应该是不可访问的，这就是信息隐藏的核心概念。一个典型的例子就是数据封装，其中的关键思想就是信息隐藏。这样能够保证数据的安全性和独立性，确保系统可以安全运行，避免泄露或者攻击。局部化可以说是另一种程度上的分块，把关系密切的模块彼此放在一起，形成一个小局部，其中的模块联系紧密，实现起来也比较方便。

模块独立

根据之前的几项原理，我们得到了一种新的思路，即模块独立。这意味着划分出来的每个模块都可以完成一个相对独立的子功能。其重要性在于有效的模块化可以使得软件比较容易被开发出来，而且独立的模块易于测试和维护。如果相互之间错综复杂，那么牵一发而动全身，调试起来将会非常麻烦。

那我们应该如何对模块的独立性进行度量呢？大体可以从耦合和内聚两个角度进行度量。耦合度量的是不同模块间彼此依赖连接的紧密程度，而内聚则是关于模块内部不同元素之间的紧密程度。

耦合主要可以分为6种：非直接耦合、数据耦合、控制耦合、特征耦合、公共环境耦合和内容耦合。其耦合的程度依次加强，也意味着模块间的紧密程度依次加强。

- 非直接耦合。也被称为完全独立，模块之间没有直接的联系。模块间的联系通过主程序的控制和调用实现，独立性是6种耦合中最强的。
- 数据耦合。模块之间通过参数交换信息，而且仅仅交换数据。这种方式使得维护操作更加容易，对一个模块的修改不会导致其他模块的退化。
- 控制耦合。模块之间传递的是用作控制信号的标志量。但是这种耦合往往是多余的，在将模块适当分解之后就可以用数据耦合来代替，而且模块的可重用性降低了。
- 特征耦合。模块之间传递的参数为整个数据结构，但是需要用到的只是其中的一部分。这样导致的一个问题就是对数据的访问很可能失去控制。
- 公共环境耦合。在这种情况下，模块间通过公共的数据环境相互作用。一般还可以分为两种，一种是松散型，一种是紧密型。如图3-5所示，松散指两个模块一取一送，紧密则是指两个模块都进行取和送。

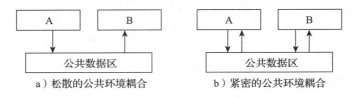

　　a）松散的公共环境耦合　　　　　　　　b）紧密的公共环境耦合

图3-5　公共环境耦合

- 内容耦合。当出现以下四种情况时，我们可以说两个模块之间发生了内容耦合：一个模块访问了另一个模块的内部；一个模块不是通过正常入口转入到另一个模块内部；两个模块之间有一部分的代码重叠；一个模块有多个入口。内容耦合是紧密程度最高的一种耦合，但却与我们的模块独立思想相悖。

总的说来，我们的目标是更加松散耦合的系统，所以可以尽量使用数据耦合，少用控制耦合和特征耦合，限制公共环境耦合的范围，同时完全不用内容耦合，以使得模块的独立性达到最大。

内聚可以分为3大类：低内聚、中内聚、高内聚。低内聚包括偶然内聚、逻辑内聚和时间内聚，中内聚包括过程内聚和通信内聚，高内聚包括顺序内聚和功能内聚。

- 偶然内聚。一个模块内部实现的多个任务之间没有联系或者联系很松散，模块不可重用且可理解性差，可以继续划分为更小的模块。
- 逻辑内聚。模块内部完成的不同任务在逻辑上相同或者相似。这样带来的一个问题就是接口问题，理解性比较差而且难以进行重用，同样可以继续划分模块。图3-6形象地描述了逻辑内聚。
- 时间内聚。这种内聚是指模块内的任务需要在同一个时间段之内完成。但是任务之间的关系则没有特定要求，所以紧密程度也不是很高。
- 过程内聚。模块内部需要完成的任务必须按照特定的顺序完成，则称为过程内聚。一般而言，根据程序流程图划分得到的一般是过程内聚的模块。可以对任务进行分割，一个小模块执行一个操作。

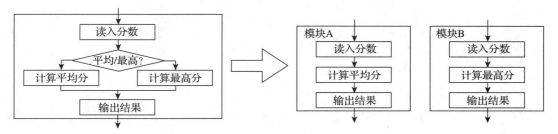

图 3-6 逻辑内聚

- 通信内聚。模块内的各个成分在同一个数据结构上进行操作，即可称为通信内聚。
- 顺序内聚。一个模块内的处理元素与同一个功能密切相关，而且这些处理需要按照顺序执行（与过程内聚稍有区别）。例如，一个处理的结果应该是另一个处理的输入，上一个处理就决定了下一个处理的结果。
- 功能内聚。模块内的各个成分都是为了完成同一个任务或者功能。在这样一种内聚中，模块是可以重用的，而且应当尽可能重用。如此，维护和扩充都会变得更加容易。

和耦合相反，我们需要追求的是更强的内聚，以加强模块内部的紧密程度，提高模块的独立性，理想内聚的模块只完成一个任务，即真正意义上独立的模块。

除了以上的几个设计原理，Davis 还提出了 9 条关于软件设计的准则，可以帮助我们更好地进行设计：

1. 要学会根据已有的资源考虑用多种方法进行评估。
2. 设计对于分析模型应该是可跟踪的（证明模型满足了需求）。
3. 设计的时候应该注意资源重用（设计模式）。
4. 设计的结构应该尽可能模拟问题域的结构。
5. 设计应该表现出一致性和集成性（整体的风格规则等）。
6. 设计要弹性化，适应扩展和变化。
7. 设计不是编码，编码也不是设计。
8. 创建设计时应该就可以评估质量而不是等到完成后。
9. 评审设计时要注意检查概念性的错误。

3.2.3 设计工具

图形工具

图形工具主要包括程序流程图、N-S 图、HIPO 图和 PAD 图。程序流程图如图 3-7 所示。

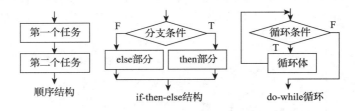

图 3-7 程序流程图

N-S 图（也称为盒图）顾名思义就是像盒子一样的图，其实就是在流程图的基础上去掉了不同处理间的连接线，像是盒子一样堆在一起的图（图 3-8）。

图 3-8   盒图

HIPO 图 = H 图 + IPO 图，H 图定下了大的框架，而 IPO 图则是需要按三个模块来进行分析（图 3-9）。

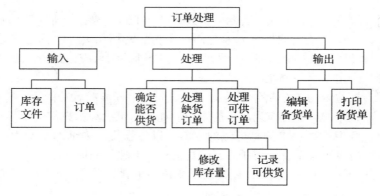

图 3-9   HIPO 图实例

PAD 图是树状的，从上至下、从左到右依次执行（图 3-10）。

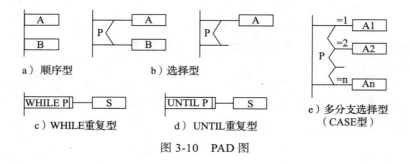

图 3-10   PAD 图

表格工具

在软件设计中，表格工具主要有判定树和判定表两种，它们要求将程序流程图中的多分支判断都改成两分支判断，然后进行分析。其建立的具体步骤为：列出所有的处理；列出过程执行中的所有条件；将条件取值与处理相匹配，消去不可能发生的条件取值组合；每一纵列为一个处理规则。如图 3-11 和图 3-12 中的例子所示，借助这些我们可以将处理进行划分，以便于讨论和实现。

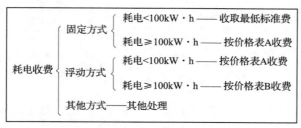

图 3-11   判定树

规则		1	2	3	4	5
条件	固定价格方式	T	T	F	F	F
	浮动价格方式	F	F	T	T	F
	耗电 <100kW.h	T	F	T	F	
	耗电≥100kW.h	F	T	F	T	
动作	收取最低标准费	√				
	按价格表 A 收费		√	√		
	按价格表 B 收费				√	
	其他处理					√

图 3-12　判定表

语言工具

语言工具主要是 PDL 工具，也称结构英语或伪码。它允许自然语言（比如英语）的词汇与结构化程序设计语言"混合"，而且子程序的定义与调用规则不受具体接口方式的影响。关于这种语言，有兴趣的朋友可以自行查阅资料。

3.2.4　设计模式

在设计的过程中，我们不能忘了文档的编写、设计过程的审查和复审等工作，这些工作对于设计而言都是十分关键的。在这里还要着重提到的一个概念，就是设计模式（design pattern）。（更多内容见 10.4 节。）

设计模式有四个元素：

- 模式的名称，包括问题、解决方案和解决的效果。
- 问题，在哪种情况下使用这种设计模式。
- 解决方案，设计中各个组成部分之间的关系。
- 效果，此种设计模式应用的结果和使用时应该注意的问题。

设计模式的好处：

- 提供了通用的语义，方便小组成员之间的交流。
- 能够更加方便简单地复用成功的设计和体系结构。
- 可以避免设计损害系统的复用性。
- 可以帮助设计者更好更快地完成系统设计。

对设计模式的准确复用可以使我们的设计工作事半功倍，我们在进行软件设计的时候需要重点关注。

思考题

1. 为什么要进行软件设计？
2. 有哪些比较实用的软件设计工具？

3.3　软件编码的质量

传统上，软件的生命周期一般分为需求与分析、设计与编码、测试与集成、发布与维护等阶段，而编码阶段就是利用具体的编程语言，实现软件详细设计的过程。

软件编码的意义

软件编码是整个软件生命周期中承前启后的关键环节，如果编码阶段的质量得不到保证，就很难保证软件的质量。事实上，除了整个工程的设计错误，编码是唯一引入软件缺陷的地方。所以，保证软件编码的质量势在必行。

编码阶段的质量保证主要由开发人员来实施，而不是测试人员和项目管理人员——这个特点与其他软件测试方法与质量保证方法的实施主体不同。

软件编码方法

保证软件编码的质量通常有三个有效的方法：编码规范、代码审查、单元测试。以下我们主要介绍编码规范。

编码规范的定义与内容。根据维基百科上对编码规范的定义，编码规范是针对不同编程语言在编写时各自的文件组织（file organization）、缩进（indentation）、注释（comment）、声明（declaration）等的详细规定。编码规范是语言相关的规则，是经过实践锤炼出来的经验。不同于其他领域，编码规范往往直接来源于前人实际开发过程中的经验。由于不同的编程语言有不同的编码规范，且不同的编码规范的侧重点不同，下面列举一些 C++ 编码规范。

- 文件组织和排版风格：工程文件的目录组织，文件中的版权信息、注释、代码等部分的布局规范，缩进、空格、对齐、换行的方式，注释的写法等。
- 命名规范：变量、类、方法、文件等的命名方法。

对于基于 C++ 的编码来说，这方面的指导原则主要包括如下几类：

- 类的设计和声明（比如，基类的析构函数都应该是虚函数）。
- 内存的申请与释放（比如，new 和 delete、new[] 和 delete[] 要成对使用）。
- 类和对象的初始化和清除（比如，包含资源管理的类应该自定义拷贝构造函数、赋值函数和析构函数）。

总之，在编码以前，开发小组要共同讨论，在编码规范上形成共识，并把确定的编码规范形成文档，供开发人员在编码过程中遵照。通过建立代码编写规范，形成开发小组编码约定，可以提高程序的可靠性、可读性、可修改性、可维护性、一致性，同时，使开发人员之间的工作成果更容易共享和继承。

编程语言官方编码规范。许多编程语言的编写者为了该语言的推广与编码规范化，往往会给出官方推荐的编码规范，例如 C#、Java、Kotlin 和 Python。学生或者个人开发者遵循这些官方编码规范，将会提高效率。因为官方的编码规范往往针对该语言的特性而与通用的编码规范有所不同，使得该编码规范更适用于该语言编写的程序。

企业编码规范。开发小组共同遵守一套编码规范，可提高编码的效率。一些大型公司为了提高内部人员的编码效率，往往会制定一套定制的公司编码规范。

阿里巴巴公司常年使用 Java 语言作为其服务器的编写语言，其推出的《阿里巴巴 Java 开发手册》就是公司内部使用的 Java 程序编码规范。另外，在开源项目领域，为了方便管理开源工作者提交的代码，一些公司会发布其开源项目的编码规范。谷歌公司有许多开源项目，因此制订了包括 C++、Objective-c 在内的诸多编码规范。

IDEA/Eclipse 插件是阿里巴巴公司推出的适用于 JetBrainsIDEA 与 Eclipse 的 Java 编码规范工具，可以解决绝大多数的 Java 编码规范问题。代码托管平台 GitHub 给出了一个包含 C++、Java、JavaScript、HTML 等几乎所有主流编程语言的编码规范工具合集。

编码规范工具。在开发过程中，开发人员往往专注于程序的实现，在考虑程序逻辑的同时很难做到严格遵守编码规范。这时候，就需要编码规范工具来辅助开发人员进行编码规范。

编码规范工具和编码规范本身一样，随着编程语言的不同而不同。下面介绍两种编码规范工具。

- CheckStyle。CheckStyle 是 SourceForge 下的一个项目，提供了一个帮助 Java 开发人员遵守某些编码规范的工具。它能够自动化代码规范检查过程，从而使得开发人员从这项重要但枯燥的任务中解脱出来。CheckStyle 检验的主要内容包括：Javadoc 注释，命名约定，标题，import 语句，体积大小，空白，修饰符，块，代码问题，类设计，混合检查（包括一些有用的 System.out 和 printstackTrace）。
- PMD。PMD 是一个源代码分析器，它能发现许多普遍出现的编码错误，比如未被使用的变量、空的 catch 块、不必要的对象创建等。PMD 支持 Java、JavaScript、Salesforce. com Apex、Visualforce、PLSQL、A-pache Velocity、XML、XSL 等语言。另外，PMD 还包含复制粘贴探测器（Copy-Paste-Detector，CPD）。CPD 能发现在 Java、C、C++、C#、Groovy、PHP、Ruby、Fortran、JavaScript、PLSQL、Apache Velocity、Scala、Objective C、Salesforce.com Apex、Perl、Swift、Matlab、Python 等程序中的复制代码。

编码规范评价指标体系的各项评价指标分为四类一级指标：结构规范性、布局规范性、标准符命名、注释有效性。另外，每一个一级指标又分为多个二级指标，最终形成一套完整的软件编码规范评价指标体系。

实验证明了代码规范对于提升软件可维护性的重要性。通过分析开源 Java 程序，并运行相同的自动编码规范检查器，可得到对软件可维护性影响最大的若干编码规范问题。

软件编码的研究现状

保证编码的质量，不仅可以直接提高代码的质量，减少后期测试的成本，还可以提高开发人员对程序的理解。保障编码质量通常有 6 个步骤：

1. 开始编码前，开发小组制定编码规范并达成共识。使用合适的工具，配置符合编码规范的要求。
2. 编码过程中，使用上述工具格式化与布局代码。
3. 编写 / 执行相关的单元测试，包含黑盒测试和白盒测试。
4. 开发者自己检查相关代码，使用相关工具进行静态检查与动态检查。
5. 评审主持人准备代码评审会议，召开评审会议并记录评审小组指出的问题。
6. 开发者修改评审中指出的问题，评审主持人负责追踪问题直到解决。

而在当前实际的应用中，由于不同软件产品对软件更新的周期长短要求不同（比如互联网应用的开发周期通常较短），是否采用上述 6 个步骤也不尽相同。开发者可以根据自己的实际需要，选择采用上述 6 步中的全部或者部分内容。

思考题

1. 软件编码规范的作用是什么？如何保障软件编码规范得到落实？

3.4　软件测试的质量

软件测试作为软件质量保证的一种重要的方法，近年来已经得到软件产业界、学术界和软件工程师的普遍重视。目前，软件测试的教学内容已经从以前作为软件工程课程中的一章发展为一门独立的课程，国内外拥有计算机系的大学几乎都开设了这门课程，在国内的几个主要售书网站上可以找到的各种软件测试书籍就有 30 多种。产业界也逐渐认识到不仅软件开发可以成为一门职业，软件测试也是一门重要的职业，人们期待着能够培养出可以尽早发现软件错误的专门人才，这样可以尽量减少软件开发维护的成本和日后因为软件故障而造成的损失。学术界已经把软件测试作为一门重要的相对独立的科学在研究，关于软件测试的各种国际学术会议就有十几个，也有专门的学术期刊和关于软件测试的各种学术组织。

软件测试作为一门课程，应该有一套系统的知识体；作为一个职业，应该有自己的职业技能和素养；作为一门科学，应该有它独立的科学问题体系。

软件测试课程的知识体

作为一门课程，我们需要有足够的内容，即知识体。首先是软件测试的定义，告诉学生什么是软件测试。可以从最早最简单的定义"软件测试是为了发现错误而执行程序的过程"开始，到稍微复杂一点的定义。可以逐步讲解四五个定义（这些定义都可以从不同的教科书中找到，有的教科书还对这些定义并进行了比较），从这些定义中一方面可以看到人们对软件测试概念认识的深入，另一方面也逐步认识到软件测试的很多层面，从而系统理解软件测试。

图 3-13 给出了软件测试的三个层面：目标、活动和原则，强调三维一体。对于软件测试的目标，除了强调发现错误无论对开发方还是用户都是为了节约成本、减少损失、提高质量等软件测试目的和意义外，还要列举一些因为软件缺陷造成重大影响和损失的例子（例如美国航天局火星登陆事故、跨世纪"千年虫"问题等）。软件测试的原则可以包括十几条，软件测试的过程可以分为五步或六步，可结合相应的例子进行讲解。以上这些内容再加上回答两个问题：为什么要开软件测试课程，怎样学好这门课程。这就构成了软件测试这门课程的概论，可以在 2～4 个学时内完成教学。

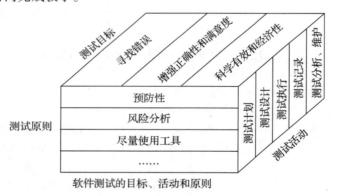

图 3-13　软件测试的三个层面

另一个重要问题是软件测试的分类，这部分内容可以放在概论部分介绍，包括每个类别包含哪些测试方法。软件测试课程的知识体就集中在各种测试方法上，这门课程的后续部分就是围绕软件测试的分类，介绍各类软件测试的目的、方法和工具。

软件测试根据是否运行程序可分为静态测试和动态测试，静态测试包括桌面检查、代码审查和代码走查等方法。动态测试根据测试用例设计是否依据内部结构可以分为黑盒测试和白盒测试。白盒测试包括语句覆盖、判定覆盖、条件覆盖、判定/条件覆盖、条件组合覆盖、路径覆盖、线性代码序列及跳转测试等；黑盒测试包括等价类划分、边界值分析、因果图分析、错误猜测、状态转换测试等。

根据软件开发的不同阶段可以将软件测试划分为单元测试、集成测试、系统测试、验收测试、回归测试、验证测试、确认测试、α 测试、β 测试和 λ 测试等。

根据被测试软件的开发方法和应用环境的不同可以分为面向对象软件测试、面向方面软件测试、面向服务软件测试、构件软件测试、嵌入式软件测试、Web 应用软件测试等，后面还出现了普适计算环境下的软件测试、云计算环境下的软件测试等。

　　根据软件不同特性和方面的测试可以分为负载测试、压力测试、性能测试、安全性测试、安装测试、可用性测试、稳定性测试、授权测试、用户接受性测试、一致性测试、配置测试、文档测试、兼容性测试和 Playtest 等。

　　根据不同特殊的测试技术可以有组合测试、蜕变测试、变异测试、演化测试、FUZZ 测试、基于性质的测试、基于故障的测试、基于模型的测试、基于操作剖面的测试、基于用例和 / 或用户陈述开发测试用例、基于规格说明的测试、统计测试、逻辑测试、随机测试、自适应随机测试、GUI 测试、冒烟测试和探索测试等。

　　针对以上 60 多种形式各异的软件测试方法，一方面要分别介绍各种方法的概念、功能特点、优缺点、使用步骤、应用举例和相关工具等；另一方面，这些方法之间既有明显的区别，又有很多联系，需要对它们之间的相互关系进行比较。其中，有的方法可能在很短的时间就能介绍完，例如文档测试、配置测试等各种针对软件不同特性和方面的测试方法；有的方法则需要几个学时才能介绍清楚，例如面向对象的测试、嵌入式软件测试等针对不同开发方法和应用场景的测试方法。综上所述，除了软件测试的概念、管理和测试文档等内容，软件测试的各种方法组成了这门课程的主体，可以有 30 个学时左右的内容。

软件测试的职业技能和素养

　　几乎所有的职业都有一定的门槛，所谓门槛，就是其特殊的职业技能和基本素养，一个职业的重要程度不仅取决于社会需求，也取决于门槛的高低。例如，飞行员是一个非常重要的职业，过硬的身体和心理素质以及熟练的飞行驾驶技能要求形成了很高的职业门槛，使得能够从事这个职业的人员很少，培养一个成熟的飞行员的成本是非常昂贵的。

　　软件测试从业人员不仅需要系统地掌握软件测试课程中的知识，还要在实践中不断摸索，将理论联系实际，善于不断尝试新的测试方法和测试工具，测试新软件，探索新问题，积累新经验。软件测试既是一门科学，也是一门艺术，测试员丰富的经验和敏锐的洞察力往往是成功的关键。一个测试人员，如果他掌握的软件测试方法越多，会用的测试工具越多，测试过的软件越多，碰到过的问题越多，那么他在新的测试任务到来的时候，成功的可能性就越大，这样的测试人员价值也就越大。

　　从最广泛的意义上来讲，测试无处不在，因为各行各业都会有各自的产品，在他们的产品出厂前，都需要进行测试，以保证产品质量合格。同时，在我们生活中的每个场景，例如到商场买东西，也要看看产品质量，跟别人交往，要测试对方是否友好等，特别是在社会生活中我们也一直在接受来自学校、单位或其他个人的测试。正因为测试无处不在，所以可以说人人都是测试员，每个人都在利用自己独立的视角或者说独具慧眼地在生活中进行着辨识和选择。软件作为一种特殊的产品，软件测试是一种特殊的测试，因此有着非常广泛的从业人员基础，软件测试从业人员可以有广泛的背景，从对专业知识一无所知的门外汉到百分之百的领域专家，当然更多的测试员是介于两者之间。但在这个行业中要成为一个成熟的软件测试专业人员，还是非常困难的，需要厚实的专业基础，以及不断的学习、实践和积累。

　　软件测试的专业基础涉及数学、计算机科学、软件工程、计算机工程以及信息技术等非常广泛的领域，而不是仅仅学好软件测试这门课程就可以了。如果没有这些专业基础，软件测试课程也是学不好的，关于这一点，从软件测试课程中广泛的知识体也可以看出。一般来讲，都是计算机或相关专业的毕业生在毕业后根据兴趣和需要，经过一定的培训或学习后，开始从事软件测试这一职业。

　　人们总是喜欢根据从业人员的能力和成熟度将一个职业分成几个等级，在软件测试领域我们也可以将从业人员分成 5 个等级（也可以有更多等级，这里只给出 5 个等级作为参考）：

- 第一级是用户级测试人员，这是软件测试人员的最低级别，没有受过软件测试的专门训练，直接从用户角度通过使用软件来发现问题。
- 第二级是软件测试操作员，受过软件测试的专门训练，不仅可以从用户角度进行用户级测试，还可以完成上级下达的具体测试任务。
- 第三级是软件测试技术员，能够驾驭某些软件测试的专门技术，设计一些高级的测试用例，进行高效的软件测试，可以将一些测试任务下达给二级测试操作员，并具有丰富的软件测试的成功经验。
- 第四级是软件测试系统工程师，系统掌握所有的软件测试方法，具有计算机等相关专业知识，并曾是成熟的软件开发人员，具有丰富的软件测试经历。
- 第五级是软件测试总工程师，既是软件测试系统工程师，具有丰富的软件测试经验，又能做项目经理，负责管理整个软件测试项目。

软件测试中的科学问题

　　软件测试领域存在着很多非常困难的科学问题，例如，对于一个特定的软件，如何选择一组有效的测试方法，对之进行科学的测试？如何从庞大的可用测试用例空间中选择少量的测试用例对该软件进行有效的测试？软件测试什么时候可以停止？等等。正是这些问题推动着软件测试领域学术研究的繁荣，很多研究者试图从自己的视角和基础出发给出新的解决方案。

　　2000 年，M. J. Horrold 对软件测试领域进行总结，提出软件测试领域的主要问题是探索各种新的软件测试方法和过程，开发相应的工具，并进行实证研究。2007 年，Antonia Bertolino 又重新对该领域进行总结，她首先肯定人们在可靠性测试、测试过程、协议测试、测试充分性准则及相互比较、构件测试及面向对象软件测试方面取得的成绩。然后指出了人们在测试输入生成、测试预期输出、测试成本及有效性、基于假设的测试、针对不同计算方式软件的测试、功能性和非功能性测试等领域的挑战，提出了建立统一的测试理论、基于测试的建模、测试自动化和效率最大化测试工程等四项研究目标。

　　我们将软件测试的研究划分为两大类，一类是图 3-14 中上面的部分，研究针对各类具体软件的测试方法，另一类是下面的部分，可称为软件测试的基本方法。下面的方法体系可为上面具体软件的测试服务，同时具体软件测试也给基本测试方法提出了新的要求。

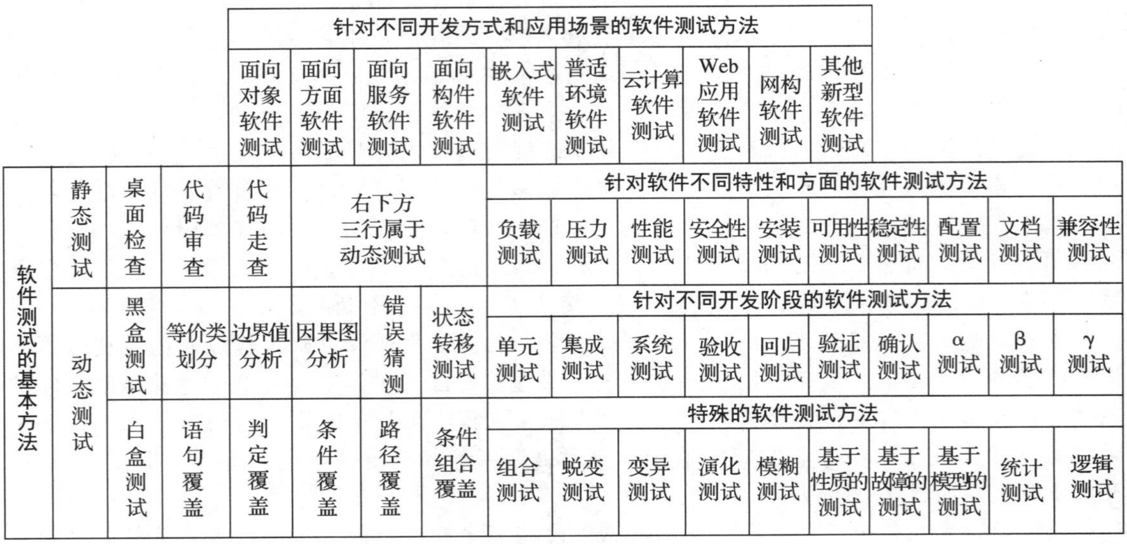

针对不同开发方式和应用场景的软件测试方法									
面向对象软件测试	面向方面软件测试	面向服务软件测试	面向构件软件测试	嵌入式软件测试	普适环境软件测试	云计算软件测试	Web应用软件测试	网构软件测试	其他新型软件测试

软件测试的基本方法	静态测试	桌面检查	代码审查	代码走查	右下方三行属于动态测试		针对软件不同特性和方面的软件测试方法									
							负载测试	压力测试	性能测试	安全性测试	安装测试	可用性测试	稳定性测试	配置测试	文档测试	兼容性测试
	动态测试	黑盒测试	等价类划分	边界值分析	因果图分析	错误猜测	状态转移测试	针对不同开发阶段的软件测试方法								
							单元测试	集成测试	系统测试	验收测试	回归测试	验证测试	确认测试	α测试	β测试	γ测试
		白盒测试	语句覆盖	判定覆盖	条件覆盖	路径覆盖	条件组合覆盖	特殊的软件测试方法								
							组合测试	蜕变测试	变异测试	演化测试	模糊测试	基于性质的测试	基于故障的测试	基于模型的测试	统计测试	逻辑测试

图 3-14　软件测试方法体系

在图 3-14 下面的部分中，软件测试基本方法中的每一种方法都有其独特的测试目标，用以解决不同的测试问题，采用不同的测试用例生成方法，从而具有不同的特点。例如，组合测试目标是检测待测软件系统中各种因素相互作用引发的故障，采用组合设计方法生成测试用例，可以有效地发现交互性错误。边际值分析根据的是人们的实践经验——边界点往往有较大可能引发错误，所以在设计测试用例时，充分采用边际值。每一种方法在使用时，其效果往往因人而异。我们需要对其中每一种方法都进行认真研究，探索各种方法的具体使用步骤、工具支持、使用成本、存在的风险等问题。

目前关于某种特殊的测试方法的研究非常多，例如蜕变测试、变异测试、组合测试、演化测试等，这些研究一方面研究和尝试如何充分发挥特定的测试方法的作用，另一方面通过一些具体的应用，收集该方法有效性的证据，并在实践中发现和解决一些新的问题。例如，在软件发生修改后，研究如何以最小的测试用例集、最少成本的测试保证修改的正确性以及修改未带来任何副作用；再如，怎样定量评估各种测试充分性准则的有效性等问题。其实，测试用例集的最小化和测试有效性评估也是所有测试方法的共性问题，除此之外，还有测试目标及测试用例生成问题。测试用例的优化，即寻找一个最好的测试用例执行顺序，使之达到最好测试效果。此外，还有在用不同的测试方法时，如果发现故障，如何进行故障定位的问题，以及不同测试方法的测试充分性问题等。

除了对单个测试方法进行系统研究，我们还需要从软件测试不同层面进行系统的交叉结合和比较研究。例如，针对各种测试覆盖标准的比较研究，软件开发过程中不同阶段的测试间的关系研究，面向各种具体开发方法和应用环境的软件测试方法的比较研究，软件的各种特性测试，以及各种测试技术之间的比较研究等。研究目标是探索并建立软件测试研究和实践的多维度和系统化的科学体系。例如，人们已经对随机测试和自适应随机测试、随机测试和组合测试等进行了比较研究。

思考题

1. 软件测试的作用是什么？
2. 软件测试方法很多，一般怎么分类？

3.5　软件发布的质量

软件发布是软件开发后生命周期的起点，在软件的生命周期中起到至关重要的作用。软件开发后生命周期中包括发布、安装、激活、反激活、更新、自适应、反发布、卸载等一系列活动。在软件生命周期中，软件发布起到了重要作用，关系到在软件开发完成后能否在目标计算机上顺利运行。

发布活动包括软件集成和传递前所有的准备活动，如软件打包和宣告活动。软件发布不仅影响软件系统运行时的性能，还影响软件运行环境中资源的利用率。

软件发布的结果对软件系统运行时的性能和资源利用率有着重要的影响，如可靠性、反应时间、稳定性、吞吐率、安全性等，而且对可视化软件而言，软件的性能有着至关重要的作用，所以，要重视软件的发布。

软件发布方法

早期的软件发布以光盘等物理媒介作为介质，发布周期长，速度慢，而且费用高。随后出现了基于网络的软件发布工具，主要用于局域网内操作系统和应用软件的安装，特别是无人值守下软件的安装。

如何进行软件发布？首先我们要了解软件开发后的生命周期，其包含如下活动：发布、安装、激活、反激活、更新、适配、反安装、反发布。以下来解释这些具体活动。

- 发布（release）：软件发布过程是软件开发过程和软件部署过程之间的接口，它包括为了在终端站点上进行安装的所有准备措施和宣传活动。
- 安装（install）：安装活动需要搜集所有必要的信息，所以通常是部署过程中最复杂的。安装活动使用发布过程所创建的软件包。对于一个特定的软件包，安装过程需要解释包中包含的所有知识，检查目标站点的配置，以决定如何将软件系统正确地配置到目标站点上。
- 激活（activation）：激活过程指的是以一定的次序启动软件系统的各个组件，使得软件系统能够正确地运行。
- 反激活（de-activation）：反激活是激活的逆过程，指的是关闭一个已安装系统的任何正在执行的组件。反激活过程可能需要以一定的次序执行其他的部署活动。例如，在执行更新前，系统可能需要反激活。
- 更新（update）：更新指的是修改在某一终端站点上已安装的软件系统。从抽象的观点来看，软件安装是一个特殊的更新过程，此时消费站点不存在组件，所有的组件必须被更新。软件的更新包括静态更新和动态更新。
- 适配（adapt）：适配过程指的是修改消费站点上已安装的软件系统，它与更新过程的区别在于，更新由远程事件激发，而适配由本地事件激发。
- 反安装（de-installation）：在某个时候，当某软件系统在给定消费站点上不再需要时，便将被卸载。反安装不是一个简单的过程，特别要注意防止对共享资源（如数据文件、运行库）的引用悬空。反安装需要检查系统的当前状态、依赖和约束，删除特定的软件包，并且不违反这些软件包的依赖和约束关系。
- 反发布（de-release）：最终，软件系统会过时，并且被软件生产商撤销支持。反发布与反安装是不同的，反安装使得软件不能再被用于安装到消费站点，但反发布并不妨碍已安装在用户站点上的软件，软件消费者可以继续使用该软件，而不需知道该软件已经过时。但是，反发布至少应该试图通知正在使用该软件的用户，使其知晓软件的支持已经被撤销了。

软件发布工具

在软件工程中，一条非常重要的原则是"Do not repeat yourself"，即"不要重造轮子"。在软件的开发过程中，会使用到一些第三方库，这样既可以避免因为重造轮子而降低了软件开发效率，同时也可以保证软件的代码质量，因为这些第三方库已经经过了许多开发人员的测试和验证，虽然开发人也能开发出类功能的代码，但只能保证这些代码可以在限定的上下文环境中正常运行，其鲁棒性无法和具有丰富经验的开发人员开发出的第三方库相比。这些第三方库在软件开发时以头文件和库文件的形式为开发人员提供接口支持，而在发布时则以动态链接库（Windows平台）或共享库（Linux平台）的形式存在。因为无法保证软件运行时系统的环境，所以就需要在软件发布时将主程序所依赖的所有动态链接库一同发布。在传统的开发过程中，由开发人员根据第三方库或运行库来制作安装包，这样的做法既加重了开发者的工作负担，同时也无法方便而准确地将所有依赖的动态链接库归档。针对这一问题，人们提出了一种基于Perl的软件安装程序自动生成方案，有效地提高了软件的发布效率和发布软件的稳定性。

软件发布的研究现状

随着人们对软件工程的认识逐步加深，对软件发布越来越重视，在这方面的研究也更加深入。西北工业大学提出了一种基于分布式处理和界面仓库的新型 C/S 模式的软件发布机制，从客户端中将作为服务资源的算法和软件界面分离出来，实现了软件信息整个生命周期内的共享。和传统的软件发布模式相比，该机制克服了将使用者和开发者的产品形态分割开的弱点，有助于提高软件的可维护性、降低软件发布的代价和增强软件的进化能力，并在安全机制方面发挥了很大的作用。但是，应用 C/S 模式也会出现一些漏洞，在界面形态不稳定的领域中，会由于语义描述困难而不适合使用 C/S 机制；当出现算法语义调用增加时，界面变得很复杂，这时，会出现响应延迟的情况，在实时系统中，这一情况可能会导致严重的后果。

中国科学院软件研究所通过研究现有软件发布方式所存在的问题，提出了从用户的角度进行软件开发后生命周期管理的思想，建立了一种新的软件发布机制体系结构。该体系结构实现了软件使用透明化，使得系统重装后能够以较小的代价恢复到指定的状态点，并支持分布式系统的软件发布和软件的使用态发布。但是，在分布式系统的软件发布方面，还需要考虑很多复杂的问题，软件部署信息的相关描述会更为复杂，各个组件间的依赖关系及部署顺序也是需要考虑的。

华为技术有限公司发明了一种软件部署方法，且申请了专利。根据软件部署任务集中生成安装参数文件，在安装参数文件的引导下，自动进行软件的安装，从而实现了批量部署安装程序，大大提高了软件部署的效率。安装参数文件与待部署计算机的一一对应对调整待部署计算机的参数配置和软件类型带来了方便，便于软件的定制。该发明还提供了相应的软件部署系统、软件部署服务器和软件部署用户服务器。

思考题

1. 软件发布包括哪些工作？
2. 软件发布的作用是什么？

3.6　软件维护的质量

百度百科对软件维护（software maintenance）的定义是：软件维护是一个软件工程名词，是指在软件产品发布后，因修正错误、提升性能或其他属性而进行的软件修改。

智库百科对软件维护的定义是：软件维护是指软件系统交付使用以后，为了改正软件运行错误，或者为了满足用户新的需求而加入新功能的修改软件的过程。

软件维护就是在产品投入使用后，改善软件功能、提升软件性能以满足用户的新需求，或者修改软件运行时发现的错误的过程。软件维护分为四类：改正性维护、适应性维护、完善性维护、预防性维护。

为什么需要软件维护

随着时间的推移和计算机技术的飞速发展，现代社会产生了越来越多的软件，这些软件都面临着维护和更新换代，软件维护水平的优劣直接影响着软件产品的生命周期。软件产品开发结束后，该产品就进入了运行维护阶段，在这个阶段中常常由于各种原因而需要对已完成的软件产品根据用户和实际中工作的新需求进行修改和维护，软件维护过程的工作量非常大，据统计，软件维护成本已经远远超过了系统的软件开发成本，占系统总投资的 70% 以上，为了使软件的寿命更长，这方面的工作量会越来越高，维护成本也会逐步增加，因此软件维护活动的研究越来越受到人们的关注。

软件维护理论及相关概念

软件维护主要是指根据需求变化或硬件环境的变化对应用程序进行部分或全部的修改，修改时应充分利用源程序。修改后要填写"程序修改登记表"，并在"程序变更通知书"上写明新旧程序的不同之处。一般认为软件维护只和修正错误有关。不过有研究指出，80%的软件维护工作用在非纠正性的行动中。

软件维护同时包括管理层面及技术层面。管理层面的问题包括：配合客户的优先级、人员配置及费用估计。技术层面的问题包括：对需求、系统或问题有限的理解、影响分析、测试以及可维护性的量测。

软件可维护性是指软件产品被修改的能力，修改包括纠正、改进或软件对环境、需求和功能规格说明变化的适应。GB/T 16260.1 — 2006 标准还规定了可维护性的五个子特性：

- 易分析性。软件产品诊断软件中的缺陷、失效原因或识别待修改部分的能力。
- 易改变性。软件产品使指定的修改可以被实现的能力，实现包括编码、设计和文档的更改。如果软件由最终用户修改，那么易改变性可能会影响易操作性。
- 稳定性。软件产品避免由于软件修改而造成意外结果的能力。
- 易测试性。软件产品使已修改软件能被确认的能力。
- 维护性的依从性。软件产品遵循与维护性相关的标准或约定的能力。

软件维护类型

软件维护活动类型分为四种：纠错性维护（改正性维护）、适应性维护、完善性维护或增强、预防性维护或再工程。除此四类维护活动外，还有一些其他类型的维护活动，如支援性维护。针对以上几种类型的维护，可以采取一些维护策略，以控制维护成本。

改正性维护。改正性维护是指改正在系统开发阶段已发生而系统测试阶段尚未发现的错误。这方面的维护工作量要占整个维护工作量的17%～21%。所发现的错误有的不太重要，不影响系统的正常运行，其维护工作可随时进行。为了识别和纠正软件错误、改正软件性能上的缺陷、排除实施中的误使用，应当进行的诊断和改正错误的过程就称为改正性维护。

适应性维护。在使用过程中，外部环境（新的软硬件配置）、数据环境（数据库、数据格式、数据输入/输出方式、数据存储介质）可能发生变化。为使软件适应这种变化，而去修改软件的过程就称为适应性维护。

适应性维护是指使用软件适应信息技术变化和管理需求变化而进行的修改。这方面的维护工作量占整个维护工作量的18%～25%。由于计算机硬件价格的不断下降，各类系统软件层出不穷，人们常常为改善系统硬件环境和运行环境而产生系统更新换代的需求。此外，企业的外部市场环境和管理需求的不断变化也使得各级管理人员不断提出新的信息需求。这些因素都将导致适应性维护工作的产生。

完善性维护。在软件的使用过程中，用户往往会对软件提出新的功能与性能要求。为了满足这些要求，需要修改或再开发软件，以扩充软件功能、增强软件性能、改进加工效率、提高软件的可维护性。这种情况下进行的维护活动称为完善性维护。完善性维护是为扩充功能和改善性能而进行的修改，主要是指对已有的软件系统增加一些在系统分析和设计阶段中没有规定的功能与性能特征。

预防性维护。为了改进应用软件的可靠性和可维护性，为了适应未来软硬件环境的变化，应主动增加预防性的新功能，以使应用系统适应各类变化而不被淘汰。这是指预先提高软件的可维护性、可靠性等，为以后进一步改进软件打下良好基础。通常，可将预防性维护定义为"把今天的方法学用于昨天的系统以满足明天的需要"。也就是说，采用先进的软件工程方法对需要维护的软件或软件中的某一部分（重新）进行设计、编码和测试。

软件维护方法

为了控制软件的维护活动，提高软件的维护效率，需分析影响软件维护的因素。

- 工作烦琐。软件程序的任何一处改动，都可能影响到整个软件系统，并且这种影响只有在软件运行中遇到问题的时候才能显现。若要避免这种情况的发生，就需要在改动后进行大量的检测工作，这就无疑极大地增加了维护的工作量。
- 系统规模。软件规模大小直接影响维护工作量，系统规模越大，读懂和理解就越困难，系统规模主要由程序模块数、数据文件数、源代码行数等因素衡量。
- 系统使用年限。使用年限长的系统因为已经进行了多次维护，参与维护的人员也不断变化，因此系统的结构更乱，如果没有完备的系统说明和设计文档，系统维护就更加困难。
- 时间紧迫。通常软件错误只有在运行中才能被发现，用户往往是在时间紧迫的情况下请求维护的，这就要求维护人员必须在有限的时间内发现问题和解决问题。
- 人员变动。软件行业人员流动性比较大，当起初的开发人员和维护人员离开后，会导致维护团队对软件熟悉程度的显著降低，甚至造成软件的彻底报废。
- 文档同步。软件开发人员不断修改需求和设计的过程中，忽略了文档的实时更新，造成交付的文档与实际软件不一致，使得今后对软件进行维护时出现误解。

软件维护必须按一定的顺序执行，具体如下。

- 在确定维护目标阶段，软件维护起始于一个对软件的更改请求，该更改请求既可能是纠错性维护也可能是完善性维护，需由维护机构确定其是何种类型，划分到合适的维护类别中。
- 在分析阶段，先进行维护的可行性分析，在此基础上再进行详细分析。可行性分析主要确定软件更改的影响和可行性的解决方法等内容。详细分析则主要是提出完整的更改需求说明、鉴别需要更改的要素（模块）、提出测试方案和策略、制定实施计划。
- 在设计阶段，汇总全部用于软件更改的设计信息，这些信息包括系统的文档、分析阶段产生的结果、源代码等。
- 在实现阶段，制定程序更改计划以便进行软件更改。实现阶段主要包括编码与单元测试、集成测试、风险分析、测试审查准备等过程。
- 在系统测试阶段，主要测试程序之间的接口，以确保系统满足原来的需求以及新增加的更改需求。
- 在验收测试期间，测试人员应该完成如下工作：报告测试结果、进行功能配置审核、确定系统功能是否满足功能需求、建立软件新版本。
- 在交付阶段，将新的系统交给用户完成安装与运行。此外，除了修改程序、数据、代码等部分以外，还应同时修改涉及的所有文档，包括系统文档和用户文档。

软件维护模型

快速修改模型。快速修改模型基本上是软件维护的一种临时定制方法，是指在软件系统出现问题时，快速解决问题，是一种"救火"方法。这种模型特别适合开发与维护是相同的组织，或维护人员对软件系统相当熟悉，而且维护人员较稳定的软件维护情况。但这种维护方法一般限于小系统的纠错性维护中。这种维护模型是出于软件维护过程中自发的维护方式。

Boehm 模型。1983 年，从经济学模型的角度上提出了维护过程模型，指出维护经理的主要任务是在追求维护目标与实施维护环境中的条件之间找出平衡点，因此维护过程是维护经

理以平衡目标与决策所驱动的。把维护过程看作闭合环路，由管理过程推动维护过程。在这种阶段，通过运用具体策略并对所提出的更改进行费效评估，确定一组经过批准的更改。在更改的过程中，还实施专门的更改预算，这种预算很大程度上决定了资源投入范围的类型。

Osborne 模型。Osborne 模型是贴近真实情况的模型，维护人员在不熟悉系统的情况下进行软件维护，通常被看作软件生命周期的迭代。更改需求经过分析确认后，所有的维护都与软件开发过程一样，有详细的设计、评审、测试、用户验收、更改版本、安装发布等。这种模型可以提供并完善开发文档，但成本和周期较长，不利于满足客户的应用要求。

迭代增强模型。迭代增强模型假设维护过程中有完整的开发文档，且维护团队有能力全面地分析现有软件系统。这种模型把对这些文档的修改作为每次迭代的开始。迭代增强实际上是三个阶段的循环，主要是分析所提出更改的描述、重新设计和实现。在每次更改时，首先要对软件开发每个阶段的文档全部进行修改，并重新做出设计。迭代增强模型显然支持重用，还可适应其他模型，但问题是这种理想的环境不多，而且维护的成本和周期过长。

软件维护的研究现状

软件维护是软件工程研究中的一个热点问题，国际上对于软件维护的投入相对较多，专家对软件维护问题也特别关注。但在国内，前些年对于软件维护并不重视，投入在维护上面的成本很少，甚至很多软件因为维护问题而被放弃。随着软件开发技术与管理水平的大幅提升，专家开始越来越重视软件维护的相关研究。Boehm 曾指出，在组织机构中与软件相关的工作大部分都集中在维护现有的软件系统上，而不是开发新系统。

20 世纪 90 年代以来，研究软件维护方面的国际会议也不断增多，各方面研究不断涌现。软件维护相关理论研究主要集中在以下四个方面。

- 软件维护的基本概念，主要包含软件维护的定义与专业术语、维护活动的需要、软件的演化过程以及维护类型的分类判定等。
- 软件维护中的细节与策略，主要包括软件维护中工作量的估计、维护成本问题、软件维护的组织和管理问题、软件技术问题、软件维护度量指标问题等。
- 软件维护的过程研究，包括软件维护模型、软件维护子过程以及维护活动的流程规范等内容。
- 软件维护技术研究，即维护过程中利用到的技术问题，例如软件程序理解、软件再工程技术和软件逆向工程技术等。

目前对软件维护的研究主要集中在软件维护模型、流程与维护技术。而对于软件维护策略的探讨，多数借鉴了硬件维护方面的相关知识。一些关于软件维护策略的模型建立的目标函数通常是维护成本，然而在软件维护工作中，决策者仅考虑成本是远远不够的，还需要考虑软件的状态、维护的环境等。软件维护过程中的策略只在少数文献中被提及或分析，且没有针对软件维护的整个过程完整地做过策略分析。因此，在软件维护领域中还有很多亟待探索的问题，国内外关于软件维护方面的各类研究都将不断持续下去。

思考题

1. 为什么软件需要维护？
2. 软件维护有哪些类型？
3. 软件维护有哪些方法？

第 4 章

软件质量保证体系

软件质量保证是一个系统工程，包括人员、技术和规范等方方面面的因素，具体涉及：软件质量相关职业（4.1 节），软件质量图表工具（4.2 节），软件质量经济学（4.3 节），软件质量保证的组织（4.4 节），软件质量保证的计划（4.5 节），软件质量的工程体系（4.6 节），软件质量保证的文档模板（4.7 节），软件质量保证的标准与规范（4.8 节，其中包括 ISO、CMM 和六西格玛）。

4.1　软件质量相关职业

软件质量是一个很大的领域，需要各种各样具备特殊技能的专业人员协同工作，了解这些职业需求，有利于在这些职业领域的成长和成熟。

需求分析相关职业

需求分析也称为软件需求分析、系统需求分析或需求分析工程等，是开发人员经过深入细致的调研和分析，准确理解用户和项目的功能、性能、可靠性等具体要求，将用户非形式的需求表述转化为完整的需求定义，从而确定系统必须做什么的过程。

产品经理（product manager）。产品经理是企业中专门负责产品管理的职位，负责市场调查并根据用户的需求，确定开发何种产品，选择何种技术、商业模式等，并推动相应产品的开发。产品经理还要根据产品的生命周期，协调研发、营销、运营等，确定和组织实施相应的产品策略，以及其他一系列相关的产品管理活动。

产品经理是每个产品的牵头人，在市场营销部，对某个产品在集团内的盈亏负责。为了产品的的运作，产品经理需要协调所有相关人员，并充分地协调所有运作环节和经营活动。一般来说，产品经理是负责并保证高质量的产品按时完成和发布的专职管理人员，他的任务包括：倾听用户需求，负责产品功能的定义、规划和设计，做各种复杂决策，保证团队顺利开展工作及跟踪程序错误等。总之，产品经理全权负责产品的最终完成。另外，产品经理还要认真搜集用户的新需求、竞争产品的资料，并进行需求分析、竞品分析以及研究产品的发展趋势等。

需求分析师（business analyst）。软件一般是用来解决现实中的具体业务问题的，软件需求分析师的工作就是要发现现实中的业务问题，针对问题采取有效的解决方案，并将解决方案分解成更小的业务功能以便于软件开发人员实现这些功能，最后通过对已经实现软件的验证确保问题得到解决。需求分析师是一个较为新兴的职业，其职能其实与产品经理是相似的。但是相对于产品经理，需求分析师更加具有软件开发的属性，对于其业务能力的要求也更高。

设计与实现相关职业

软件架构师（software architect）。这是软件行业中的一种新兴职业，工作职责是在软件项目开发过程中，将客户的需求转换为规范的开发计划及文本，并制定这个项目的总体架构，指导整个开发团队完成计划。软件架构师是主导系统全局分析设计和实施，负责软件构架和关键技术决策的人员。软件架构师定义和设计软件的模块化、模块之间的交互、用户界面风格、对外接口方法、创新的设计特性，以及高层事物的对象操作、逻辑和流程。

软件架构师的任务主要包括：根据需求以及团队的实际情况确定系统的最优架构，然后确定软件的组织体系，并制定模块和接口，还要领导和协调各项技术活动。

《软件架构师教程》的作者 Raphael Malveau 曾言：一个架构师工作的好坏决定了整个软件开发项目的成败。这也对软件架构师的能力提出了极高的要求，包括丰富的项目经验、优秀的领导能力、过人的沟通技术和雄厚的核心技术。

集成与测试相关职业

软件测试工程师（software testing engineer）是指理解产品的功能要求，并对其进行测试，检查软件有没有缺陷（bug），测试软件是否具有稳定性、安全性、易操作性等性能，写出相应的测试规范和测试用例的专门工作人员。

简而言之，软件测试工程师在一家软件企业中担当的是"质量管理"角色，及时发现软件问题并及时督促更正，确保产品的正常运作。软件测试工程师的主要工作包括：测试和发现软件中存在的软件缺陷；需要贯穿整个软件开发生命周期的测试；编写正式的缺陷报告；分析软件质量。

计算机领域的专业技能是测试工程师应该必备的一项素质，是做好测试工作的前提条件。尽管没有任何 IT 背景的人也可以从事测试工作，但是要想获得更大的发展空间或者持久的竞争力，计算机专业技能是必不可少的。计算机专业技能主要包含三个方面：测试专业技能；软件编程技能；网络、操作系统、数据库、中间件等知识。

白帽黑客（white hat hacker）又称为白帽子，是试图破解某系统或网络以提醒该系统所有者存在系统安全漏洞的人，其通过测试网络和系统性能来判定系统能够承受入侵的强弱程度。黑客并非都是"黑"的，那些用自己的黑客技术来做好事的黑客被称为"白帽黑客"。

近来，网络安全问题已经成为社会关注的焦点，各大互联网巨头也纷纷加码网络安全建设：阿里重金并购翰海源，继续做大阿里安全；腾讯挖来安全大牛 tombkeeper，还投资了上海碁震安全研究团队；百度也宣布完成对安全宝的收购，用以补充自己的云防护体系。大多数的普通黑客都是挂靠在安全公司，通过检测计算机系统安全性来谋生。通常，白帽黑客攻击他们自己的系统，或被聘请来攻击客户的系统以便进行安全审查。学术研究人员和专职安全顾问都属于白帽黑客。

移交与维护相关职业

运维工程师（operations）在国内又称为运维开发工程师（devops），在国外称为 SRE（Site Reliability Engineering）。随着国内软件行业的发展和扩大化，有更多更复杂的系统出现，为了保证系统的稳定运行，需要有更多的运维工程师。维护是软件生命周期中较为重要的一个阶段，运维工程师负责维护并确保整个服务的高可用性，同时不断优化系统架构，提升部署效率，优化资源利用率。

运维工程师最基本的职责是负责服务的稳定性，确保服务可以 7×24 小时不间断地为用户提供服务。运维工程师需要保障并不断提升服务的可用性，确保用户数据安全，提升用户体验。同时，还需要用自动化的工具 / 平台提升软件在研发生命周期中的工程效率，并通过技术手段优化服务架构，进行性能调优，通过资源优化组合降低成本。

在软件产品的整个生命周期中，运维工程师都需要适时地参与并发挥不同的作用。在服务出现异常时，运维工程师需要尽可能快速恢复服务，从而保障服务的可用性，同时深入分析故障产生的原因，推动并修复服务存在的问题，设计并开发相关的预案以确保服务出现故障时可以高效止损。同时，为了支持产品的不断迭代，需要不断进行架构优化调整，以确保整个产品能够在功能不断丰富和复杂的条件下，同时保持软件的高质量。

其他相关职业

与软件质量相关的职业还有很多，例如，系统测试员（system tester）、软件质量测试员（software quality tester）、质量保证工程师（quality assurance engineer）、高级质量保证工程师（senior quality assurance engineer）、过程 / 质量工程师（process/quality engineer）、质量控制分析师（quality control analyst）、质量符合保证助理师（quality assurance compliance associate）、质量保证审计师（quality assurance auditor）、质量控制经理（quality control manager）、高级产品验证专家（senior product verification specialist）、软件质量保证经理（software quality assurance manager）、SEI CMM 首席评估师（SEI CMM lead assessor）、软件质量保证主管（director，software quality assurance）等。我们这里不做详细介绍，读者可以根据中英文词汇查找相关含义。

总结与思考

随着现代社会分工越来越明确，以及软件规模的不断膨胀和软件开发技术的发展，软件开发的分工和组织也变得越来越复杂，如何合理地进行组织和分工越来越成为影响成功开发的决定性因素之一。软件质量保证并不是某个人、某个岗位的特定责任，有一点是毋庸置疑的，只有每个岗位上的人都各司其职，才能开发出性能优秀又具有高质量的软件产品。

思考题

1. 软件质量保证有哪些相关的职业？

4.2 软件质量图表工具

工具原指工作时所需用的器具，后引申为为达到、完成或促进某一事物的手段。工具是一个相对概念，因为其概念不是一个具体的物质，所以只要能使物质发生改变的物质，相对于那个能被它改变的物质而言就是工具。

通过上述介绍，我们大致可以将软件质量工具理解成：能从某个方面或者多个方面提高软件产品质量、软件过程质量或者软件商业环境中的质量的抽象模型、方法，或者说已经成型的可以被应用于软件质量提高的某个具体框架或者器具。简而言之，能够提高软件质量的器具或者方法就是软件质量工具。

广泛运用于制造行业的质量工程和质量图表工具也逐渐被软件开发人员运用到软件开发中，质量控制中典型的便是检查表、帕累托图、直方图、散布图、运行图、控制图和因果图。

检查表

检查表（图 4-1）是使用简单且易于了解的标准化图形，是为每种文档专门构造的条目清单，或者是在进行某项活动之前所必须要完成的准备清单，用来收集数据、检查和掌握整个过程的关键点，该方法能够帮助开发人员确保每一组的任务完成，并覆盖每个任务中的重要因素或质量特性。

<table>
<tr><td colspan="5" align="center">×× 本科毕业设计（论文）中期检查表
（指导老师填写）</td></tr>
<tr><td colspan="5" align="right">检查时间：2011 年 3 月 21 日</td></tr>
<tr><td>学生姓名</td><td>××</td><td>学号</td><td>专业</td><td>电子信息工程</td></tr>
<tr><td colspan="2">毕业设计（论文）题目</td><td colspan="3">××</td></tr>
<tr><td colspan="2">毕业设计（论文）起始工作时间</td><td colspan="3">2010.9</td></tr>
<tr><td colspan="3">指导教师是否向学生讲解毕业论文（设计）任务书中的基本要求和关键问题？</td><td colspan="2">指导员已向学生讲解毕业论文（设计）任务书中的基本要求和关键问题。</td></tr>
<tr><td colspan="3">学生接任务后，是否积极开展思考、查阅资料、调研或实践，按时提交毕业论文（设计）开题报告？</td><td colspan="2">学生接任务后，已积极开展思考、查阅资料、调研或实践，按时提交毕业论文（设计）开题报告。</td></tr>
<tr><td colspan="3">文献综述的完成情况如何？与论文内容是否相关？</td><td colspan="2">文献综述已完成，与论文相关。</td></tr>
<tr><td colspan="3">学生是否认真查找文献、做有关调研？实验数据记录是否完整？</td><td colspan="2">学生能认真查找文献、做有关调研。</td></tr>
<tr><td colspan="3">与开题报告相比较，毕业设计（论文）的内容有无调整？是否做到"一人一题"？</td><td colspan="2">与开题报告相比较，毕业设计（论文）的内容基本无调整，做到了一人一题。</td></tr>
<tr><td colspan="3">学生是否按计划进度进行工作？</td><td colspan="2">学生已按计划进度进行工作。</td></tr>
<tr><td colspan="3">图书资料、实验设备与场地条件等能否满足完成毕业论文（设计）任务的需求？利用是否充分？</td><td colspan="2">图书资料、实验设备与场地条件等能满足完成毕业论文（设计）任务的要求，利用较充分。</td></tr>
<tr><td colspan="3">学生的工作态度？</td><td colspan="2">学生的工作态度认真。</td></tr>
<tr><td colspan="3">指导教师对学生的指导次数？</td><td colspan="2">指导教师对学生进行了 6 次指导。</td></tr>
<tr><td colspan="3">对能否按期完成毕业设计（论文）的评估。</td><td colspan="2">可以按期完成毕业设计（论文）。</td></tr>
<tr><td colspan="3">学生与指导教师有关毕业设计（论文）的原始材料是否保存齐全？</td><td colspan="2">学生与指导教师有关毕业设计（论文）的原始材料保存齐全。</td></tr>
<tr><td colspan="5">存在问题及解决办法：
　　目前学生已经开始进入生产实习阶段，给与学生见面进行论文指导带来了一定的困难。今后要具体根据各个学生的具体情况，采取不同的时间、不同的方式与学生进行交流，争取把后面的指导工作做好。</td></tr>
<tr><td colspan="5" align="right">指导教师签字：
2011 年　　月　　日</td></tr>
</table>

图 4-1　检查表实例

检查表的特点是有效、简单，它是过程文档的一部分，使用得最为广泛，但也最容易由于不重视而引发问题。并且，检查表的使用程度依赖于检查表的专业程度。

使用检查表的作用如下：使审核程序规范化；使审核目标始终保持明确，不偏离审核目标和主题；保证审核进度，提高评审会议的效率；帮助开发人员清晰地进行各项任务的自检；保证评审组员所评审的文档的完整性；有助于开发人员的任务准备。

控制图

控制图（control chart）又称为管制图（图 4-2），是对过程质量特性进行测定、记录、评估，从而监察过程是否处于控制状态的一种用统计方法设计的图。图上有三条平行于横轴的直线：中心线（Central Line，CL）、上控制限（Upper Control Limit，UCL）和下控制限（Lower Control Limit，LCL）。并有按时间顺序抽取的样本统计量数值的描点序列。UCL、CL、LCL 统称为控制限，通常控制界限设定在 ±3 标准差的位置。中心线是所控制的统计量的平均值，上下控制界限与中心线相距数倍标准差。若控制图中的描点落在 UCL 与 LCL 之外，或描点在 UCL 和 LCL 之间的排列不随机，则表明过程异常。

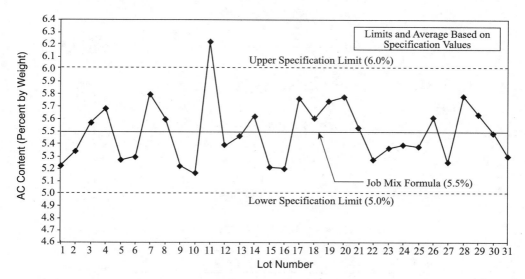

图 4-2　控制图实例

控制图是如何贯彻预防原则的呢？这可以由以下两点看出：

- 应用控制图对生产过程进行不断监控，当异常因素刚一露出苗头，甚至在未造成不合格品之前就能及时发现，并采取措施加以消除，起到预防的作用。
- 在现场，更多的情况是控制图显示异常，表明异常原因已经发生，这时一定要贯彻"查出原因，采取措施，保证消除，不再出现，纳入标准"。否则，控制图就形同虚设。每贯彻一次（即经过一次这样的循环）就消除一个异常因素，使它不再出现，从而起到预防的作用。

因果图

问题的特性总是受到一些因素的影响，人们通过头脑风暴法找出这些因素，并将它们与特性值一起，按相互关联性整理而成的层次分明、条理清楚，并标出重要因素的图形就叫因果图（图 4-3）。因其形状如鱼刺，所以又叫鱼刺图。它是一种透过现象看本质的分析方法。鱼刺图也用在生产中，用来形象地表示生产车间的流程。

帕累托图

帕累托图（Pareto chart）是将出现的质量问题和质量改进项目按照重要程度依次排列而采用的一种图表（图 4-4），以意大利经济学家 V. Pareto 的名字而命名。帕累托图又叫排列图、主次图，是按照发生频率大小顺序绘制的直方图，表示有多少结果是由已确认类型或范畴的原因所造成。帕累托图基于帕累托定律，即绝大多数的问题或缺陷产生于相对有限的起因，就是常说的 80/20 定律，即 20% 的原因造成了 80% 的问题。

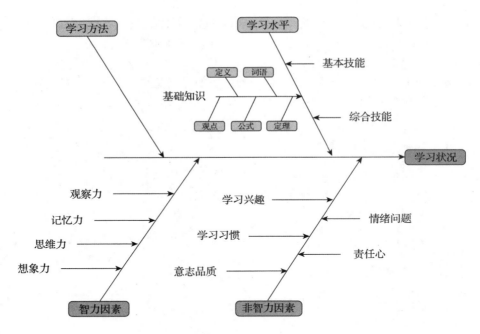

图 4-3　因果图（鱼刺图）实例

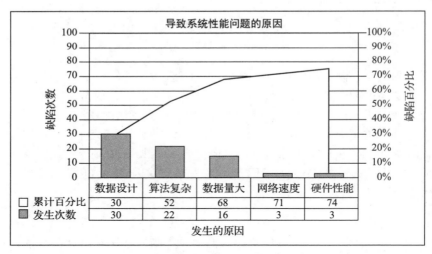

图 4-4　系统性能问题的帕累托图

散布图

　　散布图又称为相关图（图 4-5），它是指用来研究两个变量之间是否存在相关关系的一种图形。在质量问题的原因分析中，常会接触到各个质量因素之间的关系。这些变量之间的关系往往不能进行解析描述，不能由一个（或几个）变量的数值精确地求出另一个变量的值，这被称为非确定性关系（或相关关系）。散布图就是将两个非确定性关系变量的数据对应列出，标记在坐标图上，来观察它们之间的关系的图表。

直方图

　　在质量管理中，如何预测并监控产品质量状况？如何对质量波动进行分析？直方图就是一目了然地对这些问题予以图表化处理的工具（图 4-6）。它通过对收集到的貌似无序的数据进行处理，来反映产品质量的分布情况，判断和预测产品质量及不合格率。直方图又称质量分布图，是表示资料变化情况的一种主要工具。用直方图可以解析出资料的规则性，比较直观地看出产品质量特性的分布状态，便于判断其总体质量分布情况。

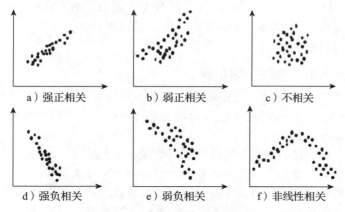

图 4-5　散布图的典型图例

运行图

运行图（run chart）也称为链图（图 4-7），是一种特殊的散布图，是显示测量特性随时间变化情况的图表。分析运行图的目的是确认所出现的波动模式是由普通因素引起的，还是由特殊因素引起的。

运行图的作用有：1）督促项目小组随时收集和处理项目数据，持续跟踪项目的工作进展；2）发现项目进展中的趋势、周期性或重大变化；3）简洁直观地将当前表现与前一段的工作表现和目标相对比；4）将采取措施前后的折线对照，帮助项目小组判断采取措施的有效性。

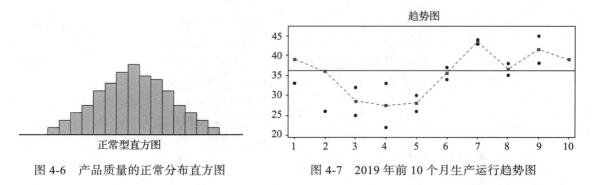

图 4-6　产品质量的正常分布直方图　　　　图 4-7　2019 年前 10 个月生产运行趋势图

思考题

1. 软件质量相关的图表工具有哪些？

4.3　软件质量经济学

从历史的角度来看，在软件产业刚产生的头 20 年（1950～1970 年），软件主要用于文书工作的代替，以减少成本；之后 20 年（1970～1990 年），软件开始被用于提高生产能力和营销能力，能生产并销售更多的现有产品，此外，自动化生产、精细的客户支持以及一些库存管理系统给工业生产、市场营销以及销售方法论带来了重大变革；现在（1990 年至今），基于软件和 Web 的全新业务类型改写了人类的历史，没有这样的基础，Amazon、Google、eBay 或者淘宝、京东这样的产业形式将成为泡影。

提高软件质量的核心意义在于，"软件的高质量水平将提升软件对软件应用程序的生产者、投资者以及使用者的经济价值"，高质量软件所节省的成本是随着软件规模的增加而增加的。高质量的软件不仅能够节省成本，加快完成进度，提高生产率，更能够加快软件测试，减少开发工作量，降低项目取消率。

对于软件质量经济学中"经济"的理解

软件质量经济学中的"经济"是指软件经济而不是为人们所熟知的学科——经济学，前者借助后者中的一些方法对软件这个特殊的行业进行分析，可以说软件经济既可以算作软件工程又可以算作经济学的话题。

软件质量经济学中的经济通常要结合以下三个方面来度量：

- 对比：软件的经济价值不是单一存在的，而是基于与高质量和低质量软件的对比。
- 宏观：不是针对某一款软件，而是一种对于大量软件综合分析之后的宏观数据。
- 经济本身：一方面是经济学的效益，另一方面是节省开支和增加收入。

软件经济的维度

软件经济的维度主要有以下几个方面：

- 软件和质量对构建自用内部软件的企业的经济价值：大型应用程序的取消率降低；新应用程序的发布日期提前；用户掌握新软件速度更快；新应用程序的开发成本降低；已发布应用程序的维护成本降低；已发布应用程序的客户支持成本降低。
- 软件和质量对内部软件用户的经济价值：进度延误、成本超支的减少；新应用程序的快速部署；掌握新应用程序的学习曲线较短；较高的用户满意度；更可靠的客户服务。
- 软件和质量对商业软件厂商的经济价值：大型应用程序的取消率降低；新应用程序发布日期提前；新应用程序的开发成本降低；已发布应用程序中的安全漏洞减少。
- 软件和质量对 COTS 用户和客户的经济价值：COTS 应用程序的快速部署；掌握 COTS 应用程序的学习曲线较短；使内部开发、外包开发的风险最小化。
- 软件和质量对嵌入式软件公司的经济价值：复杂设备的取消率降低；政府监管组织能够快速审批；客户能快速接受新设备；降低新设备的开发成本。
- 软件和质量对嵌入式软件设备用户的经济价值：能够在线升级到嵌入式软件新的版本；由于机械零部件的减少而可以减少维护；新服务和功能的部署更快；更少的产品故障。
- 软件和软件质量对其他企业部门的经济价值：有效降低部门运营成本；有效提高部门的工作效率，进而提升客户满意度。

总结来看，所有维度的考量都离不开这么几个主要因素：成本降低、开发和使用效率提升、更好的用户体验、更好的安全性。这些也可以被认为是软件经济维度的凝练，只是在不同的经济价值体系下的具体表现不同。

高质量和低质量软件产品的对比

软件开发和维护：

- 低质量软件产品：延长了测试时间并使交付日期无法预测；使维修和返工成为主要的软件成本驱动因素；导致成本超支；发布后的低质量导致昂贵的客户支持；发布后的

低质量导致昂贵的售后维护；发布后的低质量可能导致合同项目的诉讼。

- 高质量软件产品：缩短了测试时间并提前了交付时间；可将维修和返工减少 50% 以上；可减少计划外加班时间并降低成本超支；发布后的高质量可带来较低廉的客户支持；发布后的高质量可降低维护和支持成本；降低了合同项目的诉讼概率。

软件作为市场商品：

- 低质量软件产品：需要维修和召回，并降低了利润水平；降低客户满意度；降低市场份额；为更高质量的竞争对手带来优势；提高了与软件承包商诉讼的可能性；在某些情况下，可能导致刑事指控。
- 高质量软件产品：减少维修并提高利润水平；提高客户满意度；扩大市场份额；优先于低质量的竞争对手；降低了与软件承包商诉讼的可能性；降低了软件导致危及生命的问题的概率。

软件作为减少人力的方法：

- 低质量软件产品：当设备无法使用时会增加停机时间；降低事务处理速度并降低工作人员的效率；可能导致事故或交易错误；导致需要工人努力纠正的错误；导致无效缺陷报告增加；导致间接损失和昂贵的业务问题。
- 高质量软件产品：导致停机次数少，停机时间短；优化人类工作者的表现；降低事故和交易错误的概率；高质量和低错误率意味着用户维修费用较低；高质量的软件具有较少的无效缺陷报告；可减少间接损害和业务问题。

软件和创新的新产品：

- 低质量软件产品：阻止新用户尝试新产品；导致新产品在使用中失败；具有过多缺陷的低质量软件会在学习新产品时阻碍用户；低质量和众多缺陷可能导致用户错误和人为问题；低质量和众多缺陷可能导致供应商召回。
- 高质量软件产品：往往会吸引新用户；可最大限度地减少操作故障；让用户感兴趣并专注于学习新产品；与较少的用户错误和人为问题相关；可最大限度地减少召回和中断。

思考题

1. 高质量的软件在经济学角度具有哪些重要意义？

4.4　软件质量保证组织

4.4.1　SQA 组织的建立

在软件质量保证（SQA）组织建立之前，需要考虑的第一个问题是：质量对于企业有多么重要？例如，质量的重要性超过了按时发布关键的产品吗？产品中包含多少个 bug 时就不能发布？是 1 个、10 个、100 个或者更多？当意识到软件质量对于企业已经如此重要时，SQA 组织的创建也就理所当然了。需要有专职的质量巡查员对开发周期中的每一步进行审查，并确保它的正确性。人们常说“我们都是人，是人总是会犯错误”，软件开发人员也不例外，再好的工程师也难保不出错，而对开发流程进行监察和控制，保证产品的高质量正是 SQA 的重要职能。SQA 部门需要确保如下几点：

- 项目按照标准和流程进行。
- 创建各种标准文档，以便为后期维护提供帮助。

- 文档是在开发过程中被创建的，而不是事后补上的。
- 建立变更控制机制，任何更改都需要遵循该机制完成。
- 准备好 SQA 计划和软件开发计划。

4.4.2　常见的 SQA 组织模型

常用的 SQA 组织模型主要分为如下 3 种：独立的 SQA/testing 部门、独立的 SQA 工程师、独立的 SQA 小组。

独立的 SQA 部门

顾名思义，在整个企业的组织结构中设立一个独立的职能和行部门——SQA 部门，该部门和其他职能部门平级，因此这种组织结构模型又称为职能型组织结构（图 4-8）。

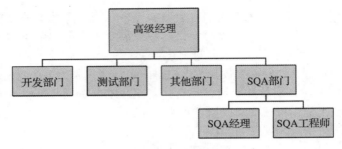

图 4-8　独立的 SQA 部门

优点：保护 SQA 工程师的独立性和客观性。SQA 工程师在行政上隶属于独立的职能部门，因此在流程监控和审查中，更有利于工程师做出独立自主、客观的判断和汇报。此外，还有利于资源的共享。因为 SQA 部门的相对独立，SQA 资源被所有项目共享，SQA 经理可以根据项目对资源进行统筹分配，既避免了资源的相互冲突，又有利于资源的充分应用。

缺点：SQA 对流程的跟踪和控制难于深入，往往流于形式，难于发现流程中存在的关键问题。由于和项目组的相互独立，SQA 工程师发现的问题不能得到及时有效的解决。

独立的 SQA 工程师

这种组织结构模式又可以称为项目型结构（图 4-9）。因为在这种模式中，以项目为主体进行运作。在每个项目中都设立有专门的 SQA 岗位。在这种组织结构中，SQA 工程师属于项目成员，向项目经理汇报。

图 4-9　独立的 SQA 工程师

优点：SQA 工程师能够深入项目，较容易发现实质性问题。对于 SQA 工程师发现的问题，能够得到较快的解决。

缺点：项目之间相互独立，SQA 工程师之间的沟通和交流有所缺乏，不利于经验的共享和 SQA 整体的培养和发展。此外，因为 SQA 工程师隶属于项目组，独立性和客观性有所欠缺。

独立的 SQA 小组

该组织结构是前面两种组织结构的综合结果（图 4-10）。从职能 / 行政结构上来说，创建了独立的 SQA 小组。SQA 小组虽然不算一个行政部门，但具有相对的独立性。同时，SQA 工程师又隶属于不同的项目组，在工作上向项目经理汇报。该结构综合了上面两种结构的优点，既便于 QA 融入项目组，又便于部门之间经验的分享，还利于 QA 能力的提高。

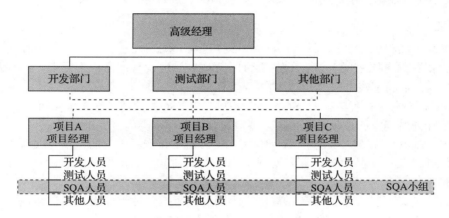

图 4-10　独立的 SQA 小组

4.4.3　SQA 组织的目标与责任

SQA 计划

SQA 组织并不负责生产高质量的软件产品和制定质量计划，SQA 组织的责任是审计软件经理和软件工程组的质量活动并鉴别活动中出现的偏差。SQA 在项目早期要根据项目计划制定与其相应的 SQA 计划，定义各阶段的检查点。标识出检查、审计的工作产品对象，以及在每个阶段 SQA 的输出产品。

SQA 计划实施的步骤如下：

1. 了解项目的需求，明确项目 SQA 计划的要求和范围。

2. 选择 SQA 任务。

3. 估计 SQA 的工作量和资源。

4. 安排 SQA 任务和日程。

5. 形成 SQA 计划。

6. 协商、评审 SQA 计划。

7. 批准 SQA 计划。

8. 执行 SQA 计划。

在每个项目开始之前，SQA 人员都需要按照要求完成详细的 SQA 计划。SQA 计划包含如下内容（根据具体情况可有所增减）。

- 目的，SQA 计划的目的和范围。

- 参考文件，该 SQA 计划参考的文件列表。
- 管理，组织、任务、责任。
- 文档，列出所有相关的文档，如程序员手册、测试计划、配置管理计划等。
- 标准定义，文档标准、逻辑结构标准、代码编写标准、注释标准等。
- 评审 / 审核。
- 配置管理、配置定义、配置控制、配置评审等。
- 问题报告和处理。
- 工具、技术、方法。
- 代码控制。
- 事故 / 灾难控制，包括火灾、水灾、紧急情况、病毒等。

评审和审核

自从麦克·法根的论文"设计与编码的审查过程"发表之后，审查一直被作为一种提高质量和减少花费的重要手段。审查的主要目的就是尽早地发现产品中的问题，减少后期维护成本，因此，评审和审核也成为 SQA 的主要责任之一。

- 评审（review）：过程进行时，SQA 对过程的检查。SQA 的任务在于确保执行工程活动时，各项计划所规定的过程得到遵循。评审通常通过评审会的方式进行。
- 审核（audit）：在软件工作产品生成时，SQA 对工作产品进行的检查。SQA 的任务在于确保开发工作产品中各项计划所规定的过程得到遵循。审核通常通过对工作产品的审查来执行。

从上面的定义可以看出，评审和审核有不同的侧重点。评审是对工作流程的评审，而审核则主要侧重产品本身。在软件开发过程中，主要的评审或审核如下：

- 软件需求评审（software requirement review）。在软件需求分析阶段结束后必须进行软件需求评审，以确保在软件需求规格说明书中所规定的各项需求的合适性。
- 概要设计评审（preliminary design review）。在软件概要设计结束后必须进行概要设计评审，以评价软件设计说明书中所描述的软件概要设计的总体结构、外部接口、主要部件功能分配、全局数据结构以及各主要部件之间的接口等方面的合适性。
- 详细设计评审（detailed design review）。在软件详细设计阶段结束后必须进行详细设计评审，以确定软件设计说明书中所描述的详细设计在功能、算法和过程描述等方面的合适性。
- 软件验证与确认评审（software verification and validation review）。在制定软件验证与确认计划之后要对其进行评审，以评价软件验证与确认计划中所规定的验证与确认方法的合适性与完整性。
- 功能审核（functional audit）。在软件发布前，要对软件进行功能检查，以确认已经满足在软件需求规格说明书中规定的所有需求。
- 物理审核（physical audit）。在验收软件前，要对软件进行物理检查，以验证程序和文档已经一致并已做好了交付的准备。
- 综合检查（comprehensive audit）。在软件验收时，要允许用户或用户所委托的专家对所要验收的软件进行设计抽样的综合检查，以验证代码和设计文档的一致性、接口规格说明之间的一致性（硬件和软件）、设计实现和功能需求的一致性、功能需求和测试描述的一致性。
- 管理评审（management review）。要对计划的执行情况定期（或按阶段）进行管理评审，这些评审必须由独立于被评审单位的机构或授权的第三方主持进行。

SQA 报告

SQA 活动的一个重要内容就是报告对软件产品或软件过程评估的结果，并提出改进建议。SQA 人员应记录工作的结果，并写入报告之中，发布给相关人员。SQA 报告的发布应遵循 3 条基本原则：SQA 和高级管理者之间应有直接沟通的渠道；SQA 报告必须发布给软件工程组但不必发布给项目管理人员；在可能的情况下向关心软件质量的人发布 SQA 报告。可以看出，SQA 报告实际上就是对 SQA 工作的总结。作为 SQA 工作的重要输出，需要注意如下问题：

- SQA 报告失去原有的价值。这个问题常常出现在 SQA 体系还不太成熟的企业。因为 SQA 流程和技能等的不完善，导致 SQA 工程师不能发挥真正的作用。仅完成缺陷数据的统计，甚至审核一些无关紧要的问题，进行一些无关紧要的争论。在这种情况下，SQA 报告往往会失去其应有的价值。例如在评审报告中，列出一长串语法、格式错误，却不能发现被评审文档中更深层次的问题。
- 明确报告原则。在实际工作中，常常会遇到项目经理对 SQA 工程师提出的问题置之不理的情况。因为在项目紧张的情况下，项目经理往往不愿意对文档格式错误、文档全面性不足等问题进行修正。因此 SQA 应该具有基本的报告机制，以便于当问题在项目组内无法解决时，SQA 工程师可以寻找其他的途径。

基本的问题报告机制如下：
- 发现问题时，SQA 首先向项目经理报告。
- 问题无法解决时，SQA 可以向高级经理直接汇报。SQA 和公司的高级经理之间应该随时保持联系。
- 在实施过程中，SQA 可以向对质量非常关注的现场负责人或高管人员及时报告。

应该避免 SQA 跨越本地组织进行报告。SQA 和本地企业的最高管理层之间不能大于一个管理级别。

SQA 度量

SQA 度量是指记录花费在 SQA 活动上的时间、人力等数据。通过大量数据的积累、分析，可以使企业领导对质量管理的重要性有定量的认识，利于质量管理活动的进一步开展。通常，SQA 度量涉及 3 个方面：软件产品评估度量、软件产品质量度量、软件过程审核度量。

SQA 评估任务

SQA 的评估任务主要是在软件开发前期对项目的软件和硬件资源进行评估，以确保其充分性和适合性。SQA 评估在 SQA 的工作中虽然是必要的，但并不是主要任务，因此本节简要介绍 SQA 评估任务，但不做更详尽的阐述。

- 软件工具评估。SQA 需要对软件开发和支持正在使用的以及计划使用的软件工具进行评估，其目的主要是保证项目组能够采用合适的技术和工具。对于正在使用的工具，从充分性和适用性两个方面对软件工具进行评估。充分性主要是指检查该工具是否能提供所需的所有功能，而适用性则是指该软件在性能等各方面能否满足软件开发和支持的需求。对于计划使用的工具，主要是考察其可行性。可行性是指评估该软件工具能否在现有的技术和计算机资源上有进一步发展。
- 项目设施评估。项目设施评估的内容非常单一，仅仅是检查是否为软件开发和支持提供了所需要的设备和空间。通过该评估，保证项目组有充足设备和资源以进行软件开发工作，也为规划今后软件项目的设备购置、资源扩充、资源共享等提供依据。

4.4.4　SQA 人员

在 SQA 组织中涉及两种 SQA 角色：非全职的 SQA 和全职的 SQA。

非全职的 SQA 人员

非全职的 SQA 是指在组织结构中有自己的本职工作，在完成本职工作之外，还需要兼职完成 SQA 任务的相关人员。非全职的 SQA 主要分为项目经理、开发工程师、测试工程师。

项目经理。对软件项目进行实时控制。核查项目进度，引入新的方法，或者处理客户需求，这些都是项目经理的职责。项目经理的 SQA 职能主要如下：

- 考虑任何可能会影响项目正常进行的风险。
- 协助 SQA 人员将一些与项目相关的报告标准化，如每周项目状态报告等。
- 根据质量保证系统制定的相关标准和规定，估算项目成本等。

开发工程师。开发工程师的 SQA 职能主要如下：

- 根据代码编写规范，编写出结构清晰、易于测试和调试的代码。
- 按照质量保证体系的规定，组织整理好需求文档、源代码、测试数据等。

测试工程师。测试作为 SQA 的重要环节，测试工程师的 SQA 责任也相当重要：

- 测试数据，测试输出等被存储于某个项目数据库中，当需要重新测试时，这些测试文件可以很容易调出。
- 按照测试计划完成测试，保证人员、硬件、环境等按照要求及时准备好。

全职的 SQA 人员

非专职的 SQA 人员的工作都涉及 SQA 的任务，但只占其日常工作中较少的比例，专门对其进行介绍主要是为了强调 SQA 是整个企业、整个组织的责任，而不仅是某个部门或某几个人的责任。在实际工作中，专职的 SQA 人员承担了大部分的 SQA 任务，对质量保证目标的实现起着非常重要的作用。专职的 SQA 人员主要分为 SQA 经理和 SQA 工程师，他们承担的 SQA 责任分别如下。

SQA 经理。对项目的全部质量保证活动负责，保证 SQA 正常、有序地工作，他们的主要职能如下：

- 制定 SQA 策略和发展计划。
- 管理 SQA 资源。
- 审定项目的 SQA 计划。
- 参加项目的 SQA 工作。
- 评审 SQA 工作状态。
- 提交跨项目的 SQA 计划。

SQA 工程师。SQA 工程师的主要职能如下：

- 按 SQA 计划检查指定的产品。
- 执行 SQA 评审 / 审核。
- 记录各种数据和观察情况。
- 提交不符合报告并处理不符合问题。
- 完成 SQA 计划规定的 SQA 测量和度量。
- 向 SQA 经理报告工作情况。

各角色之间的关系

SQA 和项目经理。SQA 和项目经理之间是合作的关系，帮助项目经理了解项目过程的执行情况、过程的质量、产品的质量、产品的完成情况等。但是，SQA 和项目经理的关注点是不同的，SQA 关注过程，而项目经理关注的是项目、产品、技术，当然同时也包括过程。

SQA 和开发工程师。开发人员往往容易对 SQA 产生抵触情绪，认为 SQA 工程师本身不写代码，却总是对自己的东西"指手画脚"。这种抵触情绪不仅会造成 SQA 和开发人员的对立，而且会影响产品的质量。SQA 和开发人员之间应该是相辅相成的，SQA 自己虽然不承担具体的开发工作，却要对整个开发过程进行监督和控制，保证产品质量。实际上，质量保证并不只是 SQA 工程师的责任，所有的人（包括开发人员）都对产品质量负有责任。SQA 和开发人员的关系在软件开发过程中也非常关键，SQA 和开发人员应该保持良好的沟通和合作，任何对立和挑衅都可能导致质量保证这个大目标的失败。

SQA 和测试工程师。SQA 和测试人员都充当着第三方检查人员的角色。但是 SQA 主要对流程进行监督和控制，保证软件开发遵循已定的流程和规范。而测试人员则是针对产品本身进行测试，发现它的缺陷并通知开发人员修改。

思考题

1. 软件质量保证的组织形式有哪些典型的方式？

4.5　软件质量保证计划

软件质量保证计划的目标是制定计划流程和程序，以确保制造的产品或组织提供的服务具有卓越的品质。在项目规划期间，测试经理制定 SQA 计划，定期安排 SQA 审核。简而言之，软件质量保证的计划就是，制定一个科学合理的计划来统筹软件质量保证工作。

软件质量保证计划的意义

软件项目通过按照明确定义好的软件过程和模板进行开发所获得的收益远远大于其代价。但软件开发人员在没有外部监控的情况下，往往容易忽视或偏离既定的过程，从而给软件组织造成重大损失，因此迫切需要通过软件质量保证人员对项目的评审和审核等独立的软件质量保证活动来确保过程得到执行。因此，在软件开发的前期，制定科学合理的软件质量保证活动计划是非常必要的。

软件质量保证计划的主要活动

软件质量保证计划的主要活动有：

- 确定质量保证组人员及其职责。
- 确定过程和产品质量保证活动所需要的资源，包括工具、设备等。
- 确定项目应遵循的标准、规范、规程和准则（例如设计准则、编码准则）等。
- 确定过程评价准则和产品评价准则（评价对象、评价时机、评价方式和相关参与者）。
- 确定质量保证报告的要求。在项目过程中，可采取阶段或事件驱动的方式完成质量保证报告。驱动事件一般包括基线到达、里程碑到达和产品交付等。
- 确定过程和产品质量保证的主要活动，并根据主要活动确定每项活动的利益相关方参与计划，包括参与的人员和时间安排等内容。过程和产品质量保证的主要活动包括过程评价、产品评价、处理与跟踪不符合项、制定质量保证报告。必须参与的其他活动包括评审、配置管理审核和例会等。
- 依据初步的软件开发计划中确定的标准、规范、规程和准则（例如设计准则、编码准则）等，结合项目的具体质量要求，制定过程评价表和产品评价表。

- 根据以上策划结果，制定软件质量保证计划。

制定计划书的流程

在一份标准的 IEEE 软件质量保证计划书中，首先要在第一页附上签发日期、文件状态和签发机构身份证明。然后在正文内容中，需要包含如下 16 个章节：（1）目的；（2）参考文献；（3）管理；（4）文档；（5）标准、行为、约定和量度；（6）软件评审；（7）测试；（8）问题报告和纠错措施；（9）工具、技术和方法；（10）媒介控制；（11）供应商控制；（12）记录的收集、维护和保留；（13）训练；（14）风险管理；（15）术语表；（16）SQAP 变更过程及历史。注意事项如下：

- 如果没有与某一节相关的信息，则应在"本节不适用于本计划"这一节标题下说明排除的适当理由。
- 可根据需要添加其他章节。
- 有些资料可能会出现在其他文件中。如果是，则应在 SQAP 正文中引用这些文件。

软件质量保证计划书的正文内容

（1）目的。本节需要描述该 SQAP 的特定目的和范围。应列出 SQAP 所涵盖的软件项目的名称和软件的预期用途，还需要为每个指定的软件项目说明 SQAP 所涵盖的软件生命周期的部分。

（2）参考文献。本节需要提供 SQAP 文本中其他地方引用的文档的完整列表。本清单中应包括开发 SQAP 所使用的文件，包括导致本计划需求的政策或法律，以及详细说明本计划细节的其他计划或任务说明；各文件的版本和日期也应列入清单。

（3）管理。本节需要描述项目的组织结构、项目的任务、项目中的角色和职责，以及用于质量保证的资源的估算。分为以下几个子章节：

- 组织。本节需要描述影响和控制软件质量的组织结构。这应包括对组织的每个组成部分，以及角色和委派责任的描述。该组织结构进行软件质量评估监控及验证问题解决的工作的自由客观程度应该被清楚地描述和记录。此外，还应该确定负责准备和维护 SQAP 的组织。
- 任务。本节应说明：SQAP 所涵盖的软件生命周期的那一部分；要执行的任务；每个任务的准入准出标准；这些任务与计划的主要检查点之间的关系。应注明任务的顺序和关系，以及它们与项目管理计划总览的关系。
- 角色和职责。本节应确定负责执行每个任务的特定组织单元（人员、小组等）。
- 估计资源。本节应提供用于质量保证和质量控制任务的资源和费用概算。

（4）文档。本节分为以下几个子章节：

- 目的。本节应履行以下职能：标识以下四类文档——管理软件开发的文档、验证和确认文档、使用文档、维护文档；列出需要评审或审核的文件。就每一份列出的文件，需要确定需进行的评审或审核，以及用以确认充分性的准则。
- 最低文档要求。为了确保软件的实现能满足技术要求，至少需要该节中列举出的文档：
  - 软件需求描述（Software Requirements Description，SRD)：用于指定特定软件产品、程序，或在特定环境中执行特定功能的程序集的需求。
  - 软件设计描述（Software Design Description，SDD)：用于描述如何构造软件来满足 SRD 中的需求。SDD 应该描述软件设计的所有组件及子组件，包括数据库和内部组件接口等。
  - 验证确认计划（verification and validation plan)：用于确定开发的软件产品是否符合

需求，以及软件产品是否满足预期用途和用户期望。这包括对软件产品和生产过程的分析、评价、评审、检查、评估和测试。

- 验证确认结果报告（verification results report and validation results report）：验证结果报告应当描述根据验证计划进行的软件验证活动的结果，确认结果报告应当描述根据确认计划进行的软件测试或检验的结果。
- 用户文档（user documentation）：用于指导用户安装、操作、管理和维护软件产品。应描述数据控制输入、输入序列、选项、程序限制以及软件产品的所有其他基本信息。
- 软件配置管理计划（Software Configuration Management Plan，SCMP）：用于记录应该完成哪些软件配置管理（SCM）活动、如何完成这些活动、谁负责特定任务、事件的调度以及将要使用哪些资源。SCMP 还应该定义用于在软件生命周期的所有阶段维护、存储、保护和文档化已识别软件的受控版本和相关工件的方法和设施。

- 其他文档。其他文档可能包含以下内容：开发过程计划、软件开发标准说明、软件工程方法 / 过程 / 工具描述、软件项目管理计划、维护计划、软件安全计划和 软件集成计划。

（5）标准、行为、约定和量度。本节分为以下几个子章节：

- 目的。本节有以下职能：确定要使用的标准、行为、约定、统计技术、质量要求和量度，产品和过程度量应包括在使用的量度中，并可在单独的度量计划中标识；说明如何监控和保证这些项目的一致性。
- 估计资源。内容应包括所涉及的基本技术、设计和编程活动，如文档编制、变量和模块命名、编程、检查和测试等。最少提供以下信息：文献标准、设计标准、编码标准、评价标准、检测标准和规范、选定的软件质量保证产品和过程量度。

（6）软件评审。本节分为以下几个子章节：

- 目的。本节职能如下：定义要进行的软件评审，可能包括管理评审、收购方支持评审、技术评审、检查、演练与审计；列出与软件项目进度相关的软件评审时间表；说明如何完成软件评审；说明需要采取哪些进一步行动，以及如何实施和验证这些行动。
- 最低要求。最少需要进行以下软件评审：

  - 软件规范评审（Software Specifications Review，SSR）：目的是确保 SRD 中所述要求的充分性。
  - 体系结构设计评审（Architecture Design Review，ADR）：用于评估在软件初步设计说明书中所描述的软件初步设计（也称为顶层设计）的技术充分性。
  - 详细设计评审（Detailed Design Review，DDR)：为了确定在满足 SRD 要求的详细软件设计描述中所描述内容的可接受性。
  - 验证和确认计划评审（verification and validation plan review）：评价验证确认计划中定义的验证、确认方法的充分性和完整性。
  - 功能评审（functional audit）：在软件交付前进行，以验证 SRD 中指定的所有需求是否都得到满足。
  - 物理评审（physical audit）：验证软件及其文档的内部一致性，以及是否已做好发布准备。
  - 进程内评审（in-process audit）：对设计样本进行过程审核，以验证设计的一致性，包括：代码与设计文档的一致性，接口规范（软硬件）的一致性，设计实现与功能需求的一致性，功能需求与测试描述的一致性。

- 管理评审（managerial review）：定期进行，以评估 SQAP 中确定的所有操作和项目的执行情况。管理评审由对系统负直接责任的管理人员进行，该评审可能会对 SQAP 本身进行额外的更改。
- 软件配置管理计划评审（Software Configuration Management Plan Review，SCMPR）：用于评估 SCMP 中定义的配置管理方法的充分性和完整性。
- 实现后检查（post-implementation review）：在项目结束时进行，目的是评价关于该项目的后续进展活动，并为适当的行动提出建议。
- 其他评审。其他评审和审核可能包括用户文档评审，目的是评估用户文档的充分性（例如完整性、清晰性、正确性和可用性）。

（7）测试。本节应确定 SQAP 所涵盖的软件验证和确认计划中未包含的所有测试，并应说明使用的方法。如果有单独的测试计划，应参考之。

（8）问题报告和纠错措施。本节作用如下：描述以下操作和步骤——报告、跟踪以及解决在软件项目和软件开发维护过程中发现的问题；说明与实施有关的具体组织责任。

（9）工具、技术和方法。本节需要标识用于支持 SQA 过程的软件工具、技术和方法。对于每一项，本节应说明拟使用或不使用该工具 / 技术 / 方法的用途、适用性或情况，以及该工具 / 技术 / 方法的使用限制。

（10）媒介控制。本节应说明用于以下用途的方法和设施：确定每个中间产品和可交付的计算机工作产品的介质，以及存储介质所需的文档，包括复制和恢复过程；在软件生命周期的所有阶段，保护计算机程序物理介质免受未经授权的访问或无意的损坏 / 破坏。这可以作为 SCMP 的一部分提供，并就此提出适当的参考意见。

（11）供应商控制。本节需要说明用于保证供应商提供的软件满足既定要求的规定。此外，本节应说明用于确保供应商收到足够且完整的要求的方法。本节还应说明为确保供应商符合本标准的要求而采用的方法。按照合同开发软件的，还应当说明合同评审和更新程序。

（12）记录的收集、维护和保留。本节确定应保留的 SQA 文件，应说明用于汇编、归档、保护和维护该文件的方法和设施，并应指定保留期限。

（13）训练。本节应确定满足 SQAP 需要的培训活动。

（14）风险管理。本节应指定用于识别、评估和控制 SQAP 所覆盖软件生命周期部分中所产生的风险领域的方法和过程。

（15）术语表。本节应包含 SQAP 特有术语的术语表。

（16）SQAP 变更过程及历史。本节应包含修改 SQAP 和维护变更历史的过程，还应包含此类修改的修改历史。

思考题

1. 软件质量保证计划要考虑哪些方面的内容？

4.6 软件质量工程体系

软件质量工程体系是由传统的质量管理体系发展而来的，结合系统工程、软件工程等学科，建立了现代的软件质量工程体系。软件质量管理（SQM）是一种管理流程，旨在以最佳方式开发和管理软件质量，以确保产品符合客户期望的质量标准，同时满足任何必要的法规和开发人员的要求。如果每一位软件质量经理都要求软件在发布到市场之前进行测试，并使用基于流程的循环质量评估来实现这一点，以便在发布之前揭示和修复错误，那么他们的工作不仅是确保软件对消费者而言是良好的，而且还有利于形成整个企业的质量文化。

纵观整个软件质量管理的发展历程，质量的管理水平在不断提高。从当今质量管理的发展趋势来看，软件质量是一项复杂的系统工程问题，必须用系统方法来研究。借助系统工程学、管理学等理论，把质量控制、质量保证和质量管理有效地集成在一起，形成现代软件质量工程体系。

质量管理体系的核心是管理组织、文化和流程，集中在管理方面，主要强调两个方面的内容：第一是体系中的上层建筑，质量文化、上层领导的重视及对全面质量的承诺、有效的沟通等；第二是体系中的运行基础，如软件质量管理组织、SQA 小组、软件质量标准、质量管理流程、质量管理方法和质量管理工具等。

软件质量工程体系着重从系统工程学的角度管理质量，在有限的资源下，获得最好的质量效益，主要内容如下：将软件质量视为一个系统，深入了解软件质量的构成和结构，建立软件质量的模型；软件质量策划，如同项目计划一样，定义软件质量管理要实现的目标、范围和方法；质量成本的分析，即如何降低由低质量造成的成本；软件质量风险的分析，即如何避免质量风险；软件质量度量，从而不断改进质量模型和方法手段。

软件质量工程体系还包括以下内容：软件质量因素和指标、软件质量模型分析、软件质量工作层次、软件质量成本、软件质量标准和度量。

软件过程的质量因素包括如下内容：项目计划过程、和客户的沟通能力、软件产品特性定义的方法、项目计划策略、评审的流程、范围、方式和程度、协同工作流程、合同和用户管理流程和方法、文档编写及管理等的规范和流程。

软件质量工作层次分为软件质量方针、软件质量控制、软件质量保证、软件质量管理。质量方针、控制、保证是软件质量管理的三个方面。

质量成本是为确保和保证满意的质量而发生的费用以及没有达到满意的质量所造成损失的总和，即包括保证费用和损失费用。质量成本将质量与企业经济效益直接联系起来，质量得以用货币语言来表达，质量语言和货币语言形成对话，从一个务虚的概念转换成一个务实的概念，使企业管理层对质量及其管理的意义和作用有了新的认识，更容易树立质量至上的理念，进一步加大质量管理力度，使企业立于不败之地。这是质量成本对社会经济发展的重大贡献。

现代软件质量工程体系继承了全面质量管理思想，要求组织中的每个人都承担质量的责任，将质量控制、保证和改进的流程融于整个的软件开发生命周期。

软件质量工程体系涵盖质量计划、质量风险管理、质量成本控制和质量计划的实施等内容。质量计划的制定又受质量文化影响、质量方针指导，通过对影响质量各种因素的分析，了解可能存在的质量风险，从而加以回避、控制。通过对软件产品、过程的测量和对质量的度量，不断改进软件开发过程，以达到软件质量预先设定的目标。

4.7　软件质量保证的文档模板

早期，由于缺乏有效的项目计划和项目管理，留给系统测试的时间很少。另外，需求变化太快，没有完整的需求文档，测试人员就只能根据自己的想象来测试。这样一来，测试就很难保障产品的质量。根据软件工程中"缺陷越早发现越早修改越经济"的原则，事先预防工作很重要，QA 职能因此产生。

一方面，要求 QA 具有软件工程的知识、软件开发的知识、行业背景的知识、数理统计的知识、项目管理的知识、质量管理的知识等；另一方面，QA 充当的是过程"警察"的角色，容易与项目组形成敌对关系，导致缺乏信任和支持。

为应对软件质量保证工作的复杂性，建立条理清晰、内容明确的软件质量保证的文档模板是十分有必要的（图 4-11）。

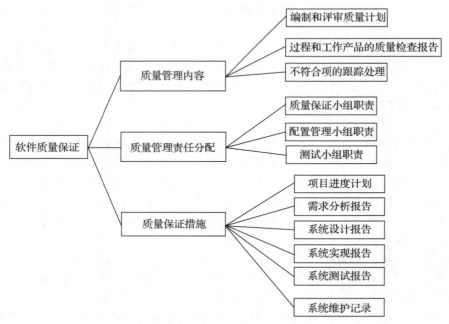

图 4-11　软件质量保证模板的结构

编制和评审质量计划

制定质量保证计划是指，依据项目计划及项目质量目标确定需要检查的主要过程和工作产品，识别项目过程中的相关人及其活动，估计检查时间和人员，并制定出本项目的质量保证计划。

质量保证计划的主要内容包括：例行审计和里程碑评审，需要监督的重要活动和工作产品，确定审计方式，根据项目计划中的评审计划确定质量保证人员需要参加的评审计划，明确质量审计报告的报送范围。

过程和工作产品的质量检查

根据质量保证计划进行质量的审计工作后得到质量审计报告。报告的主要内容包括：是否按照过程要求执行了相应的活动，是否按照过程要求产生了相应的工作产品。

不符合项的跟踪处理报告包括：对审计中发现的不符合项，要求项目组及时处理，质量保证人员需要确认不符合项的状态，直到最终的不符合项状态为"完成"为止，并将其写入报告。

工作小组职责说明

质量保证小组职责说明。质量保证小组作为质量保证的实施小组，在项目开发的过程中，几乎所有的部门都与质量保证小组有关。质量保证小组的主要职责是：以独立审查方式，从第三方的角度监控软件开发任务的执行，分析项目内存在的质量问题，审查项目的质量活动，给出质量审计报告；就项目是否遵循已制定的计划、标准和规程，给开发人员和管理层提供反映产品和过程质量的信息和数据，使他们能了解整个项目生命周期中工作产品和过程的情况，提高项目透明度，从而支持其交付高质量的软件产品。

配置管理小组的职责说明。配置管理活动的目的是通过执行版本控制、变更控制、基线管理等规程，借助配置管理工具的使用，来保证整个生命周期过程产生的所有配置项的完整性、一致性和可追溯性。配置管理是对工作成果（阶段工作成果和产品成果、进展状态成果）的一种有效保护形式，是对项目及其工作产品的过去、现在、动态的资料和数据的集中管理。

测试小组职责说明。作为质量控制的主要手段，如同软件开发一样，在测试执行之前，由测试小组制定软件测试计划、测试用例的编写和执行工作。测试人员根据软件需求分析报告进行软件集成测试用例和系统测试用例的编写。对编写完成的测试用例，提交项目组进行评审，同时质量保证人员对评审过程和工作产品进行监测。测试人员根据测试计划执行测试用例，并对发现的缺陷进行记录，只有这样才能确保项目组开发的软件产品满足用户需求。

项目进度计划和需求分析报告

项目计划的制定为工程项目的实施、管理和支持工作，以及项目的进度、成本、质量和过程产品的有效控制打下了良好的基础，以便所有相关人员能够按照该计划有条不紊地开展工作。制定项目计划时必须获得相关干系人的认可，并以此作为项目跟踪的基础。项目进度是项目进行是否顺利的最直观表现。制定合理项目计划的首要前提是，选择从事类似规模和类似业务项目的有经验的项目负责人参加项目进度计划的制定。在计划实施过程中，以项目计划中的里程碑为界限，将整个开发周期划分为若干阶段。根据里程碑的完成情况，适当调整每一个较小阶段的任务量和完成任务的时间，动态跟踪和动态调整，以利于项目质量保证的实施。

需求分析时犯下的错误，会在接下来的阶段被成倍放大，越是在开发的后期，纠正分析时犯下的错误所花费的代价越昂贵，也越发影响系统的工期和系统的质量。用户需求在招标方确认后，由系统分析人员形成软件需求分析报告，同时对软件需求分析报告进行评审，对于评审通过的软件需求分析报告，可以交由测试人员进行测试计划和测试用例的编写。

系统设计报告和实现记录

优良的体系结构应当具备可扩展性和可配置性，而好的体系结构则需要好的设计方法，需要针对项目的结构、项目的特征和用户的需求来分析。由总体设计组通过对用户需求的仔细研究，尽可能识别出公共类，并进行定义和设计，以减少重复工作。对于项目组提供的设计文档，由项目经理组织，质保小组成员参与，对其设计文档进行评审，及时发现设计中可能存在的错误，降低项目开发风险，同时确保设计文档能为开发人员、测试人员提供切实的指导。对于可复用的设计进行提取，作为公共库设计和开发，并提供给项目组。最后交由配置管理员进行设计文档的版本控制。

系统实现的目的是依据系统设计文档，由程序员进行程序编写，以便实现设计要求。在系统实现过程中，开发人员需要对模块进行代码走查和交叉单元测试，以保证模块代码质量。

系统测试报告和维护记录

系统开发涉及一系列的过程，每一个过程都有可能引入缺陷，系统质量的好坏直接关系到正常使用和日后的维护。在开发过程中，我们将质量控制贯穿于所有阶段和所有参与系统的人员中，包括系统分析、设计和编码。分阶段的评审和测试是软件质量的有力保障。

从测试方法上来说，分为黑盒测试和白盒测试。黑盒测试着重于测试软件系统的外部特性。根据系统的设计要求，每一项功能都要进行逐个测试，检查其是否达到了预期的要求，是否能正确地接受输入，是否能正确地输出结果。由于软件的所有源代码都要由项目组成员编写，白盒测试是指对其内部的逻辑规则和数据流程进行测试，以检查其代码编写是否符合设计要求。

在系统维护期，对于一般性的错误，如操作不当等引起的问题，全部由技术支持小组执行完成，但需要用户测试确认上线。如果较大的修改则需要走变更控制流程，填写变更申请，经项目组讨论分析可行方案后，由技术支持小组实施，通过测试后方可提交用户。在这个过程中质量人员需要对维护过程和维护记录单进行检查。

小结

软件质量保证工作对于软件企业至关重要，良好的软件质量保证来源于对开发过程和产品质量的科学严谨的监督管理，而科学的管理需要建立相关的文档模板，图 4-12～图 4-15 给出了一些实例。学习国外先进的管理经验，建立恰当的软件质量保证的文档模板对于我国软件行业的发展非常重要。

（项目名称）SQA 计划

计划编号：SQAP+ 项目编号 + 两位流水号	SQAL：	日期：
版本：	SQAM：	日期：
分册：	PM/SM：	日期：

1. 质量目标

　　质量目标，尽可能用测试的条款表达。

2. SQA 组织

　　2.1　SQA 的组成

　　SQA 的成员及资格说明（经验与培训）。

　　2.2　SQA 的职责和权力

　　2.3　SQA 的资源需求

3. SQA 任务

　　3.1　规程与标准

　　明确项目标准和规程，作为 SQA 评审和审计的基础。

　　3.2　明确质量活动的责任

　　如检查、审计和测试、配置管理和变更控制、测试和报告、缺陷控制和纠正措施。

　　3.3　阶段划分与任务列表

　　为每个开发阶段定义入口和出口条件，划分 SQA 的工作阶段，确定评审与审计的类型，明确 SQA 作业，可依据项目特点对作业列表进行裁剪与增添。

　　3.4　测试与评估

　　确定测试类型，对于产品规范、计划要求、测试规范及采用的开发方法和工具的确认和验证活动；通过详细的测试和验证活动计划，对资源、进度和审批等方面进行评估。

　　3.5　全程的偏差跟踪

　　根据人物列表进行全程偏差跟踪。

4. SQA 报告

　　文档化 SQA 活动结果，包括软件产品评价报告、软件工具评价报告、项目设备评价报告、过程审核报告、测量报告。需要注意的是，提供给软件工程组和其他相关组 SQA 活动反馈的方法，以及周报、月报与重要报告等的提交方法与日程可以在计划表中体现。

5. 计划进度表与预算表

图 4-12　SQA 计划模板

软件产品 / 工具和设备 / 项目技术评价报告模板		
报告编号：SP/ST/PF+ 项目编号 + 两位流水号　　　SQAL：＿＿＿＿　日期：＿＿＿＿ 　　　　　　　　　　　　　　　　　　　　　　SQAM：＿＿＿＿　日期：＿＿＿＿		
1. 软件产品 / 工具和设备 / 项目技术评估：		
2. 评估方法或标准：		
3. 评估结果：		
4. 建议纠正措施：		
5. 实施纠正措施：		

图 4-13　软件产品 / 工具和设备 / 项目技术评价报告模板

过程审计报告模板	
报告编号：PA+ 项目编号 + 两位流水号	
主要审计人：	报告日期：
项目名称：	项目编号：
审计项：	
审计日期：	
审计过程 / 程序：	
审计检查表（附件）	
审计结果： 　　　＿＿＿＿＿＿ 过程 / 程序　可接受 　　　＿＿＿＿＿＿ 过程 / 程序　有条件的接受 　　　　　　　条件说明： 　　　＿＿＿＿＿＿ 过程 / 程序　不可接受 　　　　　　　条件说明：	
措施项： A1#　　　标题　　　　　　责任人　　　　预计日期　　　　完成日期	
纠正措施：	
审批：　　　　　　□批准　　　□取消　　　□推迟 PM：　　　　　　　　　　　　　　　　　　　　　日期：	
验证关闭：	
SQAL：　　　　　　　　　　　　　　　　　　　　　日期：	

图 4-14　过程审计报告模板

SQA 方向	任务	作业项	审核与检验
质量目标	质量策划	质量目标，尽可能用测试的条款表达	
		质量标准与规程的确立	
工具和设备	评估工具和设备的管理	软件工具	
		设备	
		配套的产品与设备	
软件过程	评估软件产品评审过程	评审的标准，依据程序文件的要求或在《质量计划》与 SDP 中明确	
	评估项目计划和监督过程	项目计划的建立与监控执行	
	评估系统需求分析过程	保证通过需求定义和配置过程来确定用户的所有需求	
		保证需求被评审，以确定它是切实可行的、描述清楚的和一致的	
		保证分配需求、工作产品和活动的变化都被确定、评审、跟踪到结束	
		项目参与者受到必要的培训	
		保证分配需求的约定是同被影响的组协商并经过同意的	

图 4-15　软件质量保证作业列表

思考题

1. 软件质量保证的文档模板有什么重要意义？

4.8　软件质量保证的标准与规范

4.8.1　ISO

维基百科对标准的定义是：为了在一定的范围内获得最佳秩序，经协商一致制定并由公认机构批准，共同使用的和重复使用的一种规范性文件。

ISO/IEC Guide 2:2004 中对标准的定义是：A standard is a document, established by consensus that provides rules, guidelines or characteristics for activities or their results.

国际标准化组织（International Organization for Standardization，ISO）是一个全球性的非政府组织，目标是推动标准化及其相关活动的发展。它致力于达成国际协议，并颁布成为国际标准。ISO 一词来源于希腊语 ISOS，即 EQUAL——平等之意。ISO 起源于战争年代的国防工业，前身是 IEC（国际电工委员会），二战期间中断工作，1946 年，在一次由 25 个国家参与的会议后，成立了 ISO。1947 年 2 月 23 日正式开始运作。中国是 ISO 的正式成员，代表中国参加 ISO 的国家机构是中国国家技术监督局（CSBTS）。

ISO 的宗旨是在世界上促进标准化及其相关活动的发展，以便于商品和服务的国际交换，在智力、科学、技术和经济领域开展合作。

ISO 中的组织结构如图 4-16 所示，在全体大会中，主要包括团体成员（有投票权）、通信成员（不参与投票和开发，有权获知相关信息）、注册成员（只交纳少量会费，不参与国际标准化工作）、理事会、中央秘书处、特别咨询组、技术管理局、标样委员会、技术咨询组、技术委员会、合格评定委员会、消费者政策委员会等，不同的部门有相应的职责，履行相应的义务，合作协同，共同推进 ISO 组织的发展。

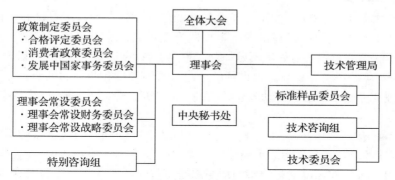

图 4-16　ISO 的组织结构

ISO 标准的产生步骤

作为国际标准的制定者，ISO 产生新的标准自然要经过好几道严格的步骤，才能保障制定的标准是符合大多数人的利益的。首先是预备阶段，即决定是否同意对新提议进行投票表决。这是制定新标准的预备阶段，如果没有通过这一阶段，那么新标准的制定就无从谈起；在通过预备阶段后，就进入了标准的制定过程。

第一步：提议阶段，确认是否有必要，从而决定是否接受提案。制定标准首先需要考虑该标准制定的必要性，如果该标准不符合当今的价值观，或者对生产生活没有积极意义，那么也就没有制定该标准的必要。

第二步：工作筹备阶段，成立工作组，并拟出工作草案。通常工作组由专家和行业中的领军人物组成，他们针对该标准进行综合评估、提出各方面的建议，并在此基础上提出工作草案，为下一步的实施打下基础。

第三步：委员会阶段，审查报审稿、征求意见稿。在专家工作组对标准进行评估的过程中，他们与相关的行业分享评估意见，并向其他在该行业中的精英寻求指导意见，并加入工作报告中。

第四步：询问阶段，修改征求意见稿，并得到最终的征求意见稿。专家组需要综合不同的征求意见，并对这些意见进行选择，选出其中有建设性意义的意见，最后形成最终的征求意见稿。

第五步：批准阶段，审查批准和拟写发布稿。在该阶段，由委员会秘书向 ISO/ 中央秘书处（ISO/CS）提交最终国际标准草案（FDIS）。然后将 FDIS 分发给所有 ISO 成员进行为期两个月的投票（在将草案发送给 ISO/CS 时应使用提交接口）。投票结果将决定该标准能不能正式发布。

第六步：发布阶段，标准正式发布，国际标准生成。在经历了两个月的成员投票之后，如果成员中对该标准的赞成达到一定的比例，则 ISO 将发布该标准，从而产生新的国际标准。

第七步：评估阶段。在标准发布之后，还需要对该标准在实施过程中的反馈意见进行评估和收集，以评价该标准在实际的生产生活实践中是否真的有利于产业发展。

第八步：撤销阶段（如果有必要的话），决定是否撤销标准。如果新发布的标准不符合客观实践真理，或者不利于生产水平的提升，那么说明该标准的制定是有缺陷的，需要进行进一步的斟酌，那么这个时候就需要对发布的标准进行撤销，并对外公布理由或者公布替代的标准。

正是 ISO 组织在制定标准时的严格步骤，才保证了发布的国际标准尽可能地使绝大多数人受益，进而使得 ISO 组织在国际标准方面有更强的话语权。

ISO9000 及相关标准

组织为什么需要 ISO9000？首先，因为 ISO9000 标准体系代表了对良好管理实践的国际共识，目标是确保组织能够一再提供满足客户质量要求的产品或服务。其次，一个没有客户或者客户对其不满意的组织一定处境不妙。为了保住客户并让他们满意，就需要使产品（实际可能是服务）满足客户的要求。ISO 提供了一个经过不断尝试和测试的框架，该框架采用系统化的方法来管理业务过程（组织活动），以使它们能一贯地产生符合客户期望的产品。这就意味长期满意的客户。

质量系统审计有三种做法。第一种，组织对其基于 ISO9000 的质量系统进行审计（内部审计，即第一方审计）。其意义为验证质量过程管理是有效的，换句话说，验证组织是能够完全控制其活动的。第二种，邀请客户参与质量系统审计（客户审计，即第二方审计）。其意义在于让客户相信他们能够提供满足其要求的产品或服务。第三种，使用独立质量系统认证实体的服务（第三方审计），以获取符合 ISO9000 的认证。这可避免组织客户的多重审计，减少了对客户审计的频率和时间。

内部审计的目的是覆盖从实施到最终评估的整个系统。审计对质量系统的有效运作是很重要的，如果没有该过程，质量系统会失去作用。内部审计能够反映外部评估员 / 审计员的工作，从而使公司可以较好地为最终的评估 / 审计做好准备。内部审计与外部审计唯一的不同之处可能是内部审计通常更加彻底、全面、严格（图 4-17）。

图 4-17　质量三角

评估是将对感兴趣特性的实际测量与规格说明书中的这些特性进行比较的过程。评估不是审计，是评审和建议。IEEE 对审计的定义是：对一个或一组工作产品的独立检查，以评估它们与规格说明、标准、合同契约或其他准则的一致性。认证是指，第三方对符合指定特性的产品、过程或服务给出书面保证的过程。评估也可分为自评估、第二方评估（能力确定）和第三方评估（能力决定）。

在软件领域，对于软件的各方面，包括检测、测评、评价等，ISO 也有许多的相关标准，以保证软件方面的质量有国际通用的标准。由于计算机诞生于 20 世纪中期，所以软件相关标准在接近 21 世纪时才得到了制定。

1991 年，ISO/IEC 提出了 ISO/IEC 9126:1991《信息技术软件产品评价质量特性及其使用指南》，在这一套标准中定义了六种质量特性，并且描述了软件产品评估过程的模型，可以说是最早的关于计算机软件方面的国际标准。而随着软件技术的不断提高，各方面的突破创新催生着更多的质量方面的标准的制定，如 1994 年 ISO/IEC 发布了 ISO/IEC 12119:1994《信息技术软件包质量要求和测试》，针对包括文本处理程序、电子表格、数据库程序、图形软件包、技术或科学函数计算程序以及实用程序在内的软件包，规定了对以上这些软件包的质量要求和测试要求。再比如，2002 年在韩国釜山全会期间，ISO/IEC JTC1/SC7 软件产品质量要求和评价系列的标准编号得到了批准，在该标准内所有文件的修订工作也陆续进行。从开始发布软件质量相关标准到现在，一直有各行各业的人士参与到软件质量标准的修改和更新中，进一步完善了软件质量方面的质量体系。如今，软件质量标准主要有 ISO/IEC 12119、ISO/IEC

9126、ISO/IEC 14598，其中：

- ISO/IEC 12119 对软件包的质量要求和测试细则进行了定义，质量要求包括产品说明、用户文档、程序和数据，并根据质量要求编制测试细则，主要活动有测试预要求、测试活动、测试记录、测试报告和跟踪测试。
- ISO/IEC 9126 系列标准相对更为复杂一点，其由四个标准（过程度量、内部质量度量、外部质量度量、使用质量度量）组成，以分层的方式定义了软件的每个质量特性和影响质量特性的子特性，并根据内部度量、外部度量以及使用质量度量三种情况分别给出了质量特性、质量子特性及其度量指标。对于每个质量特性、质量子特性，来测试软件的一组属性，以确定软件所达到的质量水平。同时内部和外部的度量定义了软件质量属性的六个特征：功能性、可靠性、易用性、效率、维护性和可移植性。
- ISO/IEC 14598 系列标准规范了对软件产品质量特性进行评价的过程，从软件的开发者、软件的需求方和软件的独立评价者三个不同的角度给出了软件产品评价过程模型，便于使用者选择评价过程。

国内的软件测评机构在进行第三方测试时不仅会借鉴 ISO 标准，还引用了 GB/T 25000.51:2010 等我国自主研究发布的软件标准。我们国家在软件质量保证方面，不仅与国际保持接轨，还不断自主突破创新，制定属于自己国家、符合国情的软件质量标准，是国家实力强大的体现。软件质量将成为决定软件竞技实力最直接的因素，标准的广泛应用体现了标准驱动的核心价值，标准的持续发展具有先导性、唯一性和示范性作用。软件质量标准将在信息技术的快速发展中，在应用和研究方面持续改进和创新，为信息技术发展保驾护航。

思考题

1. ISO 标准是怎么形成的？具有什么意义？

4.8.2　CMM

20 世纪 70 年代，美国国防部发现 70% 的项目问题是因为管理不善引起的，而并不是因为技术实力不够，进而得出一个结论，即管理是影响软件研发项目全局的因素，而技术只影响局部。1987 年，美国卡内基·梅隆大学软件研究所（SEI）受美国国防部的委托，率先在软件行业从软件过程能力的角度提出了软件能力成熟度模型（Capability Maturity Model，CMM），随后在全世界推广实施，用于评价软件承包能力及帮助其改善的方法。

CMM 是对于软件组织在定义、实施、度量、控制和改善其软件过程的实践中各个发展阶段的描述。CMM 的核心是把软件开发视为一个过程，并根据这一原则对软件开发和维护进行过程监控和研究，以使其更加科学化、标准化，使企业能够更好地实现商业目标。

CMM 结构及相关概念

CMM 的结构如图 4-18 所示，相关的概念包括成熟度级别、关键过程、目标、共同特征和关键实践。

成熟度级别（maturity level）。采用 5 级流程成熟度连续体，其中最高级别（第 5 级）是一个名义理想状态。流程将通过流程优化和持续流程改进的组合进行系统管理。

关键过程（Key Process Areas）。关键过程域识别一组相关活动，这些活动在一起执行时，实现一组被认为重要的目标。

目标（goal）。目标实现的程度是考查组织在该成熟度水平上能力如何的指标。目标表示每个关键过程的范围、边界和意图。

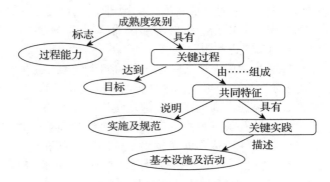

图 4-18   软件能力成熟度模型

共同特征（common feature）。共同特征包括实施和制度化关键过程的实践。共有五种类型：执行承诺，执行能力，执行活动，测量和分析，以及验证实施。

关键实践（key practice）。关键实践描述了最有效地促进该等级实施和制度化的基础设施和实践要素。

能力成熟度模型的 5 个等级从低到高依次为：初始级、可重复级、定义级、管理级、优化级。这些等级的特点见表 4-1，相互之间的关系见图 4-19。

表 4-1   成熟度等级的特点和关键过程

能力等级	特　　点	关键过程
第一级：初始级 （最低级）	• 未加定义的随机过程 • 软件过程不稳定，项目执行无序混乱 • 遇到危机则放弃或改变原有计划，直接进行编码和测试 • 成功取决于个人能力，依赖个别杰出的人员 • 工作方式处于"救火"状态，不断应付开发过程中出现的危机 • 软件过程不可确定和不可预见	
第二级：可重复级	• 规则化 • 建立了软件项目管理的策略和实施的规程 • 项目的成功不仅依赖于个人能力，还依赖于管理层的支持 • 过去的成功可以重现	• 需求管理 • 软件项目计划 • 软件项目跟踪和监督 • 软件子合同管理 • 软件质量保证 • 软件配置管理
第三级：定义级	• 标准，一致 • 软件过程标准化，文档化，综合成有机整体 • 软件工程和管理活动稳定，可重复，具有连续性 • 成本、进度、功能都是受控制的，软件质量也可跟踪 • 软件过程起到了预见及防范问题的作用，能使风险影响最小化	• 组织过程焦点 • 组织过程定义 • 培训大纲 • 集成软件管理 • 软件产品工程 • 组间协调 • 同行评审
第四级：管理级	• 可预测 • 制定了软件过程和产品质量的详细而具体的度量标准 • 执行过程的活动在可评价的限度之内 • 定量认识软件	• 定量管理过程 • 软件质量管理
第五级：优化级 （最高级）	• 不断改进 • 整个组织特别关注软件过程改进的持续性，具有预见性并不断增强 • 加强定量分析，通过来自过程的质量反馈，不断吸收新观念、新科技 • 追求新技术，利用新技术 • 把最好的创新成绩迅速向全组转移	• 缺陷预防 • 技术改革管理 • 过程更改管理

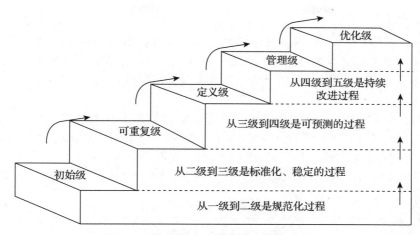

图 4-19　软件能力成熟度模型的 5 个等级

　　初始级。这一级处于最低级，基本上没有健全的软件工程管理制度，每件事情都以特殊的方法来做。如果某个特定的工程碰巧由一个有能力的管理员和一个优秀的软件开发组来做，则这个工程可能是成功的。然而通常的情况是，由于缺乏健全的总体管理和详细计划，时间和费用经常超支。结果，大多数的行动只是应付危机，而非事先计划好的任务。处于成熟度等级 1 的组织，由于软件过程完全取决于当前的人员配备，所以具有不可预测性，人员变化了，过程也跟着变化。结果就是，要精确地预测产品的开发时间和费用之类的重要项目是不可能实现的。

　　可重复级。有些基本的软件项目管理行为，设计和管理技术是基于相似产品中的经验，故称为"可重复"。在这一级采取了一定措施，这些措施是实现一个完备过程所必不可缺少的第一步。典型的措施包括仔细地跟踪费用和进度。管理人员在问题出现时便可发现，并立即采取修正行动，以防它们变成危机。关键的一点是，如没有这些措施，要在问题变得无法收拾前发现它们是不可能的。在一个项目中采取的措施也可用来为未来的项目拟定实现的期限和费用计划。

　　定义级。这一级已为软件生产的过程编制了完整的文档。软件过程的管理方面和技术方面都明确地做了定义，并按需要不断地改进过程，而且采用评审的办法来保证软件的质量。在这一级，可引用 CASE 环境来进一步提高质量和产生率。

　　管理级。这一级对每个项目都设定质量和生产目标。这两个量将被不断地测量，当偏离目标太多时，就采取行动来修正。利用统计质量控制，管理部门能区分出随机偏离和有深刻含义的质量或生产目标的偏离（对质量控制措施进行统计的一个简单例子是每千行代码的错误率，相应的目标就是随时间推移减少这个量）。

　　优化级。这一级能够连续地改进软件过程。这样的组织使用统计质量和过程控制技术作为指导。从各个方面获得的知识将被运用在以后的项目中，从而使软件过程融入正反馈循环，使生产率和质量得到稳步改进。

　　能力成熟度模型的意义包括：提升产品（服务）质量和效率，确保产品（服务）按时交付，控制成本，提高研发（服务）人员的职业素养，减少人员流动为企业带来的影响。

各种 CMM 模型

　　CMMI-DEV，即 CMMI for Development 模型。该模型是目前在全国使用最广的模型，通常说的 CMMI 模型即指该模型。该模型基本上覆盖了产品研发的各个过程领域，包括项目管理、需求、设计、开发、验证、确认、配置管理、质量保证、决策分析以及对研发的改进和培训等一系列活动。

CMMI-SVC，即 CMMI for Services 模型。该模型吸收了 ISO20000、ITIL 等服务相关标准的优点，并采用了 CMMI 的框架结构。在服务领域，该模型提供了战略服务管理、服务系统开发、服务系统转移、服务交付、服务持续性、能力和可用性管理、事件解决和预防等服务直接相关的过程域。

CMMI-ACQ，即 CMMI for Acquisition 模型。该模型基于 CMMI 模型基础架构，整合了 CMMI 采购模型、软件采购模型等，适用于政府、电信、金融等各领域的采购管理。

CMM 一经提出，便得到了广泛的认可和应用，人们结合各自的应用场景和需求，创立了很多相关的成熟度模型。类似的还有人员管理成熟度模型（P-CMM）和安全成熟度模型（SSE-CMM）等。

思考题

1. CMM 的五个等级分别具有哪些特点？

4.8.3　六西格玛

六西格玛（six sigma，6 sigma）是一种管理策略，它是由当时在摩托罗拉任职的工程师比尔·史密斯于 1986 年提出的。这种策略主要强调制定极高的目标、收集数据以及分析结果，通过这些来减少产品和服务的缺陷。六西格玛背后的原理就是，如果你检测到项目中有多少缺陷，就可以找出如何系统地减少缺陷，从而使项目尽量完美的方法。一个企业要想达到六西格玛标准，那么它的出错率不能超过百万分之 3.4。

六西格玛在 20 世纪 90 年代中期开始，被 GE 从一种全面质量管理方法演变为一种高度有效的企业流程设计、改善和优化技术，并提供了一系列同等适用于设计、生产和服务的新产品开发工具。六西格玛继而与 GE 的全球化、服务化等战略齐头并进，成为全世界追求管理卓越性的企业最为重要的战略举措。六西格玛逐步发展为一种以顾客为主体来确定产品开发设计的标尺，追求持续进步的管理哲学。一般来讲，六西格玛包含以下三层含义：

- 一种质量尺度和追求目标，定义方向和界限。
- 一套科学的工具和管理方法，运用 DMAIC（改善）或 DFSS（设计）的过程进行流程的设计和改善。
- 一种经营管理策略。六西格玛管理是在提高顾客满意程度的同时降低经营成本和周期的过程革新方法，它是通过提高组织核心过程的运行质量，进而提升企业赢利能力的管理方式，也是在新经济环境下企业获得竞争力和持续发展能力的经营策略。

六西格玛包括两个过程，分别为六西格玛 DMAIC 和六西格玛 DMADV，它们是整个过程中两个主要的步骤。六西格玛 DMAIC 是对当前低于六西格玛规格的项目进行定义、度量、分析、改善以及控制的过程（图 4-20）。六西格玛 DMADV 则是对试图达到六西格玛质量的新产品或项目进行定义、度量、分析、设计和验证的过程。

DMAIC 方法分为五个步骤：

- D：定义问题、客户需求和项目目标等。
- M：测量当前流程的关键方面，收集相关资料。
- A：分析数据，寻求和检验原因和效果之间的关系，确定是什么关系，然后确保考虑到所有因素。通过调

图 4-20　六西格玛 DMAIC 项目环

查，发现导致问题的根本原因。

- I：根据数据分析结果提升和优化当前流程，运用不同方法，例如实验设计、防误防错或错误校对，利用标准工作创建一个新的、未来的理想流程，建立规范运作流程能力。
- C：控制改变未来流程，确保任何偏离目标的误差都可以改正。执行控制系统，例如统计流程控制，生产板、可见工作区和流程持续改善等。

有些公司还增加了一个 R 认知步骤，就是认知需要针对的正确问题，于是产生了 RDMAIC 方法。

DMADV 项目方法也称为 DFSS，包括五个步骤：

- D：定义和设计符合客户需要和其他目标的战略。
- M：摸准和确定 CTQ（对质量至关重要的参数），以及产品性能、生产流程性能和风险等。
- A：考虑是否有替代方法，创建高性能的设计、评估设计技能，选择最佳的设计方案。
- D：设计细节，优化设计，对设计审核进行评估，这个过程可能需要模拟操作。
- V：检查设计，建立规范模型，实施生产流程，并且提交给流程所有者。

六西格玛的创新之一就是发明了一种品质管理的"职业化"衡量方法，在六西格玛以前，品质管理一般都局限于管理层面，统计师一般都属于独立的品质部门。六西格玛项目添加了一种等级制的称号（类似于武术中的分级）来界定各种管理职能（图 4-21）。六西格玛的职能界定保证了其成功实施。

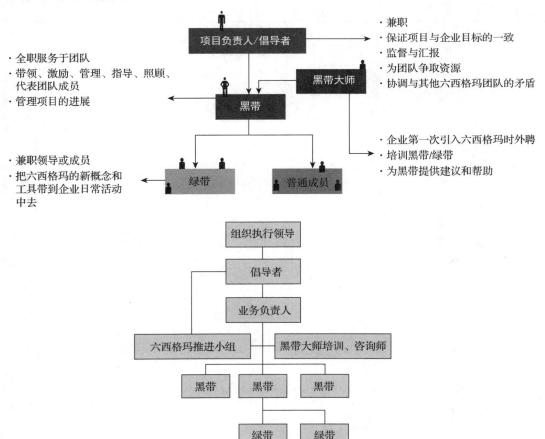

图 4-21 六西格玛实施的人员组织结构

　　六西格玛一般使用四类软件作为支持：分析软件，用来进行统计和流程分析；项目管理软件，用来管理和跟踪公司整体的六西格玛项目；DMAIC 和在线精益项目协调软件，用来管理当地和全球团队；数据整理软件，用来把数据直接填入分析工具，大大缩减了收集数据的时间。

　　作为持续性的质量改进方法，六西格玛管理具有如下特征：对顾客需求的高度关注、高度依赖统计数据、重视改善业务流程、突破管理和倡导无界限合作。

　　六西格玛拥护者声称这种策略可以使 50% 的项目受益，它可以使营运成本降低、周转时间得到改善、材料浪费减少、对顾客需求有更好的理解、顾客满意度增加以及产品和服务的可靠性增强。然而要想达到六西格玛标准，需要付出很多，并且可能需要几年的时间才能实现。德州仪器、亚特兰大科学公司、通用电气和联合信号公司是实施六西格玛管理的几个典型例子。

　　六西格玛主要应用于大型企业。六西格玛应用中的一个重要事件就是，GE 于 1998 年宣布利用六西格玛节省了 3.5 亿美元，这个数字后来增长到 10 亿。根据托马斯·派兹德克和约翰·库尔曼等咨询专家的看法，少于五百名员工的公司不适用于六西格玛项目的执行，或者需要改变标准，以使系统适应这些小企业。这主要是因为六西格玛所需的黑带体系的基础建设，以及大型企业能为六西格玛带来更多的改良机会。

思考题

1. 六西格玛 DMAIC 和六西格玛 DMADV 分别是什么意思？

第 5 章

软件质量保证的自动化方法

一切有良好数学基础的方法都是形式化方法（5.1节），形式化就是数学化、规范化、模型化、机械化和抽象化。形式化方法的本质是用数学与逻辑的方法描述和验证软件系统属性，不同的形式化方法具有不同的数学基础。从验证方面来讲，主要有两类方法，一类是以穷尽搜索为基础的模型检查（5.2节），另一类则是以逻辑推理为基础的定理证明（5.3节）。计算机仿真技术（5.4节）是新兴的计算机技术与其他领域技术融合的产物，主要是通过相似原理对计算机系统的功能、行为等方面进行优化和调整，确保软硬件设计的成功，消除代价昂贵并且存在潜在危险的设计缺陷。系统缺陷总是无法避免且难以检测，容错计算（5.5节）作为一道重要的防线，可以确保系统在故障发生时仍然可以正常工作。

5.1 形式化方法

在计算机硬件（特别是集成电路）和软件系统的设计过程中，形式化验证的含义是根据某个或某些形式规范或属性，使用数学的方法证明其正确性或非正确性。形式验证方法分为等价性验证、模型检验和定理证明等。形式验证是一个系统性的过程，将使用数学推理来验证设计意图（指标）在实现中是否得以贯彻。形式验证能够从算法上穷尽检查所有随时间可能变化的系统情况。

形式化方法主要研究如何把具有清晰数学基础的模型、规范、分析以及验证融入软硬件设计开发的各个阶段，是改善和确保计算机系统正确性和可靠性的重要途径。

形式化方法是基于严格数学基础，对计算机硬件和软件系统进行描述、开发和验证的技术，其数学基础建立在形式语言、语义和推理证明三位一体的形式逻辑系统之上。形式化方法已经以不同程度和不同方式愈来愈多地应用在计算系统生命周期的各个阶段。形式化方法以形式（逻辑）系统为基础，支持对计算系统进行严格的规约、建模和验证，并且为此设计算法，从而建立计算机辅助工具。在最近10多年中，随着形式验证技术和工具的发展，特别是在程序验证中的成功应用，形式化方法在处理软件开发复杂性和提高软件可靠性方面已显示出无可取代的潜力。

形式化方法的意义

现有的软件的特点：

- 极端复杂，规模可达到成万、成百万甚至成千万行代码；系统组成部分之间异常复杂的直接与间接相互作用；静态结构与动态性质之间难以把握的复杂关系。

- 多变性，异常丰富的应用需求，以及需求的不断提升和变化。
- 要求较低的开发成本和较短的开发周期。
- 不可能长期集中一大批最优秀的技术人员。
- 前期成果是自然语言编写的文档，最后程序是形式化的程序，两者对比存在二义性。
- 文档是非形式化的，只能由人阅读和理解，难以严格分析和推理。
- 需求和设计以及最终实现的程序的一致性难以判定。
- 测试不可能完全，发现问题的能力很有限，不能成为评判标准。

基于上面所述的这些特点，软件系统的可靠性、正确性难以保证。然而形式化验证正好弥补了测试在这方面的不足之处。

形式化验证是证明不同形式规约之间的逻辑关系，这些逻辑关系反映了在软件开发不同阶段，软硬件制品之间需要满足的各类正确性需求。例如，形式验证给出了"系统设计模型应该满足的一些特定性质"的证明。

使用形式化方法与使用其他一些软硬件开发方法的最大差别在于：形式化方法所描述的系统和性质的语言是没有二义性的，在此基础之上，进行验证的方法是系统的、严格的。形式化方法可以有效地保障并提高系统的可信度。

与传统的测试手段不同，形式化方法具有的数学基础，为系统的模型设计和验证提供了严格验证手段，形式化方法是一种新型严格意义上的验证方法，被 IEC50128 等国际标准或者行业规范推荐使用。

形式化方法的发展与应用

提出形式化方法来开发软件是由于传统的软件开发方法存在一系列问题：软件开发过程中，前期需求设计错误导致项目难以完成或者花费极大代价去更新维护；当前软件项目普遍较为复杂且庞大，开发周期需求相对较短，需求变更快，造成一系列问题；不一致性，即需求和文档是用自然语言编写，而产品却是形式化的程序。形式化方法的出发点就是运用数学逻辑方法开发出可靠的软件产品。

形式化方法在软件开发中能够起到的作用是多方面的。首先是对软件需求的描述，这是软件开发的基础。比如，一般非形式化的描述很可能导致描述的不明确和不一致，进而导致设计、编程的错误，将来的修改所要付出的代价可能非常大。形式化方法则要求描述的明确性，而描述的不一致性也就相对易于发现。

对软件设计的描述和对软件需求的描述一样重要，形式化方法的优点同样适用于对软件设计的描述，另外由于有了软件需求的形式化描述，我们可以检验软件的设计是否满足软件的要求。

对于编程来讲，我们可以考虑自动代码生成。对于一些简单的系统，形式化的描述有可能直接转换成可执行程序，这就简化了软件开发过程，节约资源并减少了出错的可能性。另外，形式化方法可以用于程序的验证，以保证程序的正确性。

对于测试来讲，形式化方法可用于测试用例的自动生成，这可以节约许多时间，在一定程度上也保证了测试用例的覆盖率。

在形式化方法的发展应用中，由于过分强调规范或设计的完全形式化，所涉及的语言的表现力以及被建模的系统的复杂性使得完全形式化成为一项艰巨而昂贵的任务。作为替代方案，研究者已经提出了各种轻量级形式化方法，强调部分规范和集中应用。

形式化方法是建立在严格数学基础上的用以对软硬件系统进行说明、设计和验证的语言、技术和工具的总称，分为形式化规约与形式化验证两个方面。形式化规约就是用形式化语言在不同抽象层次上描述系统的行为与性质。形式化验证是基于已经建立的形式化规约，对软件的相关特性进行评价的数学分析和证明。形式化验证主要包括模型检查和定理证明两个方面。定理证明一般采用交互式的定理辅助证明器来对系统问题进行抽象描述，并以数学公式定理的方式表达系统的功能和性质，采用数学定理推导演算的方法进行验证。模型检查主要是利用对系统建立的模型，对其进行自动推理并验证。

形式化方法的类型

形式化方法在逻辑科学中是指分析、研究思维形式结构的方法。在计算机科学和软件工程领域，形式化方法是基于数学的特种技术，适合用于软件和硬件系统的描述、开发和验证。形式化方法的本质就是用数学与逻辑的方法描述和验证软件系统属性。不同的形式化方法具有不同的数学基础。形式化方法研究如何把（具有清晰数学基础的）严格性（描述形式、技术和过程等）引入软件开发的各阶段。

形式化规格（formal specification）：采用具有严格数学定义的形式和语义的记法形式，描述软件设计和实现。

形式化验证（formal verification）：对形式化规范进行分析和推理，研究其静态和动态性质是否一致并完整，有无矛盾或遗漏。找出并更正其中的错误和缺陷，查看运行中是否会出现不能容忍的状态（死锁、活锁等）。

精化（formal refinement）：从抽象的高层描述出发，严格保语义地推导更接近实现的包含更多细节的规范，通过反复精化，最终得到正确的可运行程序。

从描述上讲，一方面是系统或程序的描述，另一方面是性质的描述。这些可以用一种或多种形式化规约说明语言来描述。这些语言包括命题逻辑、一阶逻辑、高阶逻辑、代数、状态机、并发状态机、线性时序逻辑、进程代数、π 演算、μ 演算等。

从验证方面讲，主要有两类方法，一类是以逻辑推理为基础的定理证明，另一类则是以穷尽搜索为基础的模型检查。

定理证明：将系统满足其规约这一论断作为逻辑命题，通过一组推理规则，以演绎推理的方式对该命题开展证明。基于定理证明的验证大部分是以程序逻辑为理论基础的。霍尔（Hoare）逻辑是一种典型的定理证明方法，将程序的初始状态进行形式化表述，然后使用一套公理系统对程序进行推导，验证程序是否最终满足结束断言。

模型检查：模型检查的方法通过对系统进行建模，然后遍历这个模型的所有状态，从而对模型所代表的每个状态进行检测，这样就可以从一定程度来证明该模型没有某种类型的错误。同时，这种遍历状态的技术是自动的，为在工业界的实际使用带来了可能。目前，模型检查已经运用到软硬件系统验证领域。

从精化方面来看，程序求精又称为程序变换，是将自动推理和形式化方法相结合而形成的一门新技术，它研究从抽象的形式规格推演出具体的面向计算机的程序代码的全过程。程序求精的基本思想是用一个抽象程度低、过程性强的程序去代替一个抽象程度高、过程性弱的程序，并保持它们之间功能的一致性。这里所说的"程序"与传统观点中"可以由计算机直接执行"的"程序"不同，这里的"程序"是对规格、设计文档以及程序代码的统称。在这种理解下，程序可以划分为若干层次：最高层是不能直接执行的程序，即规格，它由抽象的描述语句构成；最低层是可以直接执行的程序，称为程序代码，它由可执行的命令语句构成；最高层和最低层之间为一系列混合程序，其中既含有抽象的描述语句，又含有可执行的命令语句。

形式化的软件开发就是使软件开发人员用形式化的语言来描述软件需求和特征，并且通过推理验证来保证最终的软件产品是否满足这些需求和具备这些特征。这样的形式化方法提供了一个框架，可以在框架中以系统的而不是特别的方式刻画、开发和验证系统。如果一个方法有良好的数学基础，那么它就是形式化的，通常以形式化规约语言给出。

形式化方法的优缺点

形式化方法的长处如下：

- 形式验证是对指定描述的所有可能的情况进行验证，覆盖率达到了 100%。
- 采用形式化方法可以极大地减少系统设计开发阶段的错误，避免后期错误修改所带来的高额开销。

形式化方法的不足如下：

- 许多流行的形式化方法对于较小规模的项目是有效的，但却很难应用于一些大型系统；运用在大规模的软件系统中会出现状态空间爆炸的问题，从而导致实用性不高。
- 运用形式化验证的成本很高。
- 形式化方法中的抽象数学符号及理论对软件工程师的使用带来不便，人们要花时间和精力去学习，限制了大多数程序设计人员的学习和使用。
- 缺乏对软件生命周期内各个阶段提供全面支持的形式化方法；形式化方法不能确保开发出完全正确的软件；可能会延误项目开发周期、增加开发费用。

尽管形式化方法还存在一些问题，但是它极大减少了系统设计开发早期阶段的错误，避免了后期的高额成本开销，可提高系统设计的开发效率，是软件自动化的前提。它已经成为软件开发的一种重要方法，不过它不能代替传统方法，需要根据问题特点选择使用。将形式化方法和其他传统软件开发方法相结合以达到取长补短的目的，也是值得研究的课题。

形式化方法的研究现状及未来

所谓（软件）形式化方法，是指建立在严格数学基础上的软件开发方法。其中逻辑、代数、自动机、图论等构成了形式化方法的数学基础。对形式化方法的研究虽已开展几十年，但至今并无精确而统一的定义。可以说，凡是采用严格的数学工具、具有精确数学语义的方法，都可称为形式化方法。其目的是希望软件系统具有较高的可信度和正确性，并能使系统具有良好的结构和易维护性，能较好地满足用户要求。

软件形式化方法最早可追溯到 20 世纪 50 年代后期对于程序设计语言编译技术的研究，即 J. Backus 提出 BNF 描述 Algol 60 语言的语法，出现了各种语法分析程序自动生成器以及语法制导的编译方法，使得编译系统的开发从“手工艺制作方式”发展成具有牢固理论基础的系统方法。形式化方法的研究高潮始于 60 年代后期，针对当时所谓的“软件危机”，人们提出种种解决方法，归纳起来有两类：一是采用工程方法来组织、管理软件的开发过程；二是深入探讨程序和程序开发过程的规律，建立严密的理论，以期能用来指导软件开发实践。前者导致“软件工程”的出现和发展，后者则推动了形式化方法的深入研究。

经过 50 多年的研究和应用，如今人们在形式化方法这一领域取得了大量的重要成果，从早期最简单的形式化方法一阶谓词演算方法，到现在应用于不同领域、不同阶段的基于逻辑、状态机、网络、进程代数、代数等众多的形式化方法。形式化方法的发展趋势是逐渐融入软件开发过程的各个阶段，从需求分析、功能描述（规约）、（体系结构/算法）设计、编程、测试直至维护。

在软件定义一切的时代，软件形式化方法如何与其他软件开发方法及特定领域融合，显得尤为重要。对应于软件定义时代的软件形态的特征变化、质量的需求变化，形式化方法需要在基础概念、规约、开发和验证技术与工具上，适应更为复杂开放、动态多变、持续演化的软件形态。

在人机物融合下，需要准确、恰当地处理非形式化需求到形式规约、形式化抽象到非形式化场景和现实世界的边界建模，大量非功能规约包括社会化人因的规约，自主、自适应、自组织等新型软件结构和行为的规约、推理与验证等。在形式化方法的发展中，数学与形式化方法有着密切的互动，数学为形式化模型和推理提供了基础，而形式化方法也促进了数学的发展。形式化方法可以机械、高效、准确无误地写出复杂数学问题的可靠证明，甚至帮助解决一些长期悬而未决的数学难题，例如四色定理、罗宾斯猜想、开普勒猜想等。

形式化（工程）数学对于构建高可信智能制造软件环境也具有重要价值。形式化方法和人工智能有着密切的联系。定理证明和约束求解是符号主义流派人工智能的重要内容。如何利用人工智能的其他成果，提高形式化方法的水平是一个值得关注的方向。例如，基于机器学习帮助构建形式规约、发现不变式，或者推荐证明策略辅助形式验证、辅助规约精化和程序综合等程序综合与机器学习交叉，出现了基于深度学习和框架生成相结合的程序综合方法。另一方面，机器学习软件也是程序，研究它们的形式化方法是非常有价值的。例如，概率程序设计的形式语义、验证和调试、大数据处理程序的验证、深度学习程序的形式规约与鲁棒性验证、利用形式化方法建立更好的训练方法、研究机器学习的可解释性，都是值得探索的课题。

在新的计算模型方面，量子程序设计的理论成为形式化方法发展的新内容。形式化方法已经应用到量子程序设计语言的语义分析、关键性质的推理，也出现了量子计算的程序逻辑和模型检验方法。由于量子程序和传统程序相比有很大的不同，特别是由于量子叠加和纠缠的存在，建立系统的量子计算的形式化方法，并开发有效的验证技术才刚刚起步。

计算思维的渗透性也带动了形式化方法与其他学科的交叉融合。例如在生物研究领域，计算建模和分析已经成为一种重要方法。这些研究有力地促进了混成系统形式化方法的发展，也促进了医疗生命科学的发展，并为医工结合交叉提供了一个明确的方向。

思考题

1. 什么是形式化方法？
2. 形式化方法具有哪些优点和不足？

5.2　模型检查

模型检查（model checking）是一种重要的自动验证技术。它最早由 Clarke 和 Emerson 以及 Quielle 和 Sifakis 在 1981 年分别提出，主要通过显式状态搜索或隐式不动点计算来验证有穷状态并发系统的模态 / 命题性质。由于模型检查可以自动执行，并能在系统不满足性质时提供反例路径，因此在工业界比演绎证明更受推崇。尽管限制在有穷系统上是一个缺点，但模型检查可以应用于许多非常重要的系统，如硬件控制器和通信协议等有穷状态系统。很多情况下，可以把模型检查和各种抽象与归纳原则结合起来验证非有穷状态系统（如实时系统）。（百度百科）

在计算机科学中，模型检查或属性检查涉及以下问题：给定系统模型，详尽并自动检查该模型是否满足给定规范。通常考虑到硬件或软件系统，而规范包含安全规范，例如，没有死锁和可能导致系统崩溃的类似关键状态。模型检查是一种自动验证有限状态系统正确性的技术。（维基百科）

软件模型检查是验证系统可靠性的一种强大方法。模型检查通过自动遍历系统的有穷状态空间来检验系统的语义模型与其性质规约之间的满足关系。

模型检查已被证明可以有效地检测真实分布式系统实现中的细微错误。这些工具通过从初始状态开始并重复执行所有可能的操作到该状态及其后继状态，系统地枚举系统的所有可能执行序列。这种状态空间探索使诸如网络故障之类的罕见动作看起来像常见的一样，从而快速驱动目标系统（即我们检查的系统）进入使得细微错误能够浮出水面的角落情况。

模型检查是一种能够系统地证明目标系统的行为正确无误的自动化方法。模型检查对目标系统进行建模，并且给出感兴趣的规范，之后模型检查能够自动化地遍历每一个系统状态并检测该模型是否满足规范，若不满足则能够提供出违反规范的反例。

模型检查的意义

测试的目的是发现目标系统中的 bug，但是无法说明该系统不存在 bug。这是由于测试不能考虑到目标系统的所有可能的情况，然而系统的一些意想不到但后果很严重的 bug，往往存在一些测试很难考虑到的系统边界状态。所以测试基本上很难发现这些 bug，因此测试对于一些安全攸关的系统而言是远远不够的。

模型检查弥补了这个缺陷，其对目标系统进行建模，自动化地遍历系统所有可能的状态（包括上述边界情况），在每个状态上对系统应该满足的性质进行验证，如果有违反性质的情况出现，模型检查器会报告违反的反例，这样技术人员可以根据反例来修改系统从而修复这些 bug。如果目标系统通过了模型检查，这样能够保证目标系统一定不会出现违反某些性质的 bug。

模型检查方法

目前的模型检查分为两种：基于自动机建模的方法和实现级模型检查。

基于自动机建模的方法。使用 Kripke 结构等建模方法将系统建模成状态迁移模型，如下表示：

$$K \triangleq (S, S_0, R, \delta)$$

其中：

S：表示系统状态的有限集合。

S_0：表示系统的初始状态。

R：表示状态之间的迁移关系（$S \to 2^S$）。

δ：表示一个状态与原子命题（AP）之间对应关系的标签函数（$S \to 2^{AP}$）。

之后技术人员根据感兴趣的性质，用合适的时序逻辑（LTL、CTL 等）对性质进行描述，表示成 ϕ_P，之后对模型 K 的状态进行遍历，检测所有状态是否满足 ϕ_P。

实现级模型检查。基于自动机的模型检查不能直接应用在实现好的软件系统上，而是要将已经实现的系统转换成自动机模型再使用上面介绍的方法进行验证。这样做会带来一些问题，首先现在缺少高效的转换工具，所以转化成自动机模型会带来大量的工作；其次转换过程中会引入一些不一致，这些不一致主要是出现在系统实现和自动机模型之间的不一致。同时，基于自动机的模型检查还运用在系统设计阶段，然后在验证过的模型的基础之上进行系统的实现。所以使用这种方法时，即使自动机模型通过了模型检查，也无法保证系统的最后实现能够真正地满足性质 ϕ_P。

然而实现级模型检查直接对系统的实现进行验证，即实现级模型检查直接对高级编程语言（C、C++、Java 等）进行检测，这样做的好处在于避免了模型和最后的系统实现之间的不一致性。

实现级模型检查通过对目标系统的运行进行控制，探索出目标系统所有可能进行事件的执行情况，每一种情况都对应了相应的系统状态，这样做可以像基于自动机的模型检查一样，遍历目标的所有状态，然后在系统状态上进行检测。使用实现级模型检查，可以保证实现出来的系统不会出现违反某些性质的 bug。

模型检查原理

基于自动机建模的方法。绝大多数系统都可以构建成自动机模型，即在某个状态下，系统可以进行哪些操作且系统会迁移到什么样的状态。

将系统构建成抽象自动机模型，通过使用自动机的一些知识来遍历该状态机的所有状态，从而检查该模型是否满足规格 ϕ_P。所以自动机是该方法的理论基础。

由于模型检查通过自动遍历系统的有穷状态空间来检验系统的语义模型与其性质规约之间的满足关系，所以对感兴趣的系统性质的规约也是很重要的一点。因此，需要通过一些时序逻辑对其进行表述，如 AG_ϕ，其表示在系统中每条路径的每个状态都满足原子性质 ϕ。

我们可以发现 Kripke 结构等建模方法是将目标系统建模成一个有限状态自动机，然而在现实中，很多系统的状态是无限的，所以将其转换成有限状态自动机就需要一些特殊的处理。需要对系统状态进行一些抽象或者等价类划分，将一类相似的状态抽象成一个状态，通过提供抽象状态与实际状态之间的映射关系，这样就可以大量减少无限状态模型的状态数，将其抽象成一个有限空间的自动机模型来进行模型检查。

当然，现实中的一些系统虽然可以建模成有限状态的模型，但是模型中的状态可能非常多，对于内存而言无法存储这么多的状态数据。这个时候又提出了一些技术来对状态空间的表示进行一些约简。

实现级模型检查。实现级模型检查就是直接对用高级语言实现的系统进行模型检查，通过控制目标系统的运行来遍历系统的状态。其做法就是当系统进入到一个状态之后，分析系统在当前状态下可以执行的操作，然后阻塞系统，并依次选择每种可能的操作让系统来执行，并对新进入的系统进行同样的探索。常用的探索策略有深度优先探索（DFS）、广度优先探索（BFS）。

深度优先遍历就是在上面介绍的探索方法中，每次让系统执行一个操作后直接对后续状态进行迭代，直到某个停止条件满足再探索其他操作。广度优先遍历就是每次在一个状态下将每一个操作都执行完才去探索后续操作。

随着软件规模的增长，目前系统中存在很多并发事件，由于并发事件的发生顺序存在不确定性，所以它们的执行顺序是不确定的。不同的并发事件执行顺序会将系统驱动到不同的状态，而这些执行序列中的某一个可能会导致现实中一些难以发现但后果很严重的 bug，所以实现级模型检查器就是要检查所有可能的执行序列，从而找到这些 bug。

在实现级模型检查中，由于要重排序的操作数量很多，会面临排序空间爆炸的问题，所以研究者提出了几种对排序进行约简的方法，如等价类划分、偏序约简和随机方法等。

模型检查实例

图 5-1 所示是一个有多个节点的分布式系统，其中 S_1 节点是 leader，此时有两个客户端 A 和 B 要在节点集群上分别建立 1 个文件，模型检查器使用 arbiter 来收集系统当前可执行的操作，并在阻塞这些操作的同时对操作进行调度。

对上述系统进行模型检查可以得出 6 条不同的操作序列（图 5-2），这 6 条执行序列就可以遍历上面场景中所有可能的系统状态，而完全的序列排列是 4!=24 条，但其中通过排除法可以筛选掉大部分不需要的序列。

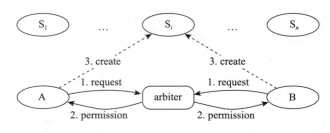

图 5-1　分布式系统

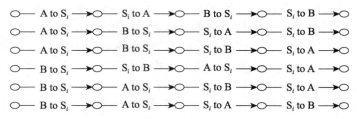

图 5-2　约简后检测序列

模型检查的优缺点

长处：模型检查可以在系统开发的各个阶段使用，保障每个阶段的可靠性。同时，使用模型检查能够在一定成本下遍历系统状态，可以系统地证明某个目标系统一定不存在某种类型的 bug，解决了测试只能发现 bug 而不能说明某种 bug 不存在这一问题，从而增加开发人员对系统的信心。

不足：需要对模型检查所用到理论有长时间的深入研究，而且实现模型检查器的开发成本高，理论要求高。同时，对于不同的目标系统目前不存在很好的通用模型检查工具，所以模型检查器的重用性低，每当更换目标系统时也需要对模型检查器进行相应的改变。

模型检查工具现状

符号模型检查工具（Symbolic Model Verifier，SMV）：

- SMV 用以检测一个有限状态系统是否满足 CTL 公式。
- 它的建模方式是以模块为单位，模块可以同步或异步组合，模块描述的基本要素包括非确定性选择、状态转换和并行赋值语句。
- 其模型检查的基本方法是以 BDD 表示状态转换关系，以计算不动点的方法检测状态的可达性及其所满足的性质。

新符号模型检查工具（New Symbolic Model Verifier，NuSmv）：

- 对 SMV 重构的模型检查工具。
- 支持计算树逻辑（CTL）和线性时序逻辑（LTL）描述的所有规范。
- 整合了以 SAT 为基础的有界模型检查技术。

显式模型检查工具（Simple Promela Interpreter，SPIN）：

- SPIN 用以检测一个有限状态系统是否满足 PLTL 公式及其他一些性质，包括可达性和循环。
- 建模方式是以进程为单位，进程异步组合，进程描述的基本要素包括赋值语句、条件语句、通信语句、非确定性选择和循环语句。
- 基本方法是以自动机表示各进程和 PLTL 公式，以计算这些自动机的组合可接受的语言是否为空的方法，从而检测进程模型是否满足给定的性质。

- 建模语言为 PROMELA（PROcess MEta Language），基于进程结构，有类似 C 语言的结构。

SAMC 模型检查工具：

- SAMC 通过对白盒信息进行分析，从而进一步细化事件之间独立性的判断。
- 建模方式是以进程或者节点为单位，让系统探索出所有可能的序列。

思考题

1. 模型检查方法具有哪些特点和优势？
2. 模型检查方法存在哪些问题？
3. 模型检查方法有哪些支持工具？

5.3　定理证明

随着计算机技术的飞速发展，人类脑力劳动的机械化有了实现的可能性，可为科学研究与高新技术研究提供有力工具，使科研工作者摆脱烦琐的甚至是人力难以胜任的工作，进行更高层次的创新性研究，从而提高知识创新的效率。由此诞生的数学机械化研究，不仅为数学的发展提出了一种新构想，也将为信息技术的创新发挥重要作用。与此同时，计算机已经渗透到社会生产和人类生活的方方面面，然而，与计算机相关的各种故障足以造成巨大的经济损失。2017 年全球爆发的勒索病毒（WannaCry）源于 Windows 操作系统的漏洞（MS17-010）。早在 1994 年，奔腾处理器的浮点除运算错误使得英特尔公司不得不召回成百上千万芯片，损失约 4.5 亿。更为严格的研发方法能够避免许多这样的错误。在这些方法中，机械化定理证明是被学术界广泛认可的形式验证技术，并在工业界获得了越来越多的成功应用。

定理证明的基本概念

宏观来说，机械化定理证明是指使用计算机，以定理证明的方式对数学定理或计算机软硬件系统进行形式验证，是人工智能（Artificial Intelligence，AI）的一种体现。Leibniz G. W. 早在 17 世纪时就形成了由机器证明定理的思想，然而直到 19 世纪末现代逻辑的创立和发展，以及 20 世纪 40 年代计算机的出现，才使得这一设想的实现具有可能性。

具体而言，定理证明是一种推理技术，其中系统及其特性均用某种逻辑公式表达，这种逻辑由一组公理和推导规则给出。定理证明就是一个从系统的公理推导某一特征的证明过程。证明过程中引用了公理和规则，并尽可能采用导出定义和中间引理，尽管可以手工证明，但我们强调的是机器辅助证明。在软硬件中对安全性要求较高的特性的机器验证方面，定理证明器的使用不断增多。

定理证明的研究意义

20 世纪 50 和 60 年代，机械化定理证明围绕计算机如何高度自动化地完成证明而展开。受当时倡导的人工智能的影响，自动定理证明（Automated Theorem Proving，ATP）技术的研究经历了一段炽热的研发期，也取得了许多具有影响力的成果。但是随着新问题、技术和思想的到来，完全自动定理证明的研究渐入停滞期，对于大多数有意义的数学定理或计算机系统的正确性，交互式地进行证明可能是唯一可行的工作方式。

自动定理证明最初旨在证明数学定理。不过，McCarthy J. 同时指出：计算机能够检查的不仅是数学证明，而且还包括复杂工程系统以及计算机程序是否符合规范。事实正是如此，从 60 年代晚期开始，人们认识到许多其他问题，譬如程序属性、专家系统和集成电路设计相关的许多问题等，都可以表示为定理，进而由自动定理证明工具予以解决。并且，对于程序的机械化验证而言，交互式方式比完全自动化更为适用，也促进了许多研究从完全自动化转换到交互式方式。

交互式定理证明（Interactive Theorem Proving，ITP）在 20 世纪 60 年代开始呈现，交互式定理证明工具也称为证明助手（proof assistant）。交互式意味着用户能够引导证明过程，在这个过程中，用户使用某种语言编写证明纲要（outline），证明助手自动填充证明的细节并检查证明，最终机器完成整个形式证明。这种证明纲要的思想最初体现在 Wang H. 于 1960 年的著作中。McCarthy J. 在 1961 年也指出：相比完全手工的数学证明，由计算机检查的证明（纲要）可能更为简短且易于编写；在证明（纲要）的引导下，计算机能够生成大量证明细节，并检查每步证明的正确性；对于这些大量的、机械性的证明工作，人工是很难胜任的。

定理证明的基本理论

19 世纪末，德国哲学家、逻辑学家及数学家 Frege G. 试图证明"所有数学都可归为逻辑"，结果创立了谓词逻辑。20 世纪，德国数学家 Hilbert D. 试图证明数学是没有矛盾的，他创建了现代证明理论。荷兰数学家和哲学家 Brouwer L. 同样为了研究数学基础而开创了直觉主义的数学哲学。建立在这些基础之上，许多数学家、逻辑学家和计算机科学家在进一步研究过程中提出了新的理论，在实践中不断发现新问题，并给出有意义的解决方案。机械化定理证明的理论基石和支撑技术就来自这些交织进行的研究发展，并在长达约 60 多年的持续研究过程中稳步向前推进。

定理证明领域当前的研究包括但不限于：一阶逻辑（first-order logic）和基于消解（resolution-based）的证明技术，这也是机械化定理证明研究得最久并仍然活跃的领域；自然演绎和类型理论关联起来的 Curry-Howard 同构（correspondence），这是当前以类型论为基础的证明助手的理论基石；被广泛研究的程序的机械化验证，该领域主要使用三种编程逻辑（logics of programming）和相关的编程语言语义（semantics）；还有在当时相当激进但却获得了成功的基于高阶逻辑（higher-order logic）的硬件验证；以及程序构造（program construction）和求精（refinement）的方法。

定理证明的基本方法

对程序进行推理可以使用特定的针对程序验证而开发的逻辑，如 Floyd-Hoare 逻辑，或者直接作用在编程语言的语义上。可以将程序视为形式化的数学对象，将程序规范视为数学对象具有的性质，因此可以将程序验证理解成形式化的数学证明。以下主要分析 Hoare 逻辑编程。

Floyd-Hoare 逻辑也称为归纳断言（inductive assertion）。1967 年，Floyd 提出了证明程序正确性的基本思想：程序表示为流程图，断言表示在流程图的边上。1969 年，Hoare 将流程图方式的断言表示为三元式，由前置断言、程序和后置断言组成。Hoare 给出了简单命令式语言成分的公理和推理规则，称为 Hoare 公理系统。在这个公理系统中，公理和命题都是形如 $\{P\}S\{Q\}$ 的三元式，P 和 Q 都是一阶逻辑公式。三元式表示的意思是：如果程序 S 执行前 P 为真，且执行完后 Q 成立，那么这个三元式成立。因此，若一个命题 $\{P\}S\{Q\}$ 为真，其表达的意思是：如果 P 在执行 S 前为真，并且 S 能够终止，那么 Q 在 S 终止时为真。Hoare 公理系统吸引了众多学者对其展开后续研究。这些研究包括循环不变式的构造、支持并发、指针等语言特性、终止性问题、该公理系统的可靠性和完备性问题等，产生了很多研究成果。其中，1975 年 Dijkstra E. W. 提出了最弱前置条件（weakest precondition）和谓词转换器（predicate transformer），成为开发循环不变式的指导思想。归纳断言系统除了需要自动定理证明工具之外，验证条件生成器（Verification Condition Generator，VCG）是另一个重要组成部分。通过验证条件生成器将断言转换为验证条件，即一阶公式，然后再由自动定理证明工具进行证明。早期基于 Floyd-Hoare 逻辑的大型验证工具是 Stanford Verifier 和 Gypsy Verification Environment（GVE）。当前许多工业应用的程序验证工具都采用了这种基于验证条件的程序验证方式。这种语言是 C# 的扩展，其源程序可以包括方法契约（contract）、不变式、类、成员以及类型的注解（annotation）。在归纳断言这种方法中，程序以及加在程序上的注解被转换成大量逻辑公式，当这些公式未通过证明时，难以确定究竟是程序出了问题，还是注解出了问题，而支持封装、继承、多态等面向对象特性编程语言的语义复杂性更加剧了这一问题的严重性。因此，在高级编程语言功能越加复杂化的情况下，通过 Hoare 逻辑验证程序正确性的方式遇到了挑战。

旨在验证程序正确性的 Hoare 公理系统也被看成一种公理语义（axiomatic semantic）。公理语义没有操作语义中 "状态" 的概念，程序变量的取值反映在断言中。语义建立在这种断言上：断言是关于程序中变量取值的逻辑公式，这些值随着程序的执行而发生改变，但是存在着某种保持不变的关系，程序执行前的初始断言和执行后的终止断言反映了这些不变式关系，表示这段程序代码的语义。

定理证明的研究案例

最典型的定理证明研究案例就是非常著名的定理证明器工具 Coq。Coq 是当前被广泛用于机械语义研究的交互式定理证明器，其基本理论是归纳构造演算，并提供交互式的证明环境。归纳构造演算是一个形式系统，结合了构造逻辑和依赖类型的最新进展。Coq 中的归纳类型扩展了传统程序设计语言中有关类型定义的概念，融合递归类型和依赖积，更精确并具有更强的表达能力。与其他一些证明工具相比，Coq 尤为适合对程序设计语言的语法和语义进行精确的表示。例如，Isabelle /HOL 也是一个定理辅助证明工具，也可用于机械语义研究中，但由于 Isabelle/HOL 缺少依赖类型，因此在证明一些正确性属性时，证明的代码量相对较多。Coq 中经常使用的是归纳数据类型和归纳谓词。归纳数据类型可用于对数据类型进行建模，它可以表示无限集合，且每个元素都是可以在有限步骤内构造的。采用合适的定义手段，归纳数据类型可用于表示抽象语法树。归纳谓词可以对程序和数据的各种属性进行公式化，并可表示各种归纳数据类型之间的关系，它适合于描述程序的操作语义，即程序语法和执行状态之间的规约关系。具体来说，可用一阶抽象语法和高阶抽象语法来表示程序的语法，并根据相应的语法表示定义不同类型的形式语义。在定理证明器 Coq 和机械语义研究中，具有代表性的应用是 CompCert，该项目对一个完整且真实可用的编译器编译过程进行了正确性的形式化验证，使用 Coq 对整个编译过程的正确性（语义可保持性）进行了证明。

定理证明的国内外研究

机械化定理证明在实际应用中产生了丰硕的研究成果，包括数学、编译器验证、操作系统微内核验证和电路设计验证等几个具有影响力的研究领域。

在数学领域，最早提出 "数学机械化" 思想，并做出卓越贡献的是美籍华裔数理学家王浩先生。他于 1959 年编写了一个计算机程序，实现了带有相等关系的谓词逻辑，在很短的时间内证明了 Russell B. 和 Whitehead A. 所著的数学原理中的几百条定理。秉承数学机械化的思想，针对几何定理的机器证明，吴文俊在 1977 年提出了 "吴方法"：待证定理由坐标间的代数关系表示，从而将平面几何问题代数化，再通过多项式的消元法进行验证。这种方法既可以手工完成，又可方便地以计算机编程进行实现，被进一步推广到一类微分几何问题上。

在编译器验证领域，自 20 世纪 90 年代起，许多编译器验证的证明助手被开发出来。使用 HOL，Curzon P. 基于指称语义证明了一个结构化的汇编语言 Vista 到目标 Viper 微处理器的编译。同样基于指称语义，Calvert D. 使用 PVS，对 Stepney S. 给出的一个学习案例进行了实现，该案例的源语言 Tosca 是一种小型但并不简单的高级语言，目标语言是典型汇编语言。到 20 世纪末和 21 世纪初，证明助手已渐趋成熟，加之结构化操作语义和自然语义的出现，为实际编程语言编译器的验证创造了良好条件。最具代表性的两个项目是使用 Coq 的 C 编译器 CompCert，以及使用 Isabelle/HOL 的 Java 编译器 Jinja 和 JinjaThread。

在微内核验证领域，2014 年第一个验证的操作系统微内核 seL4 开源发布，这是一个持续了约 20 年开发的研究成果。seL4 作为 L4 操作系统验证家族的第三代，致力于形式化验证可潜在应用于强调安全和关键性任务的操作系统内核程序，提供了最基本也是最重要的操作系统服务：线程、进程间通信、虚拟内存、中断、授权机制等。整个系统可分为两部分，安全的操作系统内核源程序和该源程序到 ARM 机器码的翻译确认。南京大学的冯新宇等人在操作系统微内核验证方面也做出了比较有影响力的研究成果。他们使用 Coq，针对抢占式多任务操作系统内核的形式化验证提出了一个实际的验证框架，将操作系统内核 API 实现的正确性建模为其抽象规范的上下文求精（contextual refinement），并成功地应用在嵌入式操作系统 µC/OS-Ⅱ 关键模块的验证中。

鉴于大规模集成电路的高额成本，以及它们在许多安全攸关领域的应用，硬件设计验证显得越来越重要。相比软件而言，硬件设计的特性更益于进行自动验证，在工业界也有许多成功应用。硬件验证传统上采用模拟技术，不过，学术界和工业界一直也在研究使用定理证明技术奠定更为可靠的硬件电路设计的正确性，对于早期的工业级验证，由 Moore J. S. 和 Lynch T. 等人完成了 AMD K5 微处理器的浮点小数除法的正确性验证，使用的是自动定理证明工具 ACL2。之后 Russinoff D. M. 对 AMD K7 的浮点乘、除和开方算法进行了验证。ACL2 也经常和其他工具结合，广泛应用于数字电路的验证。Sammane G. A. 和 Schmaltz J. 等人结合符号模拟技术，设计了 TheoSim 对片上网络体系结构进行了初步验证。不过，与模拟技术的结合会损害完整性，而与模型检查器的结合会影响可伸缩性——在验证大规模集成电路时，状态转换检查成指数倍增长。

定理证明的优缺点分析

定理证明的优点如下：

- 高可靠性。它以数理逻辑和类型论的经典研究成果为基础，由计算机自动或半自动地完成并检查证明，这种机械性证明的可靠性远胜人类的手工证明。
- 可执行性。除了提供可靠的证明结果，大多证明助手都支持可执行性，能够生成可执行代码获得原型工具，通过运行测例，确认（validate）所定义的形式规范的合法性。
- 共享性。具有类似逻辑基础的不同证明助手之间能够共享证明结果，如 Isabelle/HOL 和 HOL4 及 HOL Light 之间。这种共享性避免了重复研究，也推进了机械化定理证明技术在工业界的应用。

由于使用和理解的复杂性，定理证明的缺点也非常的明显：

- 并发程序的机械化证明。并发程序的验证一直是具有挑战性的难题，而机械化证明的研究成果更为少见。
- 支持并发的面向对象语言的编译器验证。虽然出现了一个验证的、支持面向对象特性和线程的 Java 编译器，但是并没有考虑字节码到本地二进制码的正确翻译。此外，并发以及可执行性都是需要进一步解决和完善的。
- 机械化定理证明的开发成本较高，使用和掌握比较困难，需要探讨解决方法的问题。

5.4　仿真

仿真（simulation），即使用项目模型将特定于某一具体层次的不确定性转化为它们对目标的影响，该影响是在项目整体的层次上表示的。项目仿真利用计算机模型和某一具体层次的风险估计，一般采用蒙特卡罗法进行仿真。（百度百科）

计算机仿真技术是利用计算机科学和技术的成果建立被仿真的系统的模型，并在某些实验条件下对模型进行动态实验的一门综合性技术。它具有高效、安全、受环境条件的约束较少、可改变时间比例尺等优点，已成为分析、设计、运行、评价、培训系统（尤其是复杂系统）的重要工具。

计算机仿真技术主要利用模型来模仿实际系统所发生的反应。计算机仿真技术应用了多种技术，对系统的结构、功能、行为以及参与系统控制的人的思维过程和行为进行动态性的、逼真的模仿。

计算机仿真技术是新兴的计算机技术与其他领域技术融合的产物，主要是通过相似原理对计算机系统功能、行为等方面进行优化和调整，使其与人类的思维方式、行动模式更接近，形成一种逼真的效果。一方面通过多媒体放映使人在浏览的同时有一种身临其境的真实感；另一方面是应用于控制系统之中，使系统工程模拟人类的思维和行为，降低人力劳动成本，提高品质，提高工作效率。

仿真的意义

仿真是为了模拟实际中可能发生的情况。为了确保软硬件设计的成功，消除代价昂贵并且存在潜在危险的设计缺陷，就必须在设计流程的每个阶段进行周密的计划与评价。尽管无法替代提供测量并评估最终行为的实际原型方法，但是仿真给出了一个成本低、效率高的方法，能够在进入更为昂贵费时的原型开发阶段之前找出问题所在。因此，最佳的设计流程需要将仿真与原型开发混合进行。

此外，仿真提供了更多优点，它能够使设计者深入了解难以测量或无法测量的系统特性。举例而言，在电路设计时，蒙特卡罗分析通过用随机改变的元件参数运行数十次、数百次迭代分析，使设计者能够深入了解元件公差对电路或设计整体工作方式的影响。在生产级别或原型开发级别进行蒙特卡罗分析在经济上是不可行的，因此仿真方法提供了对电路特性进行深入了解的低成本的有效途径。

仿真技术的发展

20 世纪初，仿真技术已得到应用。例如在实验室中建立水利模型，进行水利学方面的研究。40～50 年代，航空、航天和原子能技术的发展推动了仿真技术的进步。60 年代，计算机技术的突飞猛进为仿真技术提供了先进的工具，加速了仿真技术的发展。

利用计算机实现对于系统的仿真研究不仅方便、灵活，而且也是经济的。因此计算机仿真在仿真技术中占有重要地位。50 年代初，连续系统的仿真研究绝大多数是在模拟计算机上进行的。50 年代中，人们开始利用数字计算机实现数字仿真。计算机仿真技术遂向模拟计算机仿真和数字计算机仿真两个方向发展。在模拟计算机仿真中增加逻辑控制和模拟存储功能之后，又出现了混合模拟计算机仿真，以及把混合模拟计算机和数字计算机联合在一起的混合计算机仿真。在发展仿真技术的过程中，已研制出大量仿真程序包和仿真语言。70年代后期，还研制成功了专用的全数字并行仿真计算机。

计算机仿真在某种程度上可以代替带有危险性的实物实验。例如在核领域，未来的核试验不用真实的核弹而是用计算机仿真技术来进行。1996年9月10日，联合国通过了《全面禁止核试验条约》，条约表明了核试验在实际爆炸方面的结束。而目前的现实是，许多发达国家和部分发展中国家，即使不进行实际的核试验，也能运用高速大规模计算机在三维空间对核爆炸的全过程进行全方位的模拟。与计算机仿真核试验类似的还有航空、航天、武器系统的实物试验，随着计算机仿真技术的发展，都将大量采用该技术进行试验。

计算机仿真可以代替无法或很难进行的实物实验，可应用在社会、经济、生态、生物等社会科学领域。例如2004年美国灾难仿真系统对飓风做出了比较准确的预测，在飓风发生40个小时以前都可以准确指明飓风登陆的时间和方位。

仿真的原理与分类

计算机仿真技术主要包括三个阶段，分别是建立数学模型、数据模型程序化和仿真实验。如图5-3所示。

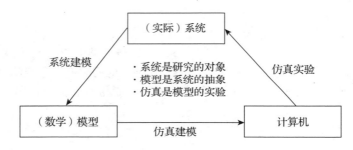

图5-3　计算机仿真技术的原理图

建立数据模型。实现仿真技术的首要条件就是建立数据模型，这就要求工作人员必须收集有效科学的数据，并且根据特定的数学方法为这些数据建立模型。需要注意的是，完成这一步骤就需要建立特定的数据模型，绝不能忽视了各种规律而采用不符合数学要求的归纳方法，最终难以对数据进行有效仿真。

数据模型程序化。即实现数据模型，这是计算机仿真技术产品的最关键步骤。建立数据模型，等同于将数据模型编制成一种可用的程序。实现数据模型，就相当于将仿真算法和仿真程序编制出来，是实现仿真实验的前提，如果没有数据模型的支持，那么仿真实验将没有办法进行。

进行仿真实验。进行仿真实验是计算机仿真技术中最重要的步骤。仿真实验其实并不复杂，人们只需要使用特定的计算机程序，将模型载入其中，就能够将这些数学参数和数据表达出来。这一步骤的实现，使仿真模型能够被人们直观了解，为仿真实验提供了有效的技术基础。在工业生产的多个领域中，人们不断地用仿真实验得出相应的数据，对成果加以总结和修正，不断地改进相关的技术，为该领域的进步打下了良好的基础。

分析结果。经过多次仿真实验后，对获得的实验数据进行整理和分析，通过对实验结果进行评价，选出最优系统或最佳值。

验证结果。为确保仿真模型的有效性，需要对其进行验证。采用相应方法对仿真模型中的数据展开验证，并根据评判标准对验证结果进行评定，从而确定该仿真模型是否满足需求。

仿真技术可以按不同原则分类:

- 按所用模型的类型（物理模型、数学模型、物理 - 数学模型）分为物理仿真、计算机仿真（数学仿真）、半实物仿真。
- 按所用计算机的类型（模拟计算机、数字计算机、混合计算机）分为模拟仿真、数字仿真和混合仿真。
- 按仿真对象中的信号流类型（连续的、离散的）分为连续系统仿真和离散系统仿真。
- 按仿真时间与实际时间的比例关系分为实时仿真（仿真时间标尺等于自然时间标尺）、超实时仿真（仿真时间标尺小于自然时间标尺）和亚实时仿真（仿真时间标尺大于自然时间标尺）。

建立仿真模型和进行仿真实验的方法可分为两大类:连续系统的仿真方法和离散事件系统的仿真方法。人们有时将建立数学模型的方法也列入仿真方法,这是因为对于连续系统虽已有一套理论建模和实验建模的方法。但在进行系统仿真时,常常先用经过假设获得的近似模型来检验假设是否正确,必要时修改模型,使它更接近于真实系统。对于离散事件系统建立数学模型就是仿真的一部分。

仿真的优缺点

仿真的长处如下:

- 模拟运行的可控性强,自动化程度高。计算机仿真技术以计算机为实验工具,利用相关软件或算法编写仿真程序,通过计算机指令控制整个实验进程,实验人员可以根据情况随时人为地进行设定和修改,所以可控性强。
- 模拟时间具有可伸缩性。由于计算机仿真技术可控性强,时间参数可以进行人为的设定和修改,因此时间上有着很强的伸缩性,实验人员可以在较短时间内得到仿真运算的结果,节约实验时间,提高实验效率。
- 模型参数可任意调整,模拟试验的优化性高。由于模型参数可任意调整,因此可利用这一特性对实验参数进行改变,多次重复进行模拟实验,对得到的不同结果进行比较,从中找出最佳方案。也可根据结果修改数据模型,直至得到最满意的结果,从而选出最优模型。
- 运算结果准确可靠。只要系统模型、仿真模型和仿真程序是科学合理的,排除计算机硬件故障,其运算结果在一定程度上就是准确无误的。

仿真的不足如下:

- 由于建模、实现模型等需要涉及一些人为的工作,所以可能会引入一些人为错误。
- 不能百分百地找到设计中所有的缺陷。
- 由于模拟次数有限,对于找到的设计缺陷存在一定的随机性。

仿真技术的应用现状

教育领域。各大高校越来越重视学生的动手操作能力,计算机模拟实验是学生学习与考核的重要手段和工具。计算机仿真技术进入教育领域将会给高校的计算机教程带来更大的革新和发展。

工业领域。工业领域也是非常依赖计算机仿真技术的一大领域。在工业领域中,产品的生产同样包括许多个环节,如果对所有设计的产品都加以生产,那么将花费无数的时间和人力财力,明显是不划算的。仿真技术支持工业领域的工作人员反复进行仿真实验,通过仿真实验得到许多有用的数据和参数,并对这些产品加以修正和改进,最终研制出更加理想的产品。仿真技术在工业领域的应用极大降低了工业生产的成本,也减少了工业污染的产生,使产品更具经济性和安全性。

军事领域。军事领域是我国最早应用仿真技术的重要领域。由于军事领域涉及的技术太多，如军事武器的设计、生产、研发以及使用和维护，如果没有仿真技术的支持，那么政府即便花费无数的人力、物力和财力也没有办法快速发展军事领域。事实上，仿真技术为军事领域的各个流程提供了一种模拟路径，使用仿真实验不断地对武器的生产和研发进行修正与管理，最终得出最精确的参数和最准确的决策。

仿真技术的未来发展

网络化。目前计算机仿真技术建立起的模型还不能完全实现网络化的共享和传播，还存在一定的兼容问题。随着计算机网络技术的发展，计算机仿真产物网络化的实现可以期待。计算机仿真网络化的实现可以有效避免相同产物跨越行业、跨越物理界限的二次开发，实现交流共享和兼容，为更多专业领域提供技术支撑和辅助。

虚拟制造。虚拟制造可以实现对设计模型的制造控制，为大力提升制造业制造技术提供支持，推动制造业向现代化、信息化方向更进一步。

智能仿真。目前计算机仿真技术在模型建立、推演分析等方面还处于需要人工输入数字化指令的阶段，在未来，计算机仿真技术的网络化可以帮助仿真技术实现对数据的动态更新，通过数据的变化，根据用户的描述进行智能化模拟，并不断进行修正和维护，为诸多领域的规划、发展提供最优方案。

思考题

1. 仿真的作用是什么？

5.5 容错计算

容错计算是指在系统存在故障的情况下，仍能正确地执行给定的算法。为了实现这一点，必须使系统具有故障检测与诊断、功能切换与系统重组（reconfiguration）、系统恢复与重新运行、系统重构（reintegration）与可扩展等功能，而且这些功能不能影响系统的正常运行，或至少不能使系统的性能下降到不能容忍的程度。

容错计算的意义

容错计算对于软件质量保证极其重要。容错计算保证了软件的失效率，保证了良好的鲁棒性和良好的用户体验，从而保证了设计出来的软件的质量。

对于开发者来说，容错计算技术的加入，提升了前期软件项目编写的全面性，且能使得后期的错误维护等工作变得更加方便，提升开发效率。而且，容错计算的使用避免了生产生活中出现的极其严重的失误导致的损失，维护了开发者的利益。

从使用者的角度来说，容错技术的加入增加了应用程序的鲁棒性，给用户的反馈更加直接且快捷，提升了使用软件的舒适性。在用户的淘汰机制下，可靠的软件会脱颖而出，这对软件的质量有反作用力。在用户的"口味"日益刁钻的前提下，软件开发者会进一步调高软件质量，从而保证了软件质量。

最后，从社会角度而言，对于整个社会，容错技术的进步维护了社会的稳定发展，越来越可靠的系统的出现会使人类接受更智能化的生活，与我们的生活息息相关。稳定的社会需求需要我们使用容错计算来提高软件的保障性能。

容错计算方法

　　软件容错方法。20 世纪 70 年代中期出现了新的容错方法，采用多处理器和特别设计的操作系统来达到容错。这种方法避免了上一代容错系统处理器的主从关系，以及连接至所有子系统的双路径。更重要的是，新方法在商业应用中第一次提供了联机修理功能，即故障部分的移出和更换都不影响正在运行的应用程序。具有这种性能的系统的主要结构特点包括处理器重复、双存取输入输出控制器、冗余电源系统和一个以信息为基础的操作系统。

　　这种以软件为基础的容错系统以检查点为最基本的恢复机能。每一个运行中的进程都在另一处理器上备有完全相同但并不活动的后备进程。如原进程内发现不能恢复的故障，则后备进程可用来替换它。原进程定时将关键计算点通过消息方式送到后备进程。若操作系统发现原进程失效，则"唤醒"后备进程，后备进程可从最后一个检查点开始恢复计算。检查点是一个简单概念，但要想在应用系统中有效使用检查点，则需有高度的编程技巧和对系统的详细了解。同时，检查点的使用将导致对计算机系统的资源消耗比正常大 25%。

　　此外，软件冗余的典型技术还包括防卫式程序设计、恢复块方法和 N 版本程序设计。

　　硬件容错方法。由于软件的费用越来越高，停机时间造成的损失越来越大，维修投资越来越多，而硬件的成本越来越低，故以 Stratus 为代表的硬件容错技术在 80 年代初开始出现。某些计算机厂商为了提高产品可靠性，采用了如"磁盘镜像""数据重读"等容错技术，但这些产品都还不能称作容错系统。真正意义上的硬件容错系统应该具有以下 5 个特性：

- 双总线体系结构。
- 双重冗余部件，包括 CPU、内存、通信子系统、磁盘、电源等。
- 自检逻辑排除故障。
- 自动隔离故障部件。
- 联机更换故障部件。

　　具体地说，双总线及双重冗余部件确保了系统在某一部分发生故障时仍能"生存"下来，且并不会降低或失去其处理性能。每个模块在运行时都不断检查自身的状态，如果发现任何部件发生故障，系统会将该部件自动隔离，并立即将故障信息自动通过远程服务网转达到用户服务中心。此时，其余部件仍将继续运行，可以在线更换或扩充部件，而不影响系统的正常运行。当系统发生故障时，硬件容错结构不需要从故障中恢复。任何故障元件都自动退出操作，而系统则利用冗余部分继续运行，用户不需要设计恢复程序。对用户来说，硬件容错计算机和传统计算机一样，并不必为容错而特别编程。

容错计算原理

　　对于非容错系统，当故障导致系统发生算法执行错误并被发现后，系统要停止运行，由专门的维修人员进行检测、诊断，找到故障发生的原因。维修人员根据系统的构成将故障部件拆除，将剩下的正常部件构成一个功能有所降低的系统继续运行，或将备用的正常部件装入后重新起动系统。但此时，发生故障时执行的算法（程序）已被破坏，系统重启后必须重新运行算法（程序）甚至重新装入算法（程序）。而在容错系统中，上述工作中的绝大部分将由系统自行完成。

　　容错的基本技术是冗余（redundancy）及其管理、故障检测与诊断，以及系统状态的维护与恢复。在冗余概念中，从方式上可分为静态、动态冗余；从种类上可分为时间、空间冗余；从对象上可分为器件、部件、模块、系统、数据冗余。

　　故障检测与诊断就是当系统部件的故障引起算法执行发生错误时，能发现并确定其具体位置的技术，它是容错系统首先要解决的问题。故障检测与诊断技术的主要内容包括故障检测、故障隔离（在故障导致系统不可恢复的损坏之前，将故障的影响封闭起来）和故障诊断。其技术评估的主要标准有故障的覆盖率、诊断率和对故障的反应时间（平均值）。它们分别代表故障检测能力、故障定位能力以及检测与诊断的实时性。这项技术分为联机或脱机方式，可以用硬件、软件或固件实现。

　　静态冗余又称故障屏蔽，其基本思想是利用多个部件或系统以固定的结构和运行方式同时执行相同的功能，利用多个一致的结果来屏蔽掉某些故障部件或系统的错误结果。从系统容错运行和可靠性的角度来说，静态冗余不需要其他容错功能（如检测、诊断、恢复等）就可满足要求。静态冗余技术的难点在于其表决机构的可靠性与同步问题。静态冗余最大缺点就是当系统运行一定的时间后，由于故障子系统多于正常子系统，使系统的可靠性小于单个子系统的可靠性，因此，静态冗余一般要与其他容错技术结合使用。静态冗余的主要优点是系统在故障条件下对外界的快速响应性，对于某些有极快速响应要求的实时应用要采用静态冗余技术。静态冗余技术的实现方式主要有双重冗余和 TMR（三重冗余），可在系统的任何层次上用任何方法实现。

　　由于静态冗余的固有缺陷，大部分应用领域都采用动态冗余技术。动态冗余的基本思想是：系统不仅能保证故障的屏蔽，而且还要定位并自动切换故障子系统或改变系统的结构，不让故障部分的积累造成系统的错误动作。动态冗余以高覆盖率、快响应时间的故障检测与诊断技术为基础。其关键技术是重组、恢复和重构。动态冗余为联机修复（系统运行中修复）提供了必要条件。动态冗余不仅使系统的可靠性大大提高，而且极大地缩短了故障部件的修复时间，使系统的可用性也大大提高。所以动态冗余是容错计算技术中最主要且最常用的技术，也是最复杂的技术。对于新型系统结构和分布式处理，动态冗余又具有新的内容。

容错计算实例

　　拜占庭问题。拜占庭为过去东罗马帝国的首都，现在位于土耳其的伊斯坦布尔。由于当时拜占庭罗马帝国的国土辽阔，基于防御目的，每个军队都分隔遥远，因此将军间只能靠信差传递消息。在战争期间，拜占庭帝国军队的将军必须全体一致地决定是否攻击某一支敌军，因为唯有达成一致的行动才能获致胜利。将军中若存在叛徒，叛徒可以采取行动以欺骗某些将军进行进攻行动，或致使他们无法做出决定，缺乏一致行动的结果将注定是战事的失利。这时候，在已知有成员不可靠的情况下，其余忠诚的将军需要在不受叛徒或间谍的影响下达成一致的协议。类比于分布式系统中的容错设计，即使某些节点失败或是缓慢的，分散式网络节点的独立处理器仍能达成某种精确的相互一致性。在分散式网络节点间互相交换后，由各节点列出所有得到的信息，以大多数的结果作为解决办法。主要依据法定多数（quorum）的决定，一个节点代表一票，少数服从多数。这就是在用容错计算解决问题。

容错计算的优缺点

　　容错计算的优点如下：

- 确保系统没有单点故障。系统发生单点故障时，能够在维修过程中不间断的继续运行。
- 能将故障隔离到故障组件。发生故障时，系统能够将故障隔离到违规组件。
- 防止故障传播。某些故障机制可能会导致系统故障，将故障传播到系统的其余部分。容错计算可以通过防火墙，或者隔离恶意发射器或故障组件以保护系统的其他机制。
- 增加系统可靠性。

　　容错计算的缺点如下：

- 干扰同一组件中的故障检测。当轮胎被刺穿时，驾驶员可能不会知道。这通常通过单独的"自动故障检测系统"来处理，或使用"手动故障检测系统"，例如在每次停车时手动检查所有轮胎。

- 干扰另一个组件中的故障检测。即一个组件中的容错设计阻止了其他组件中的故障检测。例如，如果组件 B 基于组件 A 的输出执行某些操作，那么 B 中的容错可以隐藏 A 的问题。如果组件 B 稍后被更改（对于容错性较小的设计），则系统可能突然失败，操作员可能会认为 B 出现了问题。只有在对系统进行仔细审查之后，才会清楚地知道根问题实际上是在组件 A 中。

- 降低故障纠正的优先级。即使操作员意识到故障，容错系统也可能降低修复故障的重要性。如果故障未得到纠正，则当容错组件完全失效或所有冗余组件都出现故障时，最终会导致系统故障。

- 测试难度。对于某些关键的容错系统（例如核反应堆）没有简单的方法来验证备份组件是否正常运行。最臭名昭著的例子是切尔诺贝利运营商通过禁用一级和二级冷却来测试紧急备用冷却，然而备份失败，导致系统崩溃和大量核放射。

- 成本。容错组件和冗余组件都会增加成本。这可以是纯粹的经济成本，也可以包括其他属性，如重量等。例如，载人宇宙飞船具有如此多的冗余和容错部件，与无人系统相比，它们的重量显著增加，而无人系统不需要相同的安全水平。

- 劣质组件。容错设计可能允许使用劣质组件，虽然这种做法可以降低成本，但使用多个较差的组件可能会将系统的可靠性降低到与类似的非容错系统相当甚至更差的水平。

容错计算的研究现状

计算机系统的可靠性一直为人们所关注。早期由继电器和真空管构成的计算机经常不能正常工作。随着人们对计算机依赖程度的不断提高，系统的可靠性就显得更为重要。提高计算机的可靠性有避错和容错两种方法。避错实际上是不容错的，乃是保守设计方法的产物，它以采用高可靠性零件、优化路线等质量控制管理方法，来降低出错的可能性。但即使是最仔细的避错设计，故障也总有一天会出现，从而导致系统失效。容错是指在硬件或软件故障产生的情况下，仍能准确完成制定的算法，同时不降低性能，即用冗余的资源使计算机具有容忍故障的能力。冗余一般可分为暂存性和物理性两种，前者通过重复执行来实现，后者则使用重复的硬件和软件。

容错计算技术随计算技术的发展而发展，特别是与 VLSI 的发展密切相关。早在 20 世纪 50～60 年代，计算机硬件由分立元件组成，与之相应，容错计算技术集中在器件级和基本功能部件级（运算器、控制器、寄存器等），研究者提出了大量的方法来提高逻辑电路的可靠性，大部分检错、纠错码也在此期间广泛应用。

1965 年，美法合作的公共电话网络开始使用计算机控制的电子交换系统。由于服务的特性，系统要求在每 40 年内中断运行时间不能超过 2 小时。为了达到这样高的技术指标，生产商对所有的关键性元件（如处理器和存储体等）进行重复配置。系统运行时使用一组子系统，而重复的一组则处于"热备份"状态或和联机的一组子系统同步运行。系统检测出故障的方式有两种：比较子系统产生的结果，或每一组都由自检模块组成（自检模块是自重复和能够互相比较结果的）。

计算机系统发展到今天，已走出条件优越的机房，进入各种复杂的环境之中。航天、航空、过程控制、银行商业事务处理、军事工程等领域的应用，使计算机系统的可靠性问题成为整个大系统能否生存的关键问题。因此，人们对计算机系统的可靠性（reliability）、可用性（availability）和可维护性（maintainability）（简称 RAM）进行了深入、细致的研究，提出种类繁多的 RAM 技术和理论，开发出多种高 RAM 的计算机系统。

70 年代 VLSI 技术的出现及迅猛发展，推动了整个计算机工业的发展，改变了人们对计算机的许多基本观念，也使容错技术发生了大转变。计算机器件功能愈加复杂，其内部冗余逻辑和功能的容错设计使其可靠性和可测试性有所提高。容错的重点转向处理机、子系统甚至系统级。同时，硬件价格的下降使得人们有能力更多地应用冗余技术来获得高 RAM 的系统。此外，并行处理、多机系统、分布式系统等的发展也给容错计算提供了新的研究领域和课题。

思考题

1. 容错计算的意义是什么？
2. 容错计算有哪些主要的方法？

第 6 章

软件服务新环境

本章介绍软件服务的新环境、新使命和关键支持技术。云计算（6.1 节）的最终目标是将计算、服务和应用作为一种公共设施提供给公众，使人们能够像使用水、电、煤气和电话那样使用计算机资源。雾计算（6.2 节）是对云计算概念的延伸，它主要使用的是边缘网络中的设备，数据传递具有极低时延。边缘计算（6.3 节）是指在靠近物或数据源头的一侧，采用集网络、计算、存储、应用核心能力于一体的开放平台，就近提供最近端服务。普适计算（6.4 节）追求的目标是建立一个充满计算和通信能力的环境，同时使这个环境与人们逐渐地融合在一起。物联网（6.5 节）旨在将现有互联的计算机网络扩展到互联的物品网络，真正实现世界的数字化、自动化和智能化。互联网＋（6.6 节）的目标是利用信息通信技术以及互联网平台，让互联网与传统行业进行深度融合，创造新的发展生态，使我们进入一个利用信息化技术促进产业变革的工业 4.0 时代，也就是智能化时代。关键支持技术是以 5G（6.7 节）为代表的现代通信技术，5G 实现了一个真正意义上的融合网络，可提供人与人、人与物、物与物之间高速、安全、自由的连接。

6.1 云计算

云计算是可配置计算机系统资源和更高级别服务的共享池，通常通过 Internet 使用最少的管理工作快速配置。云计算的定义有多种说法。现阶段广为接受的是美国国家标准与技术研究院（NIST）的定义：云计算是一种按使用量付费的模式，这种模式提供可用的、便捷的、按需的网络访问，进入可配置的计算资源共享池（资源包括网络、服务器、存储、应用软件、服务），这些资源能够被快速提供，只需投入很少的管理工作，或与服务供应商进行很少的交互。

NIST 对云计算的定义明确了以下五个关键特点：

- 按需自助服务。消费者可以根据需要单方面地提供计算能力，例如服务器时间和网络存储，而无须与每个服务提供商进行人工交互。
- 广泛的网络访问。可通过网络获得功能，并通过标准机制访问，这些机制可促进异构瘦客户端或胖客户端平台（例如，移动电话、平板电脑、笔记本电脑和工作站）的使用。
- 资源池。提供商的计算资源汇集在一起，使用多租户模型为多个消费者提供服务，根据消费者需求动态分配和重新分配不同的物理和虚拟资源。

- 快速弹性。可以弹性地提供和释放能力，在某些情况下是自动的，以便根据需求快速向外和向内扩展。对于消费者而言，可用于供应的能力通常是无限的，并且可以随时调整。
- 测量服务。云系统通过在适合不同服务类型（例如，存储、处理、带宽和活动用户账户）的某种抽象级别上利用计量功能来自动控制和优化资源使用。可以监视、控制和报告资源使用情况，从而为服务的提供者和使用者提供透明性。

云计算的意义

传统模式下，企业建立一套 IT 系统不仅需要购买硬件等基础设施，还要购买软件许可证，并需要专门的人员进行维护。当企业的规模扩大时，还要继续升级各种软硬件设施以满足需要。对于企业来说，计算机等硬件和软件本身并非其真正需要的，它们仅仅是完成工作、提供效率的工具。对个人来说，我们想正常使用电脑，就需要安装软件，而许多软件是收费的，对不经常使用相应软件的用户来说购买是非常不划算的。

云计算的最终目标是将计算、服务和应用作为一种公共设施提供给公众，使人们能够像使用水、电、煤气和电话那样使用计算机资源。

云计算模式即为电厂集中供电模式。在云计算模式下，用户的计算机会变得十分简单，或许不大的内存、不需要硬盘和各种应用软件，就可以满足需求，因为用户的计算机除了通过浏览器给"云"发送指令和接收数据外，基本上什么都不用做便可以使用云服务提供商的计算资源、存储空间和各种应用软件。这就像连接"显示器"和"主机"的电线无限长，从而可以把显示器放在使用者的面前，而主机放在远到甚至计算机使用者本人也不知道的地方一样。云计算把连接"显示器"和"主机"的电线变成了网络，把"主机"变成云服务提供商的服务器集群。

在云计算环境下，用户的使用观念也会发生彻底的变化：从"购买产品"向"购买服务"转变。他们直接面对的将不再是复杂的硬件和软件，而是最终的服务。用户不需要拥有看得见、摸得着的硬件设施，也不需要为机房支付设备供电、空调制冷、专人维护等费用，并且不需要等待漫长的供货周期、项目实施等时间，只需要把钱汇给云计算服务提供商，就能马上得到需要的服务。

云计算的方法和原理

云计算通常包括以下三个层次的服务：基础设施即服务（IaaS），平台即服务（PaaS），软件即服务（SaaS）。

基础设施即服务。是指在线服务通过高层次的 API 来提供物理计算资源、区位、数据分割、缩放、安全、备份等。底层网络基础设施的各种低级别的细节管理程序以访客身份运行虚拟机。消费者可以通过 Internet 从完善的计算机基础设施获得服务，例如硬件服务器租用。

平台即服务。是指将软件研发平台作为一种服务，以 SaaS 的模式提交给用户。消费者不管理或控制底层云基础设施，包括网络、服务器、操作系统或存储，但可以控制部署的应用程序以及应用程序托管环境的可能配置。因此，PaaS 也是 SaaS 模式的一种应用。但是，PaaS 的出现可以加快 SaaS 的发展，尤其是加快 SaaS 应用的开发速度，例如软件的个性化定制开发。

软件即服务。是指一种通过 Internet 提供软件的模式，用户无须购买软件，而是向提供商租用基于 Web 的软件，借此管理企业经营活动。在 SaaS 模型中，云提供商在云中安装和运行应用软件，云用户从云客户端访问软件。云用户无法管理运行应用程序的云基础架构和平台。这消除了在云用户自己的计算机上安装和运行应用程序的需要，简化了维护和支持。

云计算有多种部署模型，其中最常见的三种是私有云、公共云和混合云。

私有云。这种云基础设施专门为某一个企业服务，不管是自己管理还是第三方管理，自己负责还是第三方托管，都没有关系。只要使用的方式没有问题，就能为企业带来显著帮助。不过这种模式所要面临的是，纠正、检查等安全问题需要企业自己负责，否则出了问题也只能自己承担后果。此外，整套系统需要自己出钱购买、建设和管理。这种云计算模式可非常广泛地产生正面效益，从模式的名称可看出，它也可以为所有者提供具备充分优势和功能的服务。

公共云。在此种模式下，应用程序、资源、存储和其他服务，都由云服务供应商来提供给用户，这些服务多半都是免费的，也有部分按需、按使用量来付费，这种模式只能使用互联网来访问和使用。同时，这种模式在私人信息和数据保护方面也比较有保证。这种部署模型通常可以提供可扩展的云服务并能高效设置。

混合云。混合云是两种或两种以上的云计算模式的混合体，如公共云和私有云混合。它们相互独立，但在云的内部又相互结合，可以发挥出所混合的多种云计算模型各自的优势。

云计算依赖于资源共享来实现一致性和规模经济，类似于一种公用事业，就像电厂为我们提供日常使用的电一样。用户支付电费就可以按需购买并使用资源，电厂建造发电设施属于 IaaS 服务，房地产开发商设计、建造电路属于 PaaS 服务，装修公司安装电源插座等则属于 SaaS 服务。

第三方云让使用者能够专注于其核心业务，而不是在计算机基础架构和维护上花费资源。云计算能帮助公司避免或最小化前期 IT 基础架构成本，帮助企业更快地启动和运行应用程序，提高可管理性并减少维护成本，并使 IT 团队能够更快地调整资源以满足波动和不可预测的需求。云提供商通常使用"即用即付"模式，但是如果管理员不熟悉云定价模型，可能会导致额外的运营费用。

高容量网络、低成本计算机和存储设备的可用性以及硬件虚拟化的发展，面向服务的架构以及自主和公用计算的广泛采用，进一步促进了云计算的发展。

云计算的优缺点

云计算的优点如下：

- 超大规模："云"具有相当的规模，Google 云计算已经拥有 100 多万台服务器，Amazon、IBM、微软、Yahoo 等的云均拥有几十万台服务器。企业私有云一般拥有成百上千台服务器。云能赋予用户前所未有的计算能力。
- 虚拟化：云计算支持用户在任意位置、使用各种终端获取应用服务。所请求的资源来自云，而不是固定的有形实体。应用在云中某处运行，但实际上用户无须了解也不用担心应用运行的具体位置。只需要一台笔记本或者一部手机，就可以通过网络服务来实现我们需要的一切，甚至包括超级计算这样的任务。
- 高可靠性：云使用了数据多副本容错、计算节点同构可互换等措施来保障服务的高可靠性，使用云计算比使用本地计算机可靠。
- 通用性强：云计算不针对特定的应用，在云的支撑下可以构造出千变万化的应用，同一个云可以同时支撑不同的应用运行。
- 高可扩展性：云的规模可以动态伸缩，满足应用和用户规模增长的需要。
- 按需服务：云是一个庞大的资源池，用户可以按需购买，像自来水、电、煤气那样计费。
- 极其廉价：由于云的特殊容错措施，可以采用极其廉价的节点来构成云，云的自动化集中式管理使大量企业无须负担日益高昂的数据中心管理成本。云的通用性使资源的利用率较之传统系统大幅提升，因此用户可以充分享受云的低成本优势，经常只要花费几百美元、几天时间就能完成以前需要数万美元、数月时间才能完成的任务。

尽管云计算模式具有许多优点，但是也存在一些问题，如数据隐私问题、安全问题、网络传输问题等。

- 数据隐私问题：为了保证存放在云服务提供商处的数据不被非法利用，不仅需要技术的改进，也需要法律的进一步完善。
- 数据安全性：有些数据是企业的商业机密，数据的安全性关系到企业的生存和发展。云计算数据的安全性问题若解决不了，将会影响云计算在企业中的应用。
- 用户使用习惯：如何改变用户的使用习惯，使用户适应网络化的软硬件应用是长期而艰巨的挑战。
- 网络传输问题：云计算服务依赖网络，目前网速低且不稳定，使云应用的性能不高。云计算的普及依赖网络技术的发展。

云计算的研究现状

全球化基础设施的扩张加速。云计算用户对于数据的位置通常有自己的偏好，网络的低延迟也是不容回避的需求。此外，合规性也是云计算服务提供者必须加以满足的优先项。所有这些都会导致在接下来的一段时间，云计算基础设施继续保持扩张的趋势。

大型企业拥抱云计算。诸如 Airbnb、Netflix Supercell 等明显带有互联网特质的公司，以及麦当劳、花旗银行等大型企业，都是云计算的受益者。

混合架构提供新的机遇。2016 年 11 月，福布斯披露了其针对全球 302 位企业高管所做的一项关于云计算的调查。调查的结果显示，在企业市场，混合架构（有人称其为混合云）的场景将会越来越普遍。企业的工作负载将会根据需要在云与本地 IT 之间频繁迁移。对于这些企业而言，成本已经不再是考量的唯一要素。云计算的其他优点，例如敏捷性、弹性支持的能力会越来越被看重。从企业的顾虑来看，安全性依然是最被企业看重的方面。而云计算带来的性能和效率的提升得到了最多的认同。超过 1/3 的管理者表示大规模的交易系统最适合应用在云计算之上。随着混合架构重要性的提升，将会出现在云计算和本地 IT 环境间迁移的大量需求。这个挑战对于传统的 IT 人员来说将是一个极大的难题。这需要新的能力，也应该是新的机遇。

Serverless 架构的普及。Serverless 架构是一个比较新的事物，从出现到现在不过两年多而已。所谓的"无服务器"不是真的脱离了物理上的服务器，而是指代码不会明确地部署在某些特定的平台或者硬件的服务器之上。运行代码的托管环境是由云计算厂商所提供的。从技术角度来看这并非什么新技术，无非是利用了 Linux 内核中已经实现的资源隔离和管理能力而提供的一种新的代码运行环境。这种环境的一个极大优势在于，系统架构中最为复杂的扩展性、高可用性、任务调度以及运维等工作已经由服务提供者代为管理。由此，我们可以步入一个新的系统开发境界——no-Architecture（无架构师），no-Ops（无运维）。

物联网（IoT）有望爆发。困扰物联网发展的瓶颈之一是物联网平台，目前，随着云计算的发展，物联网平台已取得了长足的进步。

思考题

1. 使用一个生活中的例子解释云计算是什么。

6.2　雾计算

雾计算模式中的数据、（数据）处理和应用程序集中在网络边缘的设备中，而不是几乎全部保存在云中。雾计算是云计算的延伸概念，是由思科（Cisco）提出的。这个因"云"而"雾"的命名源自"雾是更贴近地面的云"这一名句。雾计算并非由性能强大的服务器组成，而是由性能较弱、更为分散的各类功能的计算机组成，渗入工厂、汽车、电器、街灯及人们物质生活中的各类用品。

雾计算的意义

国家在大力发展物联网，物联网发展的最终结果就是将所有的电子设备、移动终端、家用电器等一切都互联起来。这些设备不仅数量巨大，而且分布广泛，只有雾计算才能满足。现实的需求对雾计算提出了要求，也为雾计算提供了发展机会。

有了雾计算才使得很多业务可以部署。比如车联网，车联网的应用和部署要求有丰富的连接方式和相互作用，包括车到车、车到接入点（无线网络、智能交通灯、导航卫星网络等）、接入点到接入点。雾计算能够为车联网中的信息娱乐、安全、交通保障等提供服务。再如智能交通灯系统，如果城市中的所有交通灯都需要有数据中心云来统一计算进而指挥所有交通灯，这样不仅不及时也容易出错。智能交通灯的本意是根据车流量来自动指挥车辆通行，避免无车遇红灯时，也要停车等到绿灯再走。那么实时计算就非常重要，这意味着每个交通灯自己都有计算能力，从而自行完成智能指挥，这就是雾计算的威力。

雾计算的方法和原理

雾计算主要使用的是边缘网络中的设备，数据传递具有极低时延。雾计算具有辽阔的地理分布，是带有大量网络节点的大规模传感器网络。雾计算移动性好，手机和其他移动设备互相之间可以直接通信，信号不必到云端甚至基站去绕一圈，支持很高的移动性。

雾计算设备并非性能强大的服务器，而是由性能较弱、更为分散的各种功能计算机组成。雾计算是介于云计算和个人计算之间的，是半虚拟化的服务计算架构模型。与云计算相比，雾计算所采用的架构更呈分布式，更接近网络边缘。雾计算将数据、数据处理和应用程序集中在网络边缘的设备中，而不像云计算那样将它们几乎全部保存在云中，数据的存储及处理更依赖本地设备，而非服务器。雾计算是新一代分布式计算，符合互联网的"去中心化"特征。自从思科提出了雾计算，已经有 ARM、戴尔、英特尔、微软等几大科技公司以及普林斯顿大学加入了这个概念阵营，并成立了非盈利性组织——开放雾联盟，旨在推广和加快开放雾计算的普及，促进物联网发展。雾计算是以个人云、私有云、企业云等小型云为主。

雾计算和云计算完全不同。云计算是以 IT 运营商服务和社会公共云为主的。雾计算以量制胜，强调数量，不管单个计算节点的能力多么弱，都要发挥作用。云计算则强调整体计算能力，一般由集中的高性能计算设备完成计算。雾计算扩大了云计算的网络计算模式，将网络计算从网络中心扩展到了网络边缘，从而更加广泛地应用于各种服务。雾计算有几个明显特征：低延时和位置感知，更为广泛的地理分布，适应移动性的应用，支持更多的边缘节点。这些特征使得移动业务部署更加方便，满足更广泛的节点接入。

雾计算不像云计算那样，要求使用者连上远端的大型数据中心才能存取服务。除了架构上的差异，云计算所能提供的应用，雾计算基本上都能提供，只是雾计算所采用的计算平台效能可能不如大型数据中心。

云计算承载着业界的厚望。业界曾普遍认为，未来计算功能将完全放在云端。然而，将数据从云端导入、导出实际上比人们想象的要更为复杂和困难。由于接入设备（尤其是移动设备）越来越多，在传输数据、获取信息时，带宽就显得捉襟见肘。随着物联网和移动互联网的高速发展，人们越来越依赖云计算，联网设备越来越多，设备越来越智能，移动应用成为人们在网络上处理事务的主要方式，数据量和数据节点数不断增加，不仅会占用大量网络带宽，而且会加重数据中心的负担，数据传输和信息获取的情况将越来越糟。

因此，搭配分布式的雾计算，通过智能路由器等设备和技术手段，在不同设备之间组成数据传输带，可以有效减少网络流量，数据中心的计算负荷也相应减轻。雾计算可以作为介于 M2M（机器与机器对话）网络与云计算之间的计算处理，以应对 M2M 网络产生的大量数据——运用处理程序对这些数据进行预处理，以提升其使用价值。

雾计算不仅可以解决联网设备自动化的问题，更关键的是，它对数据传输量的要求更小。雾计算这一"促进云数据中心内部运作的技术"有利于提高本地存储与计算能力，消除数据存储及数据传输的瓶颈，非常值得期待。

雾计算的优缺点

雾计算的优点如下：

- 更轻压：相比于云平台的构成单位——数据中心，雾节点更轻，能够实现过滤，如聚合用户消息（如不停发送的传感器消息），只将必要消息发送给云，减小核心网络压力。
- 更低层：雾节点在网络拓扑中位置更低，拥有更小的网络延迟，反应性更强。
- 更可靠：雾节点拥有广泛的地域分布，为了服务不同区域的用户，相同的服务会被部署在各个区域的雾节点上，使得高可靠性成为雾计算的内在属性，一旦某一区域的服务异常，用户请求可以快速转向其他临近区域，获取相关服务。此外，由于使用雾计算后，相较云计算减少了发送到云端和从云端发送的数据量，因此与云计算相比延迟更短，安全风险也得到了进一步的降低。
- 更低延：除了物联网的应用外，网上游戏、视频传输、AR 等也都需要极低的时延，这点雾计算也是有所发挥的。
- 更灵便：雾计算支持很高的移动性，手机和其他移动设备可以互相之间直接通信，此外，雾计算也支持实时互动、多样化的软硬件设备以及云端在线分析等。
- 更节能：雾计算节点由于地理位置分散，不会集中产生大量热量，因此不需要额外的冷却系统，从而减少耗电。

雾计算在带来新的可能性的同时，也在安全性、高效利用资源、API 等方面带来了新的挑战。雾使用大量分散设备，使中心化的控制变得困难。雾节点的资源相对受限，需要节点间的协同配合，才能优化各服务的部署。"何时将服务迁移至何处"则是移动终端设备、动态的应用场景需要考量的问题。

随着雾计算概念的发展，雾被进一步扩展到"地面上"。雾节点不再仅限于网络边缘层，还包括拥有宽裕资源的终端设备。终端设备与用户直接交互，数量庞大，在丰富雾的设备种类的同时，也带来更多动态属性，如电池电量，因而雾节点移动性等问题依然需要解决。

雾计算的研究现状

全球首个专门研究雾计算技术的实验室在上海建立，目前雾计算还处于研究阶段，没有具体落地使用。将来可以应用到车联网、无人机、自动驾驶、网游、视频传输、工业控制系统和智慧城市管理等要求低时延、高传输速率、高安全性的行业（比如用于无人机的地面和空中协调调度）。

据 451 Research 的报告《雾计算市场项目的规模和影响》显示：到 2022 年，全球雾计算市场的机会将超过 180 亿美元，预测雾计算的最大市场依次是能源、公用事业、运输、医疗保健和工业类别。雾的总体收入来源最主要是硬件（51.6%），其次是雾应用程序（19.9%）和服务（15.7%）。到 2022 年，随着雾功能并入现有的硬件中，开支将转移到应用和服务上。

思考题
1. 请用一句话概括雾计算与云计算的区别。

6.3　边缘计算

边缘计算是指在靠近物或数据源头的一侧，采用网络、计算、存储、应用核心能力为一体的开放平台，就近提供最近端服务。其应用程序在边缘侧发起，产生更快的网络服务响应，满足行业在实时业务、应用智能、安全与隐私保护等方面的基本需求。边缘计算处于物理实体和工业连接之间，或处于物理实体的顶端。而云端计算仍然可以访问边缘计算的历史数据。

边缘计算的意义

边缘计算并非一个新鲜词。作为一家内容分发网络（CDN）和云服务提供商，Akamai 早在 2003 年就与 IBM 合作"边缘计算"。作为世界上最大的分布式计算服务商之一，当时 Akamai 承担了全球 15%～30% 的网络流量。Akamai 在内部研究项目中提出边缘计算，包括其目的和要解决的问题，并通过与 IBM 的合作在 WebSphere 上提供基于边缘的服务。

对物联网而言，边缘计算技术取得突破，意味着许多控制将通过本地设备实现而无须交由云端，处理过程将在本地边缘计算层完成。这无疑将大大提升处理效率，减轻云端的负荷。由于更加靠近用户，还可为用户提供更快的响应，将需求在边缘端解决。全球智能手机的快速发展，推动了移动终端和边缘计算的发展。而万物互联、万物感知的智能社会，则是跟物联网发展相伴而生，边缘计算系统也因此应运而生。

事实上，物联网的概念已经提出有超过 20 年的历史，然而，物联网却并未成为一个火热的应用。从概念到真正的应用通常有较长的过程，与之匹配的技术、产品设备的成本、接受程度、试错过程都是漫长的，因此往往不能很快形成大量用户的市场。根据 Gartner 的技术成熟曲线理论，在 2015 年，物联网从概念上而言已经到达顶峰位置，其大规模应用也开始加速。因此未来 5～10 年内，物联网会进入应用爆发期，边缘计算也随之被预期将得到更多的应用。

边缘计算的方法和原理

无论是云、雾还是边缘计算，本身只是实现物联网、智能制造等所需要计算技术的一种方法或者模式。严格讲，雾计算和边缘计算本身并没有本质的区别，都是在接近于现场应用端提供的计算。就其本质而言，都是相对于云计算而言的。从二者的计算范式可以看出来，边缘侧的数据计算较为丰富。

自动化事实上是以"控制"为核心的，控制是基于"信号"的，而"计算"则是基于数据进行的，更多的意义上是指"策略""规划"，因此，它更多聚焦于在"调度、优化、路径"。就像对全国的高铁进行调度的系统一样，每增加或减少一个车次都会引发调度系统的调整，是基于时间和节点的运筹与规划问题。边缘计算在工业领域的应用更多的是这类"计算"。

简单地说，传统自动控制基于信号的控制，而边缘计算则可以被理解为"基于信息的控制"。值得注意的是，边缘计算、雾计算虽然具有低延时的特点，但是其 50mS 或 100mS 的周期，对于高精度机床、机器人、高速图文印刷系统的 100μS 的"控制任务"而言，仍然是非常大的延迟。边缘计算所谓的"实时"，从自动化行业的视角来看依然被归为"非实时"应用。

在国外，以思科为代表的网络公司以雾计算为主，集中精力主导开放雾联盟。在中国，边缘计算联盟（ECC）正在努力推动三种技术的融合，也就是 OICT（Operational（运营），Information（信息）、Communication Technology（通信））的融合。而其计算对象则主要定义在四个领域：

- 第一个是设备域。出现了纯粹的 IoT 设备，跟自动化的 I/O 采集相比较而言，有不同但也有重叠部分。那些可以直接用于在顶层优化，而并不参与控制本身的数据，是可以直接放在边缘侧完成处理的。
- 第二个是网络域。在传输层面，直接的末端 IoT 数据，相较于来自自动化生产线的数据，其传输方式、机制、协议都会不同，因此，这里要解决传输的数据标准问题。当然，在 OPC UA 架构下可以直接访问底层自动化数据，但是，对于 Web 数据的交互而言，这里会存在 IT 与 OT 之间的协调问题。尽管有一些领先的自动化企业已经提供了针对 Web 方式的数据传输机制，但是，大部分现场的数据仍然存在这些问题。
- 第三个是数据域。数据传输后的数据存储、格式等，都是数据域需要解决的问题，此外，还包括数据查询与数据交互的机制和策略等问题。
- 第四个是应用域。这可能是最难以解决的问题，针对这一领域的应用模型尚无较多的实际应用。

边缘计算联盟对于边缘计算参考架构的定义（图 6-1），包含了设备、网络、数据与应用四个域，平台提供者主要提供在网络互联（包括总线）、计算能力、数据存储与应用方面的软硬件基础设施。

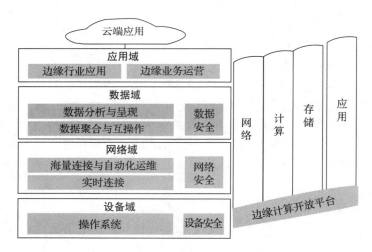

图 6-1　边缘计算参考架构

从产业价值链整合角度而言，ECC 提出了 CROSS，即在敏捷连接（Connection）的基础上，实现实时业务（Real-time）、数据优化（data Optimization）、应用智能（Smart）、安全与隐私保护（Security），为用户在网络边缘侧带来价值和机会。这也是联盟成员要关注的重点。

边缘计算的优缺点

边缘计算的优点如下：

- 实时性。边缘计算使得联网设备能够处理在"边缘"形成的数据。
- 智能性。网络里面有大量的功能在边缘节点就可以直接处理掉。传统架构的一些功能都需要回到中央服务器处理，但是现在在边缘就能直接处理并返回对应的结果。

- 数据聚合性。一台物理设备在运行时往往会产生大量的数据，可以先在边缘进行过滤，然后汇总到中心再做加工，这都是利用边缘的计算能力。

边缘计算的一个重大缺点是需要在保持数据处于边缘和在必要时将数据带入中央云之间取得平衡。这可能成为一个复杂的问题，因为需要更复杂算法的数据集可在云中得到更好的处理，而更简单的分析过程最好保持在边缘。

思考题

1. 边缘计算是否就是雾计算？如果不是，区别在哪里？

6.4　普适计算

普适计算，又称普存计算、普及计算、遍布式计算、泛在计算，是一个强调和环境融为一体的计算概念，而计算机本身则从人们的视线里消失。在普适计算的模式下，人们能够在任何时间、任何地点、以任何方式进行信息的获取与处理。

普适计算是信息空间与物理空间的融合，在这个融合的空间中人们可以随时随地、透明地获得数字化的服务。

普适计算的意义

普适计算的核心思想是小型、便宜、网络化的处理设备广泛分布在日常生活的各个场所，计算设备将不只依赖命令行、图形界面进行人机交互，而更依赖"自然"的交互方式，计算设备的尺寸将缩小到毫米甚至纳米级。

在普适计算的环境中，无线传感器网络将广泛普及，在环保、交通等领域发挥作用。人体传感器网络会大大促进健康监控以及人机交互等的发展。各种新型交互技术（如触觉显示、OLED 等）将使交互更容易、更方便。

普适计算的方法和原理

普适计算的目的是建立一个充满计算和通信能力的环境，同时使这个环境与人们逐渐地融合在一起。在普适计算环境下，整个世界是一个网络的世界，数不清的为不同目的服务的计算和通信设备都连接在网络中，在不同的服务环境中自由移动。

普适计算是一个涉及研究范围很广的课题，包括分布式计算、移动计算、人机交互、人工智能、嵌入式系统、感知网络以及信息融合等多方面技术的融合。

普适计算的实现依赖于物联网基础设施的构建，物联网通过布置各种感知设备（如传感器、电子标签等）来获取环境信息，并且通过通信模块实现信息的传递。而普适计算通过通信模块主动发现可以通信的设备，通过主动交换信息来实现信息的获取和共享。普适计算更加强调设备与设备之间通信的主动性，而物联网则更加强调对周围环境的感知，二者是对同一系统不同层次的重点研究。

普适计算的含义十分广泛，所涉及的技术包括移动通信技术、小型计算设备制造技术、小型计算设备上的操作系统技术及软件技术等。

间断连接与轻量计算（即计算资源相对有限）是普适计算最重要的两个特征。普适计算的软件技术就是要实现在这种环境下的事务和数据处理。普适计算是网络计算的自然延伸，它使得不仅个人电脑，而且其他小巧的智能设备也可以连接到网络中，从而方便人们即时地获得信息并采取行动。

目前，IBM 已将普适计算确定为电子商务之后的又一重大发展战略，并开始了端到端解决方案的技术研发。IBM 认为，实现普适计算的基本条件是计算设备越来越小，方便人们随时随地佩带和使用。在计算设备无时不在、无所不在的条件下，普适计算才有可能实现。科学家认为，普适计算是一种状态，在这种状态下，iPad 等移动设备、谷歌文档或远程游戏技术等云计算应用程序、4G 或广域 WiFi 等高速无线网络将整合在一起，清除"计算机"作为获取数字服务的中央媒介的地位。随着每辆汽车、每台照相机、每天电脑、每块手表以及每块电视屏幕都拥有几乎无限的计算能力，计算机将彻底退居到"幕后"，以至于用户感觉不到它们的存在。

普适计算实例

智能手机就是一种典型的普适计算设备，在过去的几十年里发展极为迅速。微软研究院曾进行过一个 MyLifeBits 项目，在这个项目里，研究人员设计了专用的设备 SenseCam 相机来长期收集人们日常生活中的照片和传感器数据，以期构建一个能反映人生经历的数据库。如今 SenseCam 的功能已基本可以被智能手机所替代。手机的功能从最初的语音通信发展到照相、收发邮件、网页浏览、游戏和社交网络，其能力在很多情况下已经接近传统的电脑。而在利用传感器技术方面，手机甚至超过了电脑。

普适计算的优缺点

在信息时代，普适计算可以降低设备使用的复杂程度，使人们的生活更轻松、更有效率。然而，普适计算也存在一些不足：

- 移动性问题。普适计算时代，大量的嵌入式和移动信息工具将广泛连接到网络中，并且越来越多的通信设备需要在移动条件下接入网络。移动设备的移动性给 IPv4 协议中域名地址的唯一性带来了麻烦。普适计算环境下需要按地理位置动态改变移动设备名，IPv4 协议无法有效解决这个问题。为适应普适计算，需要对网络协议进行修改或增强。作为 IPv6 的重要组成部分，移动连接特性可以有效地解决设备移动性问题。
- 融合性问题。普适计算环境下，世界将是一个无线、有线与互联网三者合一的网络世界，有线网络和无线网络间的透明链接是一个需要解决的问题。无线通信技术的发展日新月异，加上移动通信设备的进一步完善，使得无线接入方式将占据越来越重要的位置，因此有线与无线通信技术的融合就变得必不可少。
- 安全性问题。普适计算环境下，物理空间与信息空间的高度融合、移动设备和基础设施之间自发的互操作会对个人隐私造成潜在的威胁。同时，移动计算多数情况下是在无线环境下进行的，移动节点需要不断地更新通信地址，这也会导致许多安全问题。这些安全问题的防范和解决对 IPv4 提出了新的要求。

普适计算的研究现状

在普适计算的世界中，计算机遍布在我们周围，但我们意识不到它们的存在。而且，随着数字设备润物细无声般地遍布在我们身边，并被赋予如此强大的计算能力，普适计算也使数据收集达到了前所未有的规模。如果有了普适计算，所有现代汽车都配备的计算机芯片就会向中央程序提交有关实时路况的信息，为其他驾驶员所共享。另外，普适计算将大大减少普通消费者购买数字设备和处理任务的成本。在远程数据中心为云计算提供动力的处理器和硬盘驱动器可以为消费者使用，减少了他们购买这些设备所需的开销，消费者每个月只需支付网费，电视和汽车也将取代昂贵的电子产品。

显然，在目前这个人们有时仍然需要使用座机、传真机的世界中，仅仅拥有普适计算的技术还无法保证它能自动地被广泛应用于日常生活中。未来几年，许多技术进步将成为普适计算革命广泛扩散的基础，特别是智能物联网的发展，未来普适计算在我国的应用将十分广泛。

思考题

1. 普适计算与边缘计算有哪些关系与区别？

6.5　物联网

"The Internet of Things"是物联网的英文名称。在中国，我们也把物联网称为"传感网"。中科院早在 1999 年就启动了关于传感网的研究，并已建立了一些实用的传感网。与其他国家相比，我国的技术研发水平处于世界前列，具有同发优势和重大的影响力。在世界传感网领域，中国、德国、美国、韩国等国成为国际标准制定的主导国。

2005 年 11 月 27 日，在突尼斯举行的信息社会世界峰会（WSIS）上，国际电信联盟（ITU）发布了题为"ITU 互联网报告 2005：物联网"的报告，正式提出了物联网的概念。关于物联网，不同的组织机构给出了不同的定义。

2010 年温总理在十一届人大三次会议上所作政府工作报告中对物联网做了这样的定义：物联网是指通过信息传感设备，按照约定的协议，把任何物品与互联网连接起来，进行信息交换和通信，以实现智能化识别、定位、跟踪、监控和管理的一种网络。它是在互联网基础上延伸和扩展的网络。

欧盟的定义：将现有的互联的计算机网络扩展到互联的物品网络。

国际电信联盟的定义：物联网主要解决物品到物品（Thing to Thing，T2T）、人到物品（Human to Thing，H2T）和人到人（Human to Human，H2H）之间的互连。

IBM 的定义：物联网即物物相连的互联网，一种在互联网基础上延伸及扩展到物与物之间并进行信息交换与通信的网络。物联网是继计算机、互联网与移动通信网之后的又一次信息产业浪潮，是未来一片浩瀚的蓝海。其目标是通过各种信息传感设备与智能通信系统把全球范围内的物理物体、信息技术系统和人有机地连接起来，从"点""线""网"三种不同形态的物联网应用共同实现"智慧的地球"，从而能够通过数据采集、分析、预测、优化等技术，利用具有更透彻的感知、更全面的互联互通和更深入的智能化能力的新一代解决方案，以改进企业、行业、城市和民生的核心系统。

维基百科的定义：物联网是互联网、传统电信网等信息的承载体，是一种让所有能行使独立功能的普通物体实现互联互通的网络。物联网一般为无线网，而由于每个人周围的设备可以达到 1000～5000 个，所以物联网可能要包含 500M～1000M 个物体。在物联网上，每个人都可以应用电子标签将真实的物体与网络连接，在物联网上都可以查出它们的具体位置。通过物联网可以用中心计算机对机器、设备、人员进行集中管理、控制，也可以对家庭设备、汽车进行遥控，以及搜索位置、防止物品被盗等。类似于自动化操控系统，通过不断收集数据，最后可以聚集成大数据，用于重新设计道路以减少车祸、都市生活信息更新、灾害预测与犯罪防治、流行病控制等社会场景，实现物和物相联。

百度百科的定义：物联网指的是将无处不在的末端设备和设施，包括具备"内在智能"的传感器、移动终端、工业系统、数控系统、家庭智能设施、视频监控系统等，以及"外在使能"的"智能化物件或动物"或"智能尘埃"（Mote），如贴上 RFID 的各种资产、携带无线终端的个人与车辆等，通过各种无线或有线的长距离和短距离通信网络实现互联互通（M2M）、应用大集成以及基于云计算的 SaaS 营运等模式，在内网、专网、和互联网环境下，采用适当的信息安全保障机制，提供安全可控乃至个性化的实时在线监测、定位追溯、报警联动、调度指挥、预案管理、远程控制、安全防范、远程维保、在线升级、统计报表、决策支持、领导桌面等管理和服务功能，实现对"万物"的"高效、节能、安全、环保"的"管、控、营"一体化。

物联网的意义

当前，物联网和云计算、大数据分析、移动、社交及安全相结合能帮助全球各地的企业实现业务创新与转型，继而推动社会的变革，以及在汽车、水务、电子、能源电子、能源制造、零售、通信、医疗健康等诸多领域中的成功实践。物联网可以：

- 从任何已连接设备积极主动地访问数据。
- 让前所未有的复杂工程成为现实，对万物变化的监控和洞察可以加速创新。
- 拉近物理与数字世界的距离，实现人与物、物与物的深层交互。
- 让世界数字化，产生海量数据，催生新的交付模型，让业务焕发新价值。

物联网技术体系

物联网的技术体系主要包括四个层次：感知与控制层、网络层、平台服务层、应用服务层。物联网绝不仅仅是传感器，真正的物联网企业级应用需要在这四个层次上做有效的整合以形成物联网智能管理系统，从而真正发挥支持行业业务的作用。物联网技术体系覆盖多个层次与领域，蕴含着新的技术趋势、挑战与机遇，包括更小、更省电、更智能、更便宜的传感器技术的发展，适应于复杂环境的面向多类型感知数据的无线通信技术的发展，物联网中间件与平台技术的发展，云计算、边缘计算、分析与优化技术在物联网中的融合与应用，以及面向社会需求的物联网应用创新。

物联网将现实世界数字化，应用范围十分广泛。物联网拉近了分散的信息，整合物与物的数字信息，在运输和物流、工业制造、健康医疗、智能环境（家庭、办公、工厂）等领域具有十分广阔的市场和应用前景。

物联网的研究现状

随着边缘智能和 AI 技术的日益成熟，物联网不再是高大上的概念。伴随着物联网连接规模的日益扩大，出现了诸多创新应用，引发了全社会的智能化变革，从安防到城市、家庭、无人驾驶及制造等，越来越多的应用案例将要落地。面对新一轮信息科技带来的机遇，越来越多的企业开始加大部署"智能物联网"（图 6-2）。

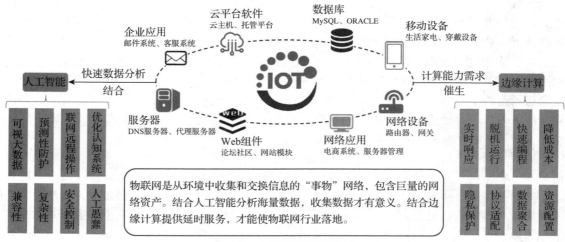

图 6-2　人工智能与物联网

AIoT（人工智能物联网）=AI（人工智能）+IoT（物联网）。AIoT 融合 AI 技术和 IoT 技术，通过物联网产生、收集海量的数据并存储于云端、边缘端，再通过大数据分析以及更高形式的人工智能，实现万物数据化、万物智联化。物联网技术与人工智能追求的是一个智能化生态体系，除了技术上需要不断革新，技术的落地与应用更是现阶段物联网与人工智能领域亟待突破的核心问题。

思考题

1. 物联网和互联网的关系是什么？
2. 物联网的本质是什么？
3. 物联网核心技术是什么？

6.6　"互联网 +" 与工业 4.0

互联网 +

"互联网 +"是互联网思维的进一步实践成果，推动经济形态不断地发生演变，从而带动社会经济实体的生命力，为改革、创新、发展提供广阔的网络平台。通俗地说，"互联网 +"就是"互联网 + 各个传统行业"，但这并不是简单的两者相加，而是利用信息通信技术以及互联网平台，让互联网与传统行业进行深度融合，创造新的发展生态。它代表了一种新的社会形态，即充分发挥互联网在社会资源配置中的优化和集成作用，将互联网的创新成果深度融合于经济、社会各领域之中，提升全社会的创新力和生产力，形成更广泛的以互联网为基础设施和实现工具的经济发展新形态。

2015 年 7 月 4 日，国务院印发《国务院关于积极推进"互联网 +"行动的指导意见》。"互联网 +"是两化（信息化和工业化）融合的升级版，将互联网作为当前信息化发展的核心特征提取出来，并与工业、商业、金融业等服务业全面融合。这其中的关键就是创新，只有创新才能让这个"+"真正有价值、有意义。正因为此，"互联网 +"被认为是创新 2.0 下的互联网发展的新形态、新业态，是知识社会创新 2.0 推动下经济社会发展的新形态演进。

"互联网 +"有六大特征：

- 跨界融合。"+"就是跨界，就是变革，就是开放，就是重塑融合。敢于跨界了，创新的基础就更坚实；融合协同了，群体智能才会实现，从研发到产业化的路径才会更垂直。融合本身也指代身份的融合，客户消费转化为投资，伙伴参与创新，等等。
- 创新驱动。中国粗放的资源驱动型增长方式早就难以为继，必须转变到创新驱动发展这条正确的道路上来。这正是互联网的特质，用所谓的互联网思维来求变、自我革命，也更能发挥创新的力量。
- 重塑结构。信息革命、全球化、互联网业已打破了原有的社会结构、经济结构、地缘结构、文化结构。权力、议事规则、话语权不断在发生变化。"互联网 +"的社会治理、虚拟社会治理会有很大的不同。
- 尊重人性。人性的光辉是推动科技进步、经济增长、社会进步、文化繁荣的最根本的力量。互联网的力量之强大，从根本上也来源于对人性的最大限度的尊重、对人的体验的敬畏、对人的创造性发挥的重视，例如卷入式营销和分享经济。
- 开放生态。关于"互联网 +"，生态是非常重要的特征，而生态本身就是开放的。我们推进"互联网 +"，其中一个重要的方向就是要把过去制约创新的环节化解掉，把孤岛式创新连接起来，让研发由人性决定的市场驱动，让创业者有机会实现价值。

- 连接一切。连接是有层次的，可连接性是有差异的，连接的价值是相差很大的，但是连接一切是"互联网+"的目标。

"互联网+工业"即传统制造业企业采用移动互联网、云计算、大数据、物联网等信息通信技术，改造原有产品及研发生产方式，与"工业互联网""工业4.0"的内涵一致。

工业4.0（第四次工业革命）

所谓工业4.0（Industry 4.0）是基于工业发展的不同阶段做出的划分。按照目前的共识，工业1.0是蒸汽机时代，工业2.0是电气化时代，工业3.0是信息化时代，工业4.0则是利用信息化技术促进产业变革的时代，也就是智能化时代。

这个概念最早出现在德国，在2013年的汉诺威工业博览会上正式推出，其核心目的是提高德国工业的竞争力，在新一轮工业革命中占领先机。随后由德国政府列入《德国2020高技术战略》中所提出的十大未来项目之一。该项目由德国联邦教育局及研究部和联邦经济技术部联合资助，投资预计达2亿欧元，旨在提升制造业的智能化水平，建立具有适应性、资源效率及基因工程学的智慧工厂，在商业流程及价值流程中整合客户及商业伙伴。其技术基础是网络实体系统及物联网。

德国的工业4.0是指利用信息物理系统（Cyber-Physical System，CPS）将生产中的供应、制造、销售信息数据化、智慧化，最后达到快速、有效、个人化的产品供应。

"中国制造2025"与德国"工业4.0"的合作对接渊源已久。2015年5月，国务院正式印发《中国制造2025》，部署全面推进实施制造强国战略。

工业4.0已经进入中德合作新时代，在中德双方签署的《中德合作行动纲要》中，有关工业4.0合作的内容共有4条，第一条就明确提出工业生产的数字化就是"工业4.0"，对于未来中德经济发展具有重大意义。双方认为，两国政府应为企业参与该进程提供政策支持。

工业4.0项目主要分为四大主题：

- 智能工厂。重点研究智能化生产系统及过程，以及网络化分布式生产设施的实现。智能工厂是实现智能制造的重要载体，主要通过构建智能化生产系统、网络化分布生产设施，实现生产过程的智能化。智能工厂实现了人与机器的相互协调合作，其本质是人机交互。
- 智能制造。基于新一代信息技术，贯穿制造活动各个环节，具有信息深度自感知、智慧优化自决策、精准控制自执行等功能的先进制造系统与模式。其中识别技术、实时定位系统、信息物理融合系统、网络安全、系统协同等五大关键技术都离不开软件的贡献。
- 智能物流。主要通过互联网、物联网、物流网，整合物流资源，充分发挥现有物流资源供应方的效率，而需求方则能够快速获得服务匹配，得到物流支持。智能物流利用条形码、传感器、全球定位系统等先进的物联网技术，通过信息处理和网络通信技术平台，广泛应用于物流业运输、仓储、配送、包装、装卸等基本活动环节，实现货物运输的自动化和管理高效化，提高服务水平，降低成本，减少资源消耗。
- 智能服务。智能服务实现的是一种按需和主动的智能，即通过捕捉用户的原始信息，通过后台积累的数据，构建需求结构模型，进行数据挖掘和商业智能分析，除了可以分析用户的习惯、喜好等显性需求外，还可以进一步挖掘与时空、身份、工作生活状态关联的隐性需求，主动给用户提供精准、高效的服务。这些需要软件来实现。

思考题

1. 什么是"互联网+"？
2. 什么是工业4.0？

6.7　第五代移动通信技术：5G

什么是 5G

5G 指的是通信技术的版本号，它的全称是第五代移动通信技术（5th-generation），法定名称是 IMT-2020。5G 是面向 2020 年以后移动通信需求而发展的新一代移动通信系统。根据移动通信的发展规律，5G 将具有超高的频谱利用率和能效，在传输速率和资源利用率等方面较4G 移动通信提高一个量级或更高，其无线覆盖性能、传输时延、系统安全和用户体验也将得到显著的提高。5G 移动通信将与其他无线移动通信技术密切结合，构成新一代无所不在的移动信息网络，满足未来 10 年移动互联网流量增加 1000 倍的发展需求。5G 移动通信系统的应用领域也将进一步扩展，对海量传感设备及 M2M 通信的支撑能力将成为系统设计的重要指标之一。

5G 代表着移动技术的演进和革命，能实现迄今为止发布的多项高级别目标。普遍认为5G 是一代能让蜂窝网络扩展至全新使用和垂直市场的无线技术。5G 技术还能让蜂窝网络进入机器世界，用于无人驾驶汽车等，并用来连接数以百万计的工业传感器以及各种可穿戴电子设备等。

为什么需要 5G

未来 10 年经济增长的火车头依然是信息通信产业，5G 是新一代移动通信技术发展的主要方向，是未来新一代信息基础设施的重要组成部分。5G 与 4G 相比，具有"超高速率、超低时延、超大连接"的技术特点，不仅将进一步提升用户的网络体验，为移动终端带来更快的传输速度，同时还将满足未来万物互联的应用需求，赋予万物在线连接的能力。

据此，国际电信联盟归纳定义了 5G 的三大应用场景。一是移动宽带增强场景（eMBB），特点是广覆盖、高速率，也是 5G 商用的初期切入点，典型应用如高速下载、4K/8K 高清视频、虚拟现实（VR）、增强现实（AR）等。二是大规模机器类通信场景（mMTC），特点是低功耗、大连接，即"万物互联"，是 5G 商用中后期的发力点，典型应用如智慧城市、智能家居、视频监控等。三是高可靠短时延场景（uRLLC），特点是低时延、高可靠（近乎 100% 可靠），是5G 被寄予厚望的特色业务，典型应用如车联网、工业控制、远程医疗等垂直行业。需要指出的是，这三大应用场景不是完全割裂开的，比如 VR 沉浸体验不仅要求高速率，对时延的要求也很高。这三大应用场景都需要 5G 技术来支撑。

5G 实例说明

5G 技术超过 4G 的主要好处之一，不仅仅是它的传输速度（可能在 10Gbps 到 100Gbps 之间），更重要的是低延迟。目前，4G 的延迟在 40～60 毫秒之间，这是低延迟，但不足以提供实时响应。例如，多人游戏需要较低的延迟，以确保当你按下一个按钮时，远程服务器会立即响应。5G 的潜在超低延迟可能在 1～10 毫秒之间，这样的延迟可保证观众在观看足球比赛直播时，所看到的画面与球场上的情况相匹配，没有任何明显的延迟。这也将为 VR 和 AR 应用打开一扇门，以实时的形式提供服务。

容量也是一个重要因素。随着时间的推移，物联网变得越来越重要，电子设备和物品具备了从未有过的智能、互联功能。带宽的压力将会继续增长，这就是为什么需要 5G 为物联网技术提供数以百万计的新连接。

据分析人士预测，到 2020 年，每个人都将拥有并使用至少 27 个联网设备（包括从智能手机、平板电脑和智能手表，到冰箱、汽车、增强现实眼镜，再到智能服装等）。全世界将有500 亿台联网设备。海量设备中的一些将需要大量的数据来回移动，而另一些则可能只需要发送和接收的小数据包。5G 系统本身将会理解并识别这一点并分别分配带宽，从而不会给单个连接点带来不必要的压力。

此外，预测到 2030 年，数据流量的 70%～80% 将被用于流媒体视频。其中大部分是 4K 超高清甚至 8K 分辨率。4G 网络难以满足 4K/8K 视频需求。5G 网络不仅可以满足 4K/8K 视频需求，其他领域业务也将在 5G 方面得到更好的服务。

5G 的原理

5G 无线技术涉及以下方面。

大规模天线（massive MIMO）、波束赋型和空分复用技术：5G 基站采用天线数目庞大（可高达 256 根）的大规模天线技术，将原来的 2D 天线阵列拓展成 3D 阵列，形成 3D-MIMO 技术。根据概率统计学原理，当基站侧天线数量远大于用户天线数量时，基站各个用户的信道将趋于正交。这种情况下用户间的干扰将趋于消失，而巨大的阵列增益能够有效提升每个用户的信噪比，从而在相同的时频资源上支持更多的用户，极大地提高系统容量。这种技术可支持多用户波束赋型，减少用户间干扰，进一步改善无线信号覆盖性能。另外，基于大规模天线的空分复用技术，能够实现频谱效率数倍提升。

超密集组网技术（UDN）：通过增加单位面积内小基站的密度，并通过在异构网络中引入超大规模低功率节点实现热点增强、消除盲点、改善网络覆盖、提高系统容量。异构网络（HetNet）将是应对未来数据流量陡增，满足容量增长需求的主要途径。在宏蜂窝网络层中，运营商可通过布放大量低功率的微蜂窝（microcell）、微微蜂窝（picocell）、毫微微蜂窝（femtocell）等非标准六边形蜂窝接入点，形成低功率节点层，大量重用系统已有频谱资源，增强总的等效功率资源，并有针对性地按需部署、就近接入，来满足热点地区对容量的需求。

信道编码技术：信道编码也叫差错控制编码，是所有现代通信系统的基石，通过在发送端对原数据添加相关性冗余信息，接收端根据这种相关性来检测和纠正传输过程产生的差错。在历史上，信道编码技术出现了 Hamming 码、Golay 码、Viterbi 码、Turbo 码、LDPC 码等方案。Turbo 码与 LDPC 码具有逼近香农极限的性能，能很好地满足 3G、4G 通信的需求，但由于两者各有优缺点，满足全部 5G 应用并不现实。2016 年 11 月，3GPP RAN1 87 次会议确定了 5G eMBB 场景下的信道编码方案：数据通道为 LDPC 码，控制通道为 Polar 码。

新型多载波技术：正交频分复用技术（OFDM）是 4G 重要的多载波技术，在 5G 中也是基本波形的重要选择，但 OFDM 仍然存在对时频同步要求高、需要全频带配置统一的波形参数等问题。5G 除了传统的移动互联网场景，还定义了大规模物联网场景和低时延高可靠场景，不同的场景对载波也提出了不同的要求。目前业界提出的新型多载波技术包括 F-OFDM、UFMC 以及 FBMC 技术等，能够克服 OFDM 目前所存在的时频同步敏感性。

全频谱接入技术：5G 新空口包括 6GHz 以下低频技术和 6GHz 以上高频技术（毫米波），5G 低频新技术用于增强移动宽带场景，高频新技术联合低频技术组网用于热点地区。高频技术仅用于人与人之间的高速通信，低频技术用于人与人的通信和物联网场景。

终端直连技术（D2D）：D2D 旨在使一定距离范围内的用户通信设备直接通信，以降低对服务基站的负荷。D2D 通信模式下能有效提升网络容量。用户数据直接在终端之间传输，避免了蜂窝通信中用户数据经过网络中转传输，由此产生链路增益；D2D 用户之间以及 D2D 与蜂窝之间的资源可以复用，由此可产生资源复用增益；通过链路增益和资源复用增益则可提高无线频谱资源的效率，进而提高网络吞吐量。D2D 典型场景之一是车联网中的短距离、低时延和高可靠性的 V2X（车车 V2V、车路 V2I、车人 V2P 等，统称 V2X）通信。例如，在高速行车时，车辆的变道、减速等操作，可通过 D2D 通信的方式发出预警，车辆周围的其他车辆基于接收到的预警对驾驶员提出警示，甚至在紧急情况下对车辆进行自主操控，以缩短行车中面临紧急状况时驾驶员的反应时间，降低交通事故发生率。

5G 网络技术涉及以下方面。

网络切片技术：将不同业务划分在不同通道，优化了任务的开展实施，为典型的业务场景分配独立的网络切片。网络切片基于网络功能虚拟化（NFV）展开，面向不同的业务提供不同的服务。通过切片技术，云端和终端形成了分业务的直连通路，业务效率实现了最优化。同时，不同切片的网络功能、拥塞、过载、配置调整等都相互独立，不对其他切片产生影响。

SDN/NFV 技术：5G 为了应对大带宽、低时延和高可靠性等需求，需要解决网络资源和计算资源不匹配的矛盾，引入 SDN/NFV 技术搭建基于通用硬件的基础平台，支持 5G 的高性能转发要求和电信级的管理需求。SDN 即软件定义网络，是网络虚拟化的一种实现方式，通过将网络设备控制面与数据面分离开来，实现网络流量的灵活控制，使网络作为管道变得更加智能。NFV 即网络功能虚拟化，是指通过软硬件解耦及功能抽象使网络设备功能不再依赖于专用硬件，资源可以充分灵活共享，实现新业务的快速开发和部署、故障隔离和自愈等。在 NFV 方法中，各种网元变成了独立的应用，可以灵活部署在基于标准的服务器、存储、交换机构建的统一平台上，这样软硬件解耦，每个应用可以通过快速增加或减少虚拟资源来达到快速扩容或缩容的目的，大大提升网络的弹性。

移动边缘计算（MEC）技术：由 ETSI 提出的移动边缘计算（MEC）是基于 5G 演进的架构，将移动接入网与互联网业务深度融合的一种技术。MEC 可改善用户体验，节省带宽资源，并通过将计算能力下沉到移动边缘节点，提供第三方应用集成，为移动边缘入口的服务创新提供可能。移动边缘使得网络扁平化、智能化、本地化，是云的进一步升级。MEC 相当于在离用户更近的地方建立了工厂、仓库，实现了资源的快速调度。5G 网络中部署 MEC 后，视频内容直接同无线网连接，直播延时非常小。另外，部署 MEC 还用来降低车联网 D2D 之间的时延以及工业互联网控制设备之间的时延。

5G 的前世今生与未来发展

1G 实现了模拟语音通信，"大哥大"没有屏幕只能打电话；2G 实现了语音通信数字化，功能机有了小屏幕，可以发短信了；3G 实现了语音以外图片等的多媒体通信，变大的屏幕可以看图片了；4G 实现了局域高速上网，大屏智能机可以看短视频了，但在城市信号好，偏远地区信号差。1G~4G 都是着眼于人与人之间更方便快捷的通信，而 5G 与 2G、3G、4G 系统不同，它是对现有无线接入技术（包括 2G、3G、4G、WiFi）的技术演进与新增补充性无线接入技术集成后的解决方案的总称，5G 将是真正意义上的融合网络。这个融合统一的标准将提供人与人、人与物、物与物之间高速、安全、自由的连接。5G 将实现随时、随地、万物互联，让人类敢于期待与地球上的万物通过直播的方式无时差地同步参与其中。5G 是一场革命，包括网络架构、空中接口等。

5G 将以可持续发展的方式，满足未来超千倍的移动数据增长需求，将为用户提供光纤般的接入速率，"零"时延的使用体验，千亿设备的连接能力，超高流量密度、超高连接数密度和超高移动性等多场景的一致服务，以及业务及用户感知的智能优化。未来 5G 系统还须具备充分的灵活性，具有网络自感知、自调整等智能化能力，以应对未来移动信息社会难以预计的快速变化。同时，5G 将为网络带来超百倍的能效提升和超百倍的比特成本降低，并最终实现"信息随心至，万物触手及"的愿景。

思考题

1. 什么是 5G？5G 有哪些重要特点？

2. 5G 能给我们的生活带来哪些改变？

第 7 章

软件新形式

随着信息技术的快速发展，出现了很多软件新形式。本章主要介绍有代表性的几类软件新形式。为了突破单核的性能瓶颈，多核和并发系统（7.1 节）开始真正推动计算机系统的进步；中间件（7.2 节）连接软件组件和应用的计算机软件，聚焦于消除信息孤岛，推动无边界信息流；分布式系统（7.3 节）可以采用更多的普通计算机组成分布式集群对外提供服务，对于系统的用户来说，就像是一台计算机在提供服务一样。软件 Agent（7.4 节）是一种特定环境下具有社会交互性和智能性的计算机系统，Agent 技术为全面准确地研究分布式计算系统的特点提供了合理的概念模型。信息物理系统（7.5 节）的意义在于将物理设备联网，通过连接到互联网上，让物理设备具有计算、通信、精确控制、远程协调和自治等五大功能。移动 App（7.6 节）是指运行在智能手机、平板电脑以及其他智能终端上的计算机应用程序，这类软件已经日益成为主流软件形式。另一类非常主流的软件形式就是面向网络环境的网构软件（7.8 节）。智能软件（7.7 节）就是人工智能与软件的结合，使用人工智能的方法开发软件，或由软件提供人工智能方面的功能，比较典型的例子是基于知识的软件——知件（7.9 节），以及基于机器学习的软件——学件（7.10 节）。

7.1 多核与并发系统

随着社会生活的发展，人们对处理器性能的需求有增无减，而处理器技术的不断进步，使得单核不断地向着多核的趋势发展。

在操作系统中，并发是指一个时间段中有几个程序都处于已启动运行到运行完毕之间，且这几个程序都是在同一个处理机上运行，但任一个时刻点上只有一个程序在处理机上运行。当系统有多个线程在操作时，如果系统只有一个 CPU，则它根本不可能真正同时处理一个以上的线程，只能把 CPU 运行时间划分成若干个时间段，再将时间段分配给各个线程执行，在一个时间段的线程代码运行时，其他线程处于挂起状态，这种方式称为并发（concurrent）。

在系统有一个以上的 CPU 时，线程的操作有可能非并发而是并行。当一个 CPU 执行一个线程时，另一个 CPU 可以执行另一个线程，两个线程互不抢占 CPU 资源，可以同时进行，这种方式称为并行（parallel）。单核 CPU 只能做到并发执行，多核 CPU 才能做到并行执行。

并发系统普遍存在于各行各业的生产生活中，如分布式存储、云计算、车联网、通信网络、集成电路系统等。在结构上，可将并发系统描述为由多个分支子系统经由层次特性或组合特性所构成。从进程代数角度来看，并发系统中的分支子系统对应于进程代数模型中的每个组件；分支系统中的各个进程及进程交互则对应于组件内部的每个状态及动作。除此以外，并发系统的复杂特性主要体现在实现其内部所包含的各分支系统之间各种通信的具体协议设计的复杂性。

多核与并发的意义

一直以来，硬件的发展极其迅速，著名的"摩尔定律"认为计算能力会按照指数级别的速度增长，不久以后会拥有超强的计算能力。然而，在 2004 年，Intel 公司宣布 4GHz 芯片的计划推迟到 2005 年，然后在 2004 年秋季，Intel 公司宣布彻底取消 4GHz 的计划，也就是说，摩尔定律的有效性在持续了半个多世纪后戛然而止。但是，硬件工程师为了进一步提升计算速度，不再追求单独的计算单元，而是将多个计算单元整合到一起，也就是形成了多核 CPU。因此，在多核 CPU 的背景下，催生了并发编程的趋势，通过并发编程的形式可以将多核 CPU 的计算能力发挥到极致，使性能得到提升。

多核处理器的原理

多核处理器的原理就是"团队合作"，尽管每一个核的运算性能都低于单核，但拥有系统结构简单、成本低、功耗低等优点。另外，每个核的任务处理相对独立，对于大部分规模较小的任务，交给多个核并行处理显然比单核要更加高效。一般来说，由一个处于核心位置的核调度任务，其他的核处理简单任务，因而单个核的设计得以简化，以达到节约成本、降低功耗的目的（图 7-1）。

然而，多核引入了一系列单核不会遇到的问题，如核间通信、任务调度等。尤其是对于异构多核系统，其复杂的系统架构导致很多适用于普通多核系统的调度算法等并不适用于异构多核系统。只有当这些额外代价被多核系统带来的性能提升超过时，多核才有可能真正地被运用到现实生活中。

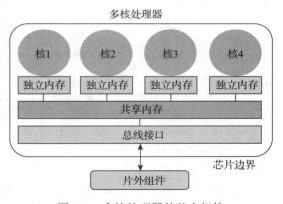

图 7-1　多核处理器的基本架构

多核技术不仅仅是硬件方面的实现，同样也是软件领域的革新，多核技术的发展和软件程序的并行化是共同进步的。一方面，多核系统支持程序员开发更高效的并行算法以适应多核；另一方面，系统和应用软件的多线程化也需要多核系统不断更新进步以更好地提供支持。

- 对于多核：在每个 CPU 上运行一个独立的进程，独自占用一个计算资源。
- 对于并发：每个进程在一个 CPU 上轮流占用执行，虽然在同一个时刻是一个进程占用 CPU，但是对于一个时间段，看上去是同时占用 CPU。
- 同步和异步：同步和异步通常用来形容一次方法调用。在同步方法调用的一开始，调用者必须等待被调用的方法结束后，调用者后面的代码才能执行。而异步调用指的是，调用者不用管被调用方法是否完成，都会继续执行后面的代码，当被调用的方法完成后会通知调用者。
- 阻塞和非阻塞：阻塞和非阻塞通常用来形容多线程间的相互影响，比如一个线程占有了临界区资源，那么其他线程若需要这个资源，就必须等待该资源的释放。这会导致等待的线程挂起，这种情况就是阻塞，而非阻塞恰好相反，它强调没有一个线程可以阻塞其他线程，所有的线程都会尝试向前运行。

- 临界区：临界区用来表示一种公共资源或者说是共享数据，可以被多个线程使用。但是在使用时，一旦临界区资源被一个线程占有，那么其他线程必须等待。

并发程序测试

对于一个并发程序来说，其中对线程的调度是不确定的，如下所示：

```
初始: a=0;
Thread1: a=a+1;
Thread2: a=a*2;
```

那么，对于初始条件为 a=0，并且有两个线程对 a 进行操作的程序，每次系统的执行结果可能是不一样的，因为 Thread1 和 Thread2 的执行顺序是不确定的：

```
1. a=0; a=a+1; a=a*2;    a 结果为 2
2. a=0; a=a*2; a=a+1;    a 结果为 1
```

因此对于这种程序的测试，一般的做法是多次对其进行测试以增加遇到所有情况的可能。但是这种方法存在一定的随机性，一些 bug 可能难以发现。所以可以对程序进行建模，使用模型检查技术探索程序所有可能的情况，对所有情况进行验证。

多核与并发的应用

应用需求的提升导致嵌入式系统日益复杂，集成度不断提高。传统的嵌入式设计方法通常将不同的应用（或功能）部署到不同的独立硬件上执行。而对于高度复杂的未来嵌入式系统，传统方法已经无法满足开发效率的需要，同时更难以满足嵌入式系统对性能、体积、重量以及功耗等方面的复杂需求。因此，实时系统将面临实时性约束和高性能集成设计需求的双重压力。多核处理器的出现，使得在同一平台上集成多个应用成为可能，为未来实时嵌入式系统设计带来了希望。例如，在汽车电子领域中，一台高端汽车上有超过 100 个电子控制单元（Electronic Control Unit，ECU），每一个 ECU 负责一项特定的功能（如加速、制动等）。在未来的系统设计中，多个控制功能可能被集成在一个多核处理器上，从而降低系统开发和维护成本，减小电子系统的体积与功耗。因此，在可预见的未来，多核处理器将成为各类计算系统的标准硬件，实时系统在多核硬件上的集成也将成为必然趋势。

多核与并发的优缺点

多核与并发系统能够更好地利用 CPU 资源，加快应用的速度，从而调高性能。多核处理器有着许多显而易见的优点，如单个核的设计简单、功耗小，多核系统和并行运算的程序框架兼容性好，适合多数现实应用。最重要的就是可以突破单核的性能瓶颈。

然而，多核系统也存在着一些缺点。首先，并非在所有的系统设计中多核都优于单核，例如，某些嵌入式系统选择单核更优。其次，多核系统需要考虑核间通信、任务调度、cache 一致性、协议开发算法的难度增加、频繁的上下文切换和线程安全等关键技术问题，必须合理设计系统，将额外引入的代价降低到可以接受的水平，多核系统才可以真正推动计算机系统的进步，并为生产生活服务。

思考题

1. 并发和并行有什么区别和联系？

7.2 中间件

中间件（middleware）是一类连接软件组件和应用的计算机软件，它包括一组服务，以便于运行在一台或多台机器上的多个软件通过网络进行交互。该技术所提供的互操作性推动了分布式体系架构的演进，该架构通常用于支持并简化那些复杂的分布式应用程序，包括 Web 服务器、事务监控器和消息队列软件。

中间件是基础软件类，属于可复用软件的范畴，一般处于操作系统软件与用户应用软件之间。中间件在操作系统、网络和数据库之上，应用软件的下层，总的作用是为处于自己上层的应用软件提供运行与开发的环境，帮助用户灵活、高效地开发和集成复杂的应用软件。在众多关于中间件的定义中，相对普遍被接受的定义是：中间件是一种独立的系统软件或服务程序，分布式应用软件借助这种软件在不同的技术之间共享资源。中间件位于客户机服务器的操作系统之上，管理计算资源和网络通信。

近年来，人类生活中越来越多的领域已经离不开计算机技术、网络技术以及通信技术。并且随着计算机技术的快速发展，更多的应用软件被要求在许多不同的网络协议、不同的硬件生产厂商以及不一样的网络平台和环境上运营。这导致了软件开发者需要面临数据离散、操作困难、系统匹配程度低，以及需要开发多种应用程序来达到运营的目的。所以，中间件技术的产生，在极大程度上减轻了开发者的负担，使得网络的运行更有效率。

中间件的基本功能

中间件是独立的系统级软件，连接操作系统层和应用程序层，将不同操作系统提供应用的接口标准化，协议统一化，屏蔽具体操作的细节。中间件一般提供如下功能。

- 通信支持。中间件为其所支持的应用软件提供平台化的运行环境，该环境屏蔽底层通信之间的接口差异，实现互操作，所以通信支持是中间件最基本的功能之一。早期应用与分布式的中间件交互时，主要的通信方式为远程调用和消息两种方式。在通信模块中，远程调用通过网络进行通信，通过支持数据的转换和通信服务，从而屏蔽不同的操作系统和网络协议。远程调用是提供对过程的服务访问，为上层系统只提供非常简单的编程接口或过程调用模型，为消息提供异步交互的机制。
- 应用支持。中间件的目的就是服务上层应用，提供应用层不同服务之间的互操作机制。它为上层应用开发提供统一的平台和运行环境，并封装不同操作系统以提供 API 接口，向应用提供统一的标准接口，使应用的开发和运行与操作系统无关，实现其独立性。中间件松耦合的结构，标准的封装服务和接口，有效的互操作机制，给应用结构化和开发方法提供了有力的支持。
- 公共服务。公共服务是对应用软件中共性功能或约束的提取。将这些共性的功能或者约束分类实现，并支持复用，作为公共服务提供给应用程序使用。通过提供标准、统一的公共服务，可减少上层应用的开发工作量，缩短应用的开发时间，并有助于提高应用软件的质量。

中间件的基本分类

中间件的基本分类如下。

事务式中间件。事务式中间件又称事务处理管理程序，是当前应用最广泛的中间件之一，其主要功能是提供联机事务处理所需要的通信、并发访问控制、事务控制、资源管理、安全管理、负载平衡、故障恢复和其他必要的服务。事务式中间件支持大量客户进程的并发访问，具有极强的扩展性。由于事务式中间件具有可靠性高、极强的扩展性等特点，主要应用于电信、金融、飞机订票系统、证券等拥有大量客户的领域。

过程式中间件。过程式中间件又称远程过程调用中间件。过程式中间件一般从逻辑上分为两部分：客户和服务器。客户和服务器是一个逻辑概念，既可以运行在同一计算机上，也可以运行在不同的计算机上，甚至客户和服务器底层的操作系统也可以不同。客户机和服务器之间的通信可以使用同步通信，也可以采用线程式异步调用。所以过程式中间件有较好的异构支持能力，简单易用。但由于客户和服务器之间采用访问连接，所以在易剪裁性和容错方面有一定的局限性。

面向消息的中间件。面向消息的中间件简称为消息中间件，是一类以消息为载体进行通信的中间件，利用高效可靠的消息机制来实现不同应用间大量的数据交换。按其通信模型的不同，消息中间件的通信模型有两类：消息队列和消息传递。通过这两种消息模型，不同应用之间的通信和网络的复杂性脱离，摆脱对不同通信协议的依赖，可以在复杂的网络环境中高可靠、高效率地实现安全的异步通信。消息中间件的非直接连接，支持多种通信规程，达到多个系统之间的数据的共享和同步。面向消息的中间件是一类常用的中间件。

面向对象的中间件。面向对象的中间件又称分布对象中间件，是分布式计算技术和面向对象技术发展的结合，简称对象中间件。分布对象模型是面向对象模型在分布异构环境下的自然拓展。面向对象的中间件给应用层提供各种不同形式的通信服务，通过这些服务，上层应用对事务处理、分布式数据访问、对象管理等的处理更简单易行。OMG 组织是分布对象技术标准化方面的国际组织，它制定了 CORBA 等标准。

Web 应用服务器。Web 应用服务器是 Web 服务器和应用服务器相结合的产物。应用服务器中间件可以说是软件的基础设施，利用构件化技术将应用软件整合到一个确定的协同工作环境中，并提供多种通信机制、事务处理能力及应用的开发管理功能。由于直接支持三层或多层应用系统的开发，应用服务器受到了广大用户的欢迎，是目前中间件市场上竞争的热点，J2EE 架构是目前应用服务器方面的主流标准。

其他类型的中间件。新的应用需求、新的技术创新、新的应用领域促成了新的中间件产品的出现。例如，ASAAC 在研究标准航空电子体系结构时提出的通用系统管理（GSM），属于典型的嵌入式航电系统的中间件；再如，互联网、云计算技术的发展，使得云计算中间件、物流网的中间件等随着应用市场的需求应运而生。

中间件的优点与不足

世界著名的咨询机构 Standish Group 在一份研究报告中归纳了中间件的十大优越性：

- 应用开发：Standish Group 分析了 100 个关键应用系统中业务逻辑程序、应用逻辑程序及基础程序所占的比例，业务逻辑程序和应用逻辑程序仅占总程序量的 30%，而基础程序占了 70%。使用传统意义上的中间件一项就可以节省 25%～60% 的应用开发费用。如果以新一代的中间件系列产品来组合应用，同时配合可复用的商务对象构件，则应用开发费用可节省至 80%。

- 系统运行：没有使用中间件的应用系统，其初期的资金及运行费用的投入要比同规模使用中间件的应用系统多一倍。

- 开发周期：基础软件的开发是一件耗时的工作，若使用标准商业中间件则可以将开发周期缩短 50%～75%

- 减少项目开发风险：研究表明，没有使用标准商业中间件的关键应用系统开发项目的失败率高于 90%。企业自己开发内置的基础（中间件）软件是得不偿失的，项目总的开支至少要翻一倍，甚至会多十几倍。

- 合理运用资金：借助标准的商业中间件，企业很容易在现有或遗留系统之上或之外增加新的功能模块，并将它们与原有系统无缝集成。依靠标准的中间件，可以将老旧系统改头换面成新潮的 Internet/Intranet 应用系统。

- 应用集成：依靠标准的中间件可以将现有的应用、新的应用和购买的商务构件融合在一起进行应用集成。
- 系统维护：基础（中间件）软件的自我开发是要付出很高代价的。而在一般情况下，购买标准商业中间件每年只需付出产品价格 15%～20% 的维护费。当然，中间件产品的具体价格要依据产品购买数量及厂商而定。
- 质量：基于企业自我建造的基础（中间件）软件平台上的应用系统，每增加一个新的模块，就要相应地进行改动。而标准的中间件在接口方面都是清晰和规范的，可以有效地保证应用系统质量并减少新旧系统维护开支。
- 技术革新：企业对自我建造的基础（中间件）软件平台的频繁更新是极不容易实现的（也是不实际的）。而购买标准的商业中间件，则无须担心技术的发展与变化，因为中间件厂商会责无旁贷地把握技术方向和进行技术革新。
- 增加产品吸引力：不同的商业中间件提供不同的功能模型，只要合理使用，便更容易为应用增添新的表现形式与新的服务项目。从另一个角度看，可靠的商业中间件也使企业的应用系统更完善、更出众。

然而，中间件服务也并非"万能药"。中间件所应遵循的一些原则离实际还有很大距离。多数流行的中间件服务使用专有的 API 和专有的协议，使得应用建立于单一厂家的产品，来自不同厂家的实现很难互操作。有些中间件服务只提供部分平台的实现，从而限制了应用在异构系统之间的移植。应用开发者在这些中间件服务之上建立自己的应用还要承担相当大的风险，随着技术的发展，他们往往还需重写系统。尽管中间件服务提高了分布式计算的抽象化程度，但应用开发者还需面临许多艰难的设计选择，例如，开发者还需要决定分布式应用在客户端和服务器端的功能分配。通常将表示服务放在客户端以方便使用显示设备，将数据服务放在服务器端以靠近数据库，但也并非总是如此，何况其他应用功能如何分配也是不容易确定的。

中间件的未来发展

中间件技术的发展方向将聚焦于消除信息孤岛，推动无边界信息流，支撑开放、动态、多变的互联网环境中的复杂应用系统，实现对分布于互联网之上的各种自治信息资源（计算资源、数据资源、服务资源、软件资源）的简单、标准、快速、灵活、可信、高效能及低成本的集成、协同和综合利用，提高组织的 IT 基础设施的业务敏捷性，降低总体运维成本，促进 IT 与业务之间的匹配。中间件技术正在呈现出业务化、服务化、一体化、虚拟化等诸多新的重要发展趋势。

中间件技术已经取得了很大的成功，成为研究热点之一。随着应用的普及和研究的深入，以及互联网的发展，目前的中间件技术主要呈现出三方面的趋势：首先，中间件越来越多地向传统操作系统层渗透，向平台化发展；其次，随着网络化的发展趋势，应用软件需要的支持机制越来越多，中间件会变广变厚；最后，中间件也在向构件化发展，为上层应用的结构设计和部署提供有效的支持，并为解决软件复用问题提供支持。

思考题

1. 什么是中间件？中间件有什么作用？

7.3　分布式系统

分布式系统是由一组通过网络进行通信、为了完成共同任务而协调工作的计算机节点组成的系统。简单来说，就是一群独立计算机集合共同对外提供服务，但是对于系统的用户来说，就像是一台计算机在提供服务一样。

分布式意味着可以采用更多的普通计算机组成分布式集群来对外提供服务。计算机越多，CPU、内存、存储资源等也就越多，能够处理的并发访问量也就越大。另外，分布式系统中各个主机之间的通信和协调主要通过网络进行，所以，分布式系统中的计算机在空间上几乎没有任何限制，这些计算机可能被放在不同的机柜上，也可能被部署在不同的机房中，还可能在不同的城市中，对于大型的网站，甚至可能分布在不同的国家和地区。

支持分布式处理的软件系统，是在由通信网络互联的多处理机体系结构上执行任务的系统，包括分布式操作系统、分布式程序设计语言及其编译（解释）系统、分布式文件系统、分布式数据库系统和分布式邮件系统等。

分布式操作系统负责管理分布式处理系统资源和控制分布式程序运行。它和集中式操作系统的区别在于资源管理、进程通信和系统结构等方面。

分布式程序设计语言用于编写运行于分布式计算机系统上的分布式程序。一个分布式程序由若干个可以独立执行的程序模块组成，它们分布于一个分布式处理系统的多台计算机上被同时执行。它与集中式的程序设计语言相比有三个特点：分布性、通信性和稳健性。

分布式文件系统具有执行远程文件存取的能力，并以透明方式对分布在网络上的文件进行管理和存取。

分布式数据库系统是由若干个站集合而成的。这些站又称为节点，它们在通信网络中连接在一起，每个节点都是一个独立的数据库系统，拥有各自的数据库、中央处理机、终端，以及各自的局部数据库管理系统。因此，可以将分布式数据库系统看作一系列集中式数据库系统的联合。它们在逻辑上属于同一系统，但在物理结构上是分布式的。

分布式邮件系统是指在同一域名下跨地域部署的邮件系统，适用于在各地设有分部的政府机构或者大型集团，能够有效管理各地的人员结构，同时提高了邮件服务器的应用效率。分布式邮件系统由多个数据中心组成，大量分支机构或较小的分散站点与数据中心连接。分支机构需要建立自己的邮件服务器，以加快处理当地分支机构的邮件，提高邮件处理能力、邮件收发速度、邮件功能模块化。

发展分布式系统的原因

分布式系统可以解决组织机构分散而数据需要相互联系的问题。比如银行系统，总行与各分行处于不同的城市或城市中的各个地区，在业务上它们需要处理各自的数据，也需要彼此之间的数据交换和处理，这就需要分布式的系统。

如果一个组织机构需要增加新的相对自主的组织单位来扩充机构，则分布式数据库系统可以在对当前机构影响最小的情况下进行扩充。

分布式系统还可以满足均衡负载的需要。数据的分解采用使局部应用达到最大，这使得各处理机之间的相互干扰降到最低。负载在各处理机之间分担，可以避免临界瓶颈。

当现有机构中已存在几个数据库系统，而且实现全局应用的必要性增加时，就可以由这些数据库自下而上构成分布式数据库系统。

相等规模的分布式数据库系统在出现故障的概率上不会比集中式数据库系统低，但由于其故障的影响仅限于局部数据应用，因此就整个系统来讲它的可靠性是比较高的。

分布式数据库系统的特点

在分布式数据库系统里不强调集中控制的概念，它具有一个以全局数据库管理员为基础的分层控制结构，但是每个局部数据库管理员都具有高度的自主权。

在分布式数据库系统中，数据独立性的概念也同样重要，然而增加了一个新的概念，就是分布式透明性。所谓分布式透明性就是在编写程序时好像数据没有被分布一样，因此把数据进行转移不会影响程序的正确性，但程序的执行速度会有所降低。

与集中式数据库系统不同的是，数据冗余在分布式数据库系统中被看作需要的特性，其原因在于：首先，如果在需要的节点复制数据，则可以提高局部的应用性；其次，当某节点发生故障时，可以操作其他节点上的复制数据，因此可以增加系统的有效性。当然，在分布式系统中对最佳冗余度的评价是很复杂的。

分布式系统的优缺点

分布式系统具有以下优点：

- 容错与冗余：分布式系统比单机具有更高的容错能力。例如，对于一个由 8 台计算机组成，并且跨两个数据中心运行的集群，即使一个数据中心脱机，其应用程序也可以运行。这一特性可转化为更高的可靠性，因为在单台机器的情况下，所有故障都会随之而来。即使一个或多个节点停止工作，分布式系统仍将正常运行。
- 低延迟：由于用户可以在多个地理位置上拥有一个节点，因此分布式系统允许流量到达最接近的节点，从而降低了延迟并提高了性能。
- 高效性：分布式系统可以将复杂的问题 / 数据分解为较小的部分，并具有多台并行处理的计算机，这有助于减少解决 / 计算这些问题所需的时间。
- 动态伸缩：分布式系统可以根据对存储空间、算力的要求，对整个系统按需分配。任务规模庞大时，可以通过增加机器以增加计算 / 存储能力；任务规模缩小时，可以撤掉一些多余的机器，达到动态伸缩的效果。

分布式系统的缺点如下：

- 复杂：分布式计算系统比集中式计算系统更难以部署、维护和进行故障排除 / 调试。增加的复杂度不仅限于硬件，因为分布式系统还需要能够处理安全性和软件间的通信。
- 安全问题：在集中式计算系统中可以相当容易地控制数据访问，但是管理分布式系统的安全性并不容易。不仅必须保护网络本身，而且用户还需要控制多个位置的复制数据。

分布式系统案例研究

如果给近些年的分布式系统研究做一个分类的话，可以包括三大部分：分布式管理、分布式存储和分布式计算。在这三个方向上，谷歌公司都是开创者，分布式系统的研究是一门由实际问题驱动的研究，而谷歌公司则是最先需要面对这些实际问题的公司。

分布式管理。分布式管理即考虑如何将任务分发到计算机节点上。分布式系统通过分片的方式，将服务器分成多个较小的服务器，称为碎片。每个碎片有不同的记录，自定义要访问某记录时应该采取哪个规则。例如，可以使用记录的某些信息来确定记录的范围。

使用分片可以加速查询响应时间。因为分片将一个表分成多个，查询过程遍历更少，返回结果集速度更快，响应时间更短。另外，分片还可以减少停机的影响。一般来说，停机可能只影响单个分片，即使会使得部分应用程序无法使用，但仍比整个数据库崩溃带来的影响要小。

但是分片也会带来一些困难。分片使得分布式系统的架构更加困难。分片过程中的操作不当可能会导致数据丢失 / 表损坏。而且用户必须跨越多个分片来管理数据，可能会使得工作混乱。另外，分片后的一段时间内，可能会使得分片内容不平衡。例如，一个数据库经分片后得到两个独立的分片，分别存储以 A～M 和 N～Z 开头的客户信息。但由于以 H 开头的新增客户信息占多数，使得 A～M 的分片逐渐积累了更多的数据，导致应用程序变慢，并对很大一部分用户造成了影响。此时，数据库可能需要修复 / 重新分片。而且，一旦分片完成，就难以恢复分片前的架构。重新分片会变得代价昂贵且会导致显著的停机时间，而停机时间往往会造成不可忽略的损失。

分布式存储。分布式存储存在一个重要的问题，也就是 CAP（Consistency，Availability，Partition tolerance）定理早在 2002 年就证明的：分布式数据存储不能同时具有一致性、可用性和分区容错性。

- 一致性：所有节点访问同一份最新的数据副本（与数据库中 ACID 的一致性特性不同）。
- 可用性：每次请求都能收到一个非错的响应，但不保证每次获取的数据为最新数据。
- 分区容错性：即使节点间存在信息丢失／延时，整个系统仍然继续运行。由于网络是不可靠的，因此存在网络分区（节点间的网络断开）。

假设存在相互连接的节点，当存在网络分区时，一个节点无法得知另一个节点的状态，因此会产生两种选择——保持一致性还是保持可用性。

- 当选择一致性时，系统会返回一个错误或者超时信息（不可用）。
- 当选择可用性时，系统会返回一个最近更新且可访问的数据，但这个数据可能不是最新的（不一致）。

最后，分布式系统将在网络分区存在的情况下，选择保持强大的一致性还是高可用性。一些数据库选择保持高可用性，例如 Cassandra、Riak、Voldemort，还有一些数据库选择保持强一致性，例如 Hbase、Couchbase、Redis、Zookeeper。

分布式计算。分布式计算是近年来大数据处理技术中的关键。它将一项庞大的任务（例如总计 1000 亿条记录）分割成许多较小的任务，其中任何一台计算机都不能单独执行，而每个任务都可以装入一台机器中。较小的任务在多台机器上并行执行，通过合适地汇总数据，便可解决最初的问题。这个领域的早期创新者是谷歌，他们为分布式计算创造一种新的范式——MapReduce。

例如，需要计算得出数十万张扑克牌中每种牌型的数量。整个算法分为四个部分：切分、变换、洗牌、合并。我们将 PC 分为三类，如图 7-2 所示。在实际情况下，一台计算机有多个进程，可担任多个角色，这三种角色比例不固定且一台 PC 机可以分饰多角。

第一步：切分，将数据分成多份（图 7-3）。Master 根据 Mapper 的数量将数据（扑克牌）分成相应的份数，并交给 Mapper。

变计算兵　　　合计算兵　　　指挥官
Mapper　　　　Reducer　　　　Master

图 7-2　Mapper 负责变换，Reducer 负
　　　　责合并，Master 负责统筹调度

图 7-3　数据切分

第二步：变换，对数据进行映射变化（MapReduce 中的 Map）（图 7-4）。Mapper 根据分到

的数据使用相同的规则进行变换。其中，变换可以是加减乘除等数学运算，也可以是对数据结构的转换。

在本问题中，我们的目的是计数，因此将扑克牌转换为某种数据结构：在每张扑克牌上贴上写明个数为 1 的标签，便于后续统计。

第三步：洗牌，将变换后的数据按照一定规则进行分组。Mapper 将数据分成多份（图 7-5），每一份按照规则指派给某个 Reducer（图 7-6）。

图 7-4　数据变换　　　　　　　　　　图 7-5　Mapper 洗牌

洗牌的意义在于将相同牌型的数据汇聚在一起，便于统计（数据统计）。这样相同的牌型就会落在一个 Reducer 手中（图 7-7）。

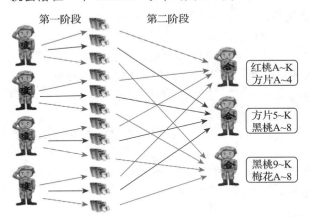

图 7-6　Mapper 将结果分给 Reducer

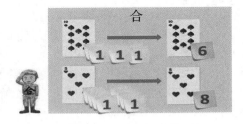

图 7-7　Reducer 合并

第四步：合并，对洗牌后的数据进行统计合并（MapReduce 中的 Reduce）。Reducer 将手中的数据按照相同的规则进行合并，在本例中是将标签上的数据直接叠加。最后，Reducer 将计算结果交给 Master，Master 汇总后公布统计结果（图 7-8）。完整过程见图 7-9。

分布式系统面临的挑战

分布式系统相对于集中式系统而言，在实现上会更加复杂。分布式系统更难理解、设计、构建和管理，同时意味着应用程序的根源问题更难发现。设计分布式系统时，经常需要考虑如下挑战：

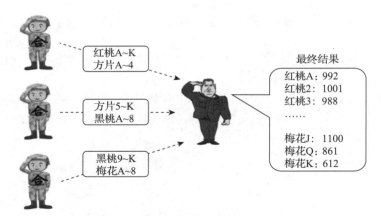

图 7-8　Reducer 将结果交给 Master 汇总

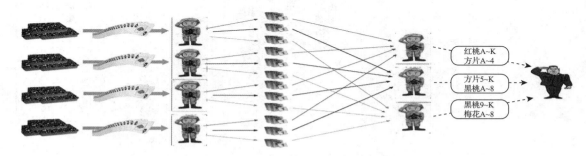

图 7-9　整个流程

- 异构性：分布式系统基于不同的网络、操作系统、计算机硬件和编程语言来构造，节点间通过网络连接，而不同网络运营商提供的网络的带宽、延时、丢包率又不一样。必须考虑采用一种通用的网络通信协议来屏蔽异构系统之间的差异。
- 缺乏全球时钟：在程序需要协作时，它们通过交换消息来协调动作。紧密的协调经常依赖于对程序动作发生时间的共识，但是，实际上网络上计算机同步时钟的准确性受到极大的限制，即没有一个正确时间的全局概念。这是通过网络发送消息作为唯一的通信方式这一事实带来的直接结果。
- 一致性：数据被分散或者复制到不同的机器上，如何保证各台主机之间的数据的一致性将成为一个难点。
- 故障的独立性：任何计算机都有可能发生故障，各种故障不尽相同，并且出现故障的时机也是相互独立的。一般分布式系统要设计成允许出现部分故障而不影响整个系统的正常使用。
- 透明性：分布式系统中任何组件的故障，或者主机的升级、迁移对于用户来说都是透明的、不可见的。
- 开放性：分布式系统由不同的程序员来编写不同的组件，组件最终要集成一个系统，那么组件所发布的接口必须遵守一定的规范且能够被互相理解。
- 安全性：加密用于给共享资源提供适当的保护，在网络上，所有传递的敏感信息都需要进行加密。拒绝服务攻击仍然是一个有待解决的问题。
- 可扩展性：系统要设计成随着业务量增加，相应的系统也必须能扩展以提供对应的服务。

7.4　软件 Agent

Agent 的研究最初是在 20 世纪 70 年代早期由麻省理工学院进行的一系列关于分布式人工智能的研究中展开的。当时主要研究 Agent 之间的通信、交互、协调合作、冲突解决等方面，以形成多个 Agent 协作的系统。到了 90 年代，随着计算机技术和网络技术的不断发展，整个计算环境发生了深刻变化，对软件系统也提出了如鲁棒性、可伸缩性、可扩展性以及智能化等更高的要求。软件 Agent 作为分布式人工智能的主要研究热点之一，成为解决这些问题的主要途径。

Agent 的概念由马文·明斯基在其 1986 年出版的《心智社会》一书中提出。明斯基认为社会中的某些个体经过协商之后可求得问题的解，这些个体就是 Agent。他还认为 Agent 应具有社会交互性和智能性。从此，Agent 的概念便被引入人工智能和计算机领域，并迅速成为研究热点。

Carl Hewitt 认为 Agent 技术是一种处于一定环境下包装的计算机系统，为实现设计目的，能在该环境下灵活自主地活动。而在 1995 年 Michael Wooldrige 给出了 Agent 的两种定义：（弱定义）Agent 用以最一般地说明一个软硬件系统，它具有这样的特性——自治性、社会性、反应性、能动性；（强定义）Agent 除了具备弱定义中的所有特性外，还应具备一些人类才具有的特性，如知识、信念、义务、意图等。

Agent 技术在 90 年代成为热门话题，甚至被一些文献称为软件领域下一个意义深远的突破，其重要原因之一在于，该技术在基于网络的分布式计算中正发挥着越来越重要的作用。一方面，Agent 技术为解决新的分布式应用问题提供了有效途径；另一方面，Agent 技术为全面准确地研究分布式计算系统的特点提供了合理的概念模型。

多 Agent 系统

当前，软件 Agent 技术已被作为发展分布式智能系统的重要方法，但实际应用问题的复杂性决定了其不能由单个软件 Agent 来求解。此外，即使单个软件 Agent 能求解某个特定的问题，也可能会由于问题的复杂而造成处理速度、可靠性、灵活性和模块化等方面的问题，多 Agent 系统为这类问题提供了更理想的解决办法。

Agent 的一个显著特点就是交互性，所以，Agent 应用主要是以多个 Agent 协作的形式出现，因而多 Agent 系统（简称 MAS）就成为 Agent 技术的一个重点研究课题。另一方面，MAS 又与分布式系统密切相关，所以，MAS 也是分布式人工智能（DAI）的基本内容之一。

在多 Agent 系统中，每个 Agent 或执行自己的职责，或与其他 Agent 通信以获取信息，或者互相协作完成整个问题的求解。多 Agent 系统是一个松散耦合的 Agent 网络，许多独立的且大体上自主的 Agent 间相互作用形成了多 Agent 系统的框架。

这些 Agent 通过交互解决了超出单个 Agent 能力或知识的问题。其中的 Agent 是自主的，它们可以是由不同的个人采用不同的设计方法和计算机语言开发而成的，因而可能是完全异质的。多 Agent 系统具有如下特征：每个 Agent 拥有解决问题的不完全的信息或能力；没有系统全局控制；数据是分散的；计算是异步的。

Agent 的特性

在分布式计算领域，人们通常把在分布式系统中持续自主发挥作用的、具有以下特征的、活着的计算实体称为 Agent。

- 自主性。Agent 具有属于其自身的计算资源和局限于自身的行为控制机制，能够在没有外界直接操纵的情况下，根据内部状态和感知到的环境信息，决定和控制自身的行为。例如，SNMP 中的 Agent 就是独立运行在被管理单元上的自主进程。
- 交互性。Agent 能够与其他 Agent（包括人），用 Agent 通信语言实施灵活多样的交互，能够有效地与其他 Agent 协同工作。例如，网上的某个用户需要使用 Agent 通信语言向主动服务 Agent 陈述信息需求。
- 反应性。Agent 能够感知所处的环境（可能是物理世界，操纵图形界面的用户，或其他 Agent），并对相关事件做出适时反应。例如，模拟飞机的 Agent 能够对用户的操纵做出适时反应。
- 主动性。Agent 能够遵循承诺采取主动行动，表现出面向目标的行为。例如，网上的主动服务 Agent，在获得新的信息之后能够按照约定主动将其提交给需要的用户；工作流管理 Agent 能够按照约定将最新的工作进展情况主动通报给有关的工作站。

具有上述特性的计算实体可以是类 Unix 进程（或线程）、计算机系统、仿真器、机器人。从系统实现的层次上分析，在上面列举的应用中，纯软件形态的 Agent 就是指具有上述特性的类 Unix 进程。在上述 4 个特性中，前 3 个是基本的。人们也称具有上述前 3 个特性的计算实体为反应式 Agent。在经典的客户 / 服务器计算模型中，服务器就是一种典型的反应式 Agent。一些学者对 Agent 概念赋予了更拟人化的要求，例如分布式人工智能领域的学者要求 Agent 具有知识、信念、意图等认知特性，CSCW（计算机支持协同工作）领域的学者要求 Agent 具有更友好的人机交互方式。当然，在主流的分布式计算领域为人们广泛认同的 Agent 概念，是具有上述 4 个特性的计算实体。

Agent 的类型

根据 Agent 在网上移动能力的不同，可将其分为静态 Agent 和动态 Agent 两种。Agent 的工作方式有两种：深思熟虑（deliber-ative）式和刺激 – 反应式。

- 深思熟虑式 Agent：驱动来自对环境深思熟虑的思考，包含世界和环境的显式表示和符号模型，其中决策通过基于模式匹配和符号操作的逻辑推理实现。
- 刺激 – 反应式 Agent：对其所处环境当前的状态产生行为反应，Agent 的智能取决于感知和行动（所以在 AI 领域也被称为行为主义），是一种基于 Agent 智能行为的"感知 – 动作"模型。Agent 不需要知识，不需要表示，也不需要推理，Agent 可以像人类一样逐步进化，Agent 的行为只能在现实世界与周围环境的交互作用中表现出来。

BDI Agent 是指有信念（Belief，即知识）、愿望（Desire，即任务）和意图（Intention，即为实现愿望而想做的事情）的 Agent，也被称为理性 Agent。这是目前关于 Agent 的研究中最典型的智能型 Agent，或自治 Agent。BDI 型 Agent 的典型应用是在网上用于收集信息的软件 Agent。

社会 Agent 是指由多个 Agent 构成的一个 Agent 社会，各 Agent 有时有共同的利益（共同完成一项任务），有时利益互相矛盾（争夺一项任务）。因此，这类 Agent 的功能包括协作和竞争。办公自动化 Agent 是协作的典型例子，多个运输（或电信）公司 Agent 争夺任务承包权是竞争的典型例子。

Agent 技术的意义

近年来，软件体系结构逐渐成为软件工程领域的研究热点以及大型软件系统与软件产品开发中的关键技术之一。大量软件工程实践证明，成功的软件系统往往都有良好的软件体系结构。软件工程的进步主要靠不断产生新的抽象方法来实现复杂系统，如过程抽象、抽象数据类型、面向对象技术等，都是使软件远离机器，而向人们理解世界的方法靠近。而面向对象方法在解决复杂分布式现实问题时就非常困难，Agent 技术的提出为这类复杂分布式问题的求解找到了办法，它是人工智能与计算机科学新的结合，用于解决复杂分布的现实问题，开发处于动态和不确定环境中的健壮的、大规模的软件系统。

Agent 技术的应用

电子商务是当前信息技术发展的热点之一，作为一项复杂的社会工程，它涉及政府、金融、电信、企业等各个领域的政策和基础设施的建立。同时，作为一项基于互联网的技术工程，客观上需要建立一个在分布式网络环境下应用程序相互合作的底层基础结构。Agent 技术在电子商务中的主要应用如下。

- 旅游服务 Agent。设想一个常见的场景，某个旅行者希望通过网络安排一次从长沙到北京的旅行。在这种情况下，他可以通过个人旅行软件 Agent 与网络上的旅店 Agent、铁路 Agent、出租汽车公司 Agent 等取得在线联系。当然，可能有许多公司的 Agent 都在争取提供类似的服务，因此个人旅行软件 Agent 需要与这些公司的 Agent 进行交互和谈判以安排好旅行者在旅行中的各项事宜。类似的问题在电子商务活动中非常普遍。
- 电子价格比较。在一个给定的基础设施中，Agent 可以搜寻某个产品的所有生产商来确定谁是最便宜的供货商，Agent 甚至可以将一些额外的信息纳入考虑之列，例如付款方式、物理位置，以及加上折扣和运输费用后导致的成本和节余等。
- 股票交易监控员。在股票交易中会产生大量的信息，对于一个投资者（用户）来说，他只会对其中的一小部分感兴趣，例如，用户可能只对特定股票的价值或具有特定性质的变化感兴趣。对此，运行在股票交易计算机上的 Agent，可以监视股票价格并及时准确地报告给这些用户，甚至可以代替用户做出一些决策判断。
- 信息 Agent。万维网提供了难以计数的 Web 页面，是网上最重要、最大的信息来源。也正是因为 Web 页面数量庞大、内容繁杂，给用户的直接使用造成了困难。信息 Agent 能够根据用户的需求先对 Web 信息进行抽取、分析、鉴别挖掘，再将结果提供给用户。

全球化竞争和客户对产品需求的快速变化，促使企业调整生产模式和组织结构，以便对快速的市场变化及时做出反应，并保证产品的创新度和质量。国内外许多研究项目正在努力建立支持企业创新的分布式智能制造系统，多 Agent 系统是较为理想的选择方案。在美国国家信息基础结构协议（NIIP）中，有关企业和研究机构正在进行关于将多 Agent 系统应用于制造企业的研究工作。主要工作包括集成现有软件，智能支持生产计划、调度，支持企业资源和信息的动态配置和管理，建立合理的企业供应链系统，等等。波音公司的 MadeSmart 项目则利用多 Agent 封装传统软件，建立智能制造系统。

Agent 技术的优缺点

Agent 技术的优点包括：
- Agent 技术在特定环境下具有自主、灵活工作的能力，可以有效地控制计算机软件。
- Agent 技术在分析和研究问题时，采用的是动态化的灵活研究方式，对于复杂问题能够精准地找出问题的根源。

Agent 技术的缺点包括：
- 软件 Agent 的安全性问题。由于 Agent 系统在网上的大量应用，不可避免要与网上的信息源进行交互，由此也带来了 Agent 的安全性问题。如 Agent 占用大量资源，未经授权使用资源，用户窃取和篡改 Agent 中的数据，修改 Agent 的行为等。

- 没有统一的软件 Agent 模型。软件工程中的 Agent 模型应具有多样化特点，但是这种多样化 Agent 软件一般会存在三方面问题：第一是不能够明确理解 Agent 软件模型；第二是当设计特定软件时不知道该使用什么样的模型；第三是不同的 Agent 软件模型相互操作较为困难。所以，缺乏简洁、统一、有效的软件 Agent 模型，已成为阻碍 Agent 技术在工业领域中广泛应用的原因。

思考题

1. 软件 Agent 具有哪些特点？

7.5　信息物理系统

信息物理系统（Cyber-Physical System，CPS）是一个综合计算、网络和物理环境的多维复杂系统，通过 3C（Computation、Communication、Control）技术的有机融合与深度协作，实现大型工程系统的实时感知、动态控制和信息服务。CPS 实现了计算、通信与物理系统的一体化设计，可使系统更加可靠、高效、实时协同，具有重要而广泛的应用前景。

CPS 的意义在于将物理设备联网，通过与互联网的连接，让物理设备具有计算、通信、精确控制、远程协调和自治五大功能。CPS 本质上是一个具有控制属性的网络，就是开放的嵌入式系统加上网络控制功能，但又有别于现有的控制系统。CPS 把通信放在与计算和控制同等的地位上，因为 CPS 强调的分布式应用系统中物理设备之间的协调是离不开通信的。CPS 的网络内部设备具有远程协调能力、自治能力，其控制对象的种类和数量，特别是在网络规模上远远超过现有的工控网络。美国国家科学基金会（NSF）认为，CPS 将让整个世界互联起来。如同互联网改变了人与人的互动一样，CPS 将会改变我们与物理世界的互动。

CPS 实现了人的控制在时间、空间等方面的延伸，本质就是人、机、物的融合计算。所以，国内又将 CPS 称为人机物融合系统。科技进展也会让 CPS 在多个方面的可能应用变大，例如：行动介入（避免行为冲突）；精准度（机器手术和纳米层级的制造）；在危险或是无法进入的环境下行动（搜寻和营救，消防，深海或太空探测）；协调（空中交通控制，战斗行动协调）；效率（零能源额外耗损建筑）；扩增人类的能力（医疗监控和照护）。

CPS 的方法和原理

信息物理系统包含了将来无处不在的环境感知、嵌入式计算、网络通信和网络控制等系统工程，使物理系统具有计算、通信、精确控制、远程协作和自治功能。它注重计算资源与物理资源的紧密结合与协调，主要用于一些智能系统上，如设备互联、物联传感、智能家居、机器人、智能导航等。

CPS 是在环境感知的基础上，深度融合计算、通信和控制能力的可控、可信、可扩展的网络化物理设备系统，它通过计算进程和物理进程相互影响的反馈循环实现深度融合和实时交互来增加或扩展新的功能，以安全、可靠、高效和实时的方式检测或者控制一个物理实体。

最早的计算机是专门用来进行数值计算和信息处理的单机系统，至今我们也用计算机处理类似的任务，但随着嵌入式系统的出现，计算机系统的作用已今非昔比。嵌入式系统是指集成了计算机硬件和软件，为完成特定目的而设计的机电或电子系统，例如，手表、照相机、电冰箱等能看到的工业产品几乎都属于嵌入式系统。CPS 是对嵌入式系统最一般意义的扩展，它由一些能够相互通信的计算设备组成，这些设备能够通过传感器和作动器与物理世界实现反馈闭环交互。这样的系统也开始无处不在，且发展迅猛，从智能建筑、医疗设备，再到汽车以及车联网等，都是 CPS 的应用。

CPS 赋予了人类和自然界一种新的关系。CPS 将计算、网络和物理进程结合在一起。物理进程受到网络的控制和监督，计算机收到它所控制物理进程的反馈信息。在 CPS 系统中，物理进程和其他进程紧密联系、相互关联，充分利用不同系统间结构的特点。CPS 意味着监测各项物理进程并且执行相应的命令来改变它。换句话说，物理进程被计算系统所监视着。该系统和很多小设备相互关联，它们拥有无线通信、感知存储和计算功能。在现实物理世界中，各项物理进程是自然发生的，而 CPS 是一种人为物理系统，或者说是一种将人类和物理世界相结合的更为复杂的系统。

CPS 实例

自主移动机器人团队就是 CPS 系统的一个典型例子。我们给这个能够自主移动的机器人团队分配一项特定的任务：要从未知的建筑平面图所示的某一间屋子内识别和检索某一目标。为了完成该任务，每一个机器人都需要安装多种传感器，用来收集关于物理世界的相关信息。例如，安装 GPS 接收器用于跟踪机器人的位置，安装照相机用于获取周围环境的快照，安装红外温度传感器用于检测人的存在。该系统主要的计算问题是如何利用上述传感器收集的信息来构造建筑物的完整地图，这就要求机器人团队中的每个机器人都能通过无线链路以协调方式进行信息交换，机器人、障碍物和目标物的当前位置信息决定了每一个机器人的移动规划。需要考虑控制、计算和通信相互协同的方式，构造一个多机器人协同系统来完成上述任务。

CPS 系统的要求

CPS 作为计算进程和物理进程的统一体，是集成计算、通信与控制于一体的下一代智能系统。CPS 系统通过人机交互接口实现和物理进程的交互，使用网络化空间以远程的、可靠的、实时的、安全的、协作的方式操控一个物理实体。但 CPS 系统具有以下要求：

- 实时性：设计一种新的模型时，满足实时性要求是首要的任务。因为在这些系统中有大量的传感器，执行器和计算设备需要交换大量的信息。例如，由于传感器节点位置的不同，CPS 网络拓扑结构会产生较大的变化，各系统间需要进行大量的信息交换，以适应不同的应用。
- 鲁棒性和安全性：通常情况下，系统间的信息交互必会受到物理世界的不确定因素的影响。不同于计算系统中的逻辑运算，CPS 拥有较高的鲁棒性和安全性。
- 建立动态系统模型：物理系统和信息系统最大的不同是物理系统随着进程的改变不断实时变化，而信息系统随着逻辑间的改变而变化。CPS 融合这两者的特点建立相应的动态模型。
- 反馈结构：动态的变化会影响物理系统的性能，特别是无线传感器网络的性能。为了解决这个问题，许多无线网络协议必须被设计成桥接各节点物理层和网络层的通信。反馈机制有统一的标准以约束跨层和跨节点的信息交换，同时满足传统的设计和控制方案。反射结构提供特定的反射信息，这一类信息是非常重要的，包括感知数据、性能参数和数据的可用性。

CPS 的研究现状

尽管从 20 世纪 80 年代起一些特定形态的 CPS 就在工业领域得到应用，然而直到最近，嵌入式系统产品的部件才随着处理器、无线通信和传感器等技术的成熟，在较低的成本下就能具备较强的性能。人们逐渐认识到构造可靠的 CPS 需要功能强大的计算平台作为支撑，而强大的计算平台的开发则需要先进的工具和开发方法。目前，设计 CPS 的相关理论已经被美国政府部门列为主要优先研究的科学技术，在汽车、航空电子、制造业和医疗设备等工业领域受到高度重视。

思考题

1. CPS 系统具有什么特点和优势？

7.6　移动 App

移动 App 是指运行在智能手机、平板电脑以及其他智能终端上的计算机应用程序。

移动 App 的分类方式有很多种。根据移动 App 的功能，可分为社交应用类（如微信、QQ、Facebook、陌陌等），地图导航类（如 Google 地图、百度地图、高德地图等），网购支付类（如淘宝、京东、苏宁易购、支付宝等），通话通信类（如飞信、阿里旺旺、掌上宝等），生活服务类（如去哪儿、美团、滴滴打车等），生活娱乐类（如抖音、快手、全民 K 歌等），新闻资讯类（如搜狐新闻、网易新闻、掌上新浪等），等等。根据移动 App 的运行方式，又可分为基于移动设备本地操作系统运行的本地 App（Native App）、基于浏览器运行的 Web App 以及介于这两者之间的混合 App（Hybrid App）。本地 App 能够提供最佳的用户体验、最优质的用户界面、最华丽的交互，因此社交、工具类应用多数采用本地方式。Web App 采用 HTML、JS、CSS 等 Web 技术编程，代码运行在浏览器中，通过浏览器来调用终端设备 API，越来越多的网站都推出了移动访问友好的 H5 应用。而混合 App 兼具本地 App 良好用户交互体验的优势和 Web App 跨平台开发的优势，因此是开发企业应用的首选。

当前，移动 App 不只是在手机等智能终端运行软件那么简单，还涉及企业信息化应用场景的完善和扩展，带来 ERP（Enterprise Resource Planning）的延伸，让 ERP 无所不在，使得企业信息化这一话题又有了新的生命。单纯用 PC 来使用 ERP 的时代将一去不复返，以手机、平板电脑为代表的移动终端应用将为企业信息化带来巨大变革。

移动 App 的研究背景

2020 年 4 月 28 日，中国互联网络信息中心发布了第 45 次《中国互联网络发展状况统计报告》。该报告显示，截至 2020 年 3 月，我国网民规模为 9.04 亿，其中手机网民规模达 8.97 亿，较 2018 年底新增手机网民 7992 万；网民中使用手机上网的比例为 99.3%，较 2018 年底提升 0.7 个百分点，手机上网已成为最常用的上网渠道之一（图 7-10）。

截至 2019 年 12 月，我国市场上监测到的移动 App 在架数量为 367 万款，比 2018 年下降 18.8%（图 7-11）。2019 年 1 至 12 月，移动互联网接入流量消费达 1220 亿 GB（图 7-12）。

然而，迅速的发展并不代表应用质量以及用户体验的提升。报告指出，截至 2019 年 12 月，国家互联网应急中心接收到网络安全事件报告 107 801 件，较 2018 年底增长 1.0%。除了安全问题外，移动 App 运行过程中还会经常出现功能失效、死机、重启、丢包、响应慢、不稳定以及骚扰用户等质量问题。据统计，73% 的移动 App 性能问题都是由用户发现的，在这些问题中，严重性能问题占到 23%。而在移动互联网行业，因糟糕的用户体验，用户放弃使用一款 App 几乎不需要任何成本。许多移动软件项目的失败甚至移动互联网企业的失败往往是由于低质量软件丧失用户信任后造成的。在竞争激烈的互联网环境下，用户才是最核心要素，想留住用户，除了满足用户需求外，还必须要在快速迭代的过程中保证移动 App 的极致性能以及完美的用户体验。因此，需要规范产品的开发质量，并在产品进入市场前对其进行符合性评测，这些保证软件质量的手段都是十分必要的。

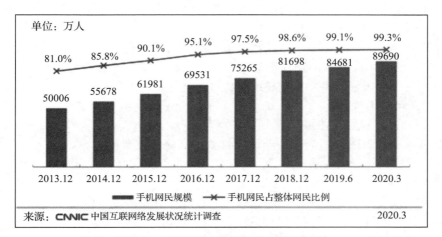

图 7-10　手机网民规模及其占网民比例

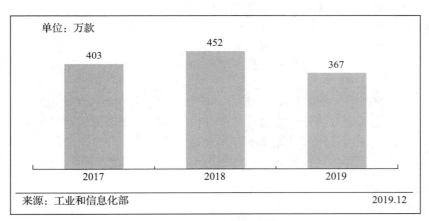

图 7-11　App 在架数量

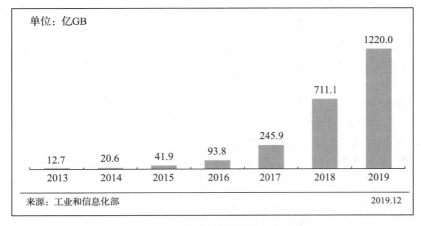

图 7-12　移动互联网接入流量

敏捷开发模型探索

在移动互联网时代，移动 App 市场涌入了大量的具有同类业务的移动 App，为了抢占市场份额，开发人员需要不断加快移动 App 更新迭代的频率。"快"和"新"是企业取胜的两大法宝，因此传统的开发模型，如瀑布模型、增量模型、迭代模型、螺旋模型等不再适用于移动 App 开发，敏捷开发因此应运而生。

敏捷开发（agile development）是一种从 2004 年开始逐渐引起广泛关注的新型软件开发方法，是一种以人为核心、迭代、循序渐进的开发方法，它能应对快速的需求变化。在敏捷开发中，一个大项目可切分为多个相互联系但也可独立运行的小项目，并分别完成，在此过程中软件一直处于可使用状态。

相对于其他开发模型，敏捷开发的模型特点有：

- 整个过程有着较强的适应性而非预设性，其适应性主要体现在以下三个方面：第一，缩短项目提交用户的周期；第二，增加业务人员、软件开发者以及用户的交流；第三，减轻重构成本以便增强软件的适应性。
- 开发更注重人的因素。在开发过程中，所有人的潜力都被考虑，运用什么技术主要由第一线开发人员决定，尽可能发挥所有人员的优势，这样才能提高工作效率。
- 在开发过程中，项目是由测试驱动而非文档驱动。敏捷开发表现为持续集成，整个开发过程中始终贯穿着集成测试，这样能够及时发现并解决各部件之间的冲突，避免给后期阶段造成极大的困难。

正因为这些优势，敏捷开发能有效缩短开发时间，同时软件质量也能得到很大程度的提高。但敏捷开发不是万能的，对需求、技术文档和质量标准等过程控制的弱化是敏捷开发的主要弊端。

敏捷开发总体原则适用于移动 App "快"的需求，但如何在快速迭代中打造精品，这需要在敏捷开发的基础上结合其他开发方法优化开发模式和质量管理方式，以便更好地满足用户的要求。近年来很多国内外研究者提出了许多敏捷开发方式，如自适应软件开发、特征驱动软件开发以及极限编程等。在实际的开发过程中不应拘泥于某种方法，而应根据需求选用最合适的方法。

基于云平台的移动 App 自动化测试

软件测试是保证软件质量的重要措施，移动 App 也不例外。移动 App 测试主要包括功能测试、性能测试、兼容性测试、压力测试、网络节点测试、安全性测试、用户体验测试等。其中，功能测试和性能测试可以在单机上完成，而兼容性测试、压力测试、网络节点测试、安全性测试、用户体验测试则需要更复杂的测试环境，需要部署在较多的设备上进行，这点与传统软件测试相同。但相比传统软件，移动 App 测试面临更大的挑战主要体现在以下三方面：

- 操作系统的碎片化。目前 Android 系统是移动终端上占有率最高的操作系统，由于其开发原因，碎片化严重，新的版本不断推出，旧的版本没有立刻被淘汰。根据 2018 年 8 月谷歌发布的 Android 版本统计数据，目前市面上 Android 系统版本从 2.3 到 8.1，共计 13 种，另外大版本下还有许多的小版本。此外，iOS 操作系统也在不断更新中。
- 智能终端的多样性。采用 Android 系统的手机型号同样众多，据中国信息通信研究院发布的数据，2017 年采用 Android 操作系统的机型已超过 1000 款。不同移动设备 CPU 型号、GPU 型号、内存大小、屏幕分辨率大小、摄像头像素、声卡型号等硬件配置的不同，会导致移动 App 的表现形式也不同。
- 更新迭代快。相比于传统软件，移动 App 更注重时效性，尽早发布，尽早占领市场。因此，移动 App 的测试也必须讲究效率。

目前,移动 App 的测试方法有三种:直接利用真机进行测试,利用模拟环境进行测试,利用云平台进行测试。真机测试一般基于手工测试、效率较低,并且需要不断购入真机,所以通常的做法是在少数主流设备上执行全量的测试用例,这样无法保证软件一定能在其他终端运行。模拟测试则采用虚拟技术模拟真机环境对 App 进行测试,但虚拟机也只能模拟有限的真机环境。基于云平台的自动化测试方法也就是云测试(cloud testing),它将软件测试迁移到云端进行,是一种基于云计算的新型测试方法,可以代替重复的手工测试,提高测试质量和效率,有效减少测试开支。开发者可以在云端同步开发,边测试边开发,充分发挥云测试的优势,模拟各种各样的真机测试。基于云平台的测试结构图如图 7-13 所示。

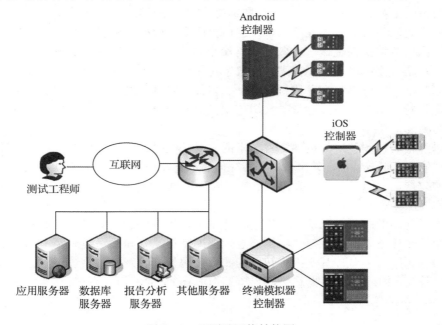

图 7-13 云测试网络结构图

云测试平台提供了大量的真机和终端模拟器,用户可以通过远程调用的方式,使用浏览器来提交测试项目和测试脚本,测试云将进行资源统计,最后得出完整的调度,把测试任务分配到云端执行,再对执行结果进行分析并形成测试报告。

目前,国内外主流的云测试平台有 Xamarin Test Cloud、TestDroid、Sauce Labs、Google Cloud Test Cloud、AWS Device Farm、Testin 云测、testbird、百度 MTC、腾讯优测、阿里 MQC。其中前 5 种为国外的云测试平台,后 5 种为国内的云测试平台。Xamarin Test Cloud 目前拥有超过 2000 部终端,支持 Android 和 iOS 操作系统,支持脚本录制。而国内的 Testin 目前部署了 600 部 Android 终端和 80 部 iOS 终端,开发者只需在 Testin 平台提交自己的移动 App,选择需要测试的网络、机型,便可进行在线的自动化测试,无须人工干预。

云测试是近几年才兴起的一种测试方法,在软件兼容性以及数据安全性方面还存在一定的缺陷,目前云测试还处在进一步探索之中。

将人工智能引入移动 App 安全检测

移动互联网应用软件正在步入一个新的增长周期,在巨大经济利益的背后,安全问题也逐渐凸显:恶意扣费、隐私泄露、流量耗费、数据篡改、资源占用、病毒木马,甚至传播涉黄、反动等非法内容。其中,移动 App 平台(包括商店和第三方服务器)对其承载的移动 App

安全管理尺度不一，没有统一的标准规范，应用平台的自身安全防护能力不健全等，都是恶意应用、不良应用能够上架流通的重要原因。

移动恶意代码分析及检测技术已经成为当前移动 App 健康发展的重要保证之一，移动恶意代码通常在移动 App 开发或二次打包过程中植入，通过诱骗欺诈、隐私窃取、恶意扣费等方式攫取经济利益或传播垃圾信息。主流的恶意代码检测技术包括基于特征码检测、基于代码分析检测和基于行为监控检测等。随着恶意代码数目的增加，未知恶意行为的出现，以及检测躲避技术的应用，恶意代码检测系统需要完成更多更复杂的任务。人工智能系统正越来越多地被引入恶意代码检测领域，为恶意代码检测带来了新的思路和方法。目前，应用于恶意代码检测领域的人工智能技术主要包括数据挖掘和机器学习。

由于恶意代码隐藏于应用程序当中，应用程序本身代码量就已经很大，当前应用程序总量也很多，因此数据挖掘是最适合恶意代码检测的技术之一。数据挖掘技术早已应用于恶意代码检测领域，其主要思路是：首先，提取恶意代码和正常程序的特征，提取的特征可以是文件的静态特征，也可以是文件执行时的动态特征，对特征进行编码，构成恶意代码特征集合和正常文件特征集合；然后，基于数据挖掘算法对分类器进行训练；最后，进行恶意代码检测效果的测试。

用于恶意代码检测领域的机器学习技术的主要思路是：首先，提取恶意代码和正常程序的代码做预处理并形成特征；其次，根据特征创建恶意代码检测模型；再次，机器学习算法分析收集到的数据，分配权重、阈值和其他参数以达到学习目的，形成最终检测规则库；最后，进行恶意代码检测效果的测试。

基于人工智能的恶意代码检测技术同样遇到了许多问题。例如：人工智能系统本身过于复杂，理论算法还不是非常成熟；不像恶意代码库特征，未知恶意代码判定标准不确定，给检测系统带来了很大困难；基于人工智能的恶意代码检测系统往往系统庞大，执行效率远低于传统检测系统。因此，真正基于人工智能的移动 App 安全检测还有很长的路要走。

思考题

1. 移动 App 存在哪些问题？
2. 移动 App 有哪些类型？

7.7　智能软件

人工智能是一门研究和开发用于模拟、延伸和扩展人的智能的理论、方法、技术及应用系统的新的技术科学，是计算机科学的一个分支，它企图了解智能的实质，并生产出一种新的能以与人类智能相似的方式做出反应的智能机器。该领域的研究包括机器人、语音识别、图像识别、自然语言处理和专家系统等。人工智能从诞生以来，理论和技术日益成熟，应用领域也不断扩大，可以设想，未来人工智能带来的科技产品将会是人类智慧的"容器"。人工智能可以对人的意识、思维的信息过程进行模拟，虽然不是人的智能，但能像人那样思考，甚至可能超过人的智能。

当前人工智能产业的发展浪潮，主要源于深度学习算法的提出，在大数据量和强计算能力的基础上实现大规模计算，属于技术性突破。而对于超级人工智能，相关的意识起源、人脑机理等方面的基础理论研究仍有继续突破的余地。

目前，世界知名公司如苹果、谷歌、微软等，都已经开始投入更多财力进入人工智能领域。同时，像德勤之类的会计师事务所也开始使用人工智能、自然语言处理的思路进行风控。

部分公司甚至整体转型为人工智能驱动型的公司，以顺应发展潮流，防止公司被淘汰。国内互联网领军者百度、阿里巴巴、腾讯也将人工智能作为重点战略，凭借自身优势，积极布局人工智能领域。

近年来，软件领域发展迅速，很多方面都需要智能，人工智能和软件工程的交叉多年来一直是一个十分活跃的研究领域，利用人工智能技术创建一些系统来执行或辅助软件工程过程是很自然的应用。20 多年来，为达到这个目的，人们已做了大量实质性的研究，并取得了一些重要成果。

人工智能和软件领域的发展息息相关，其实从本质上说人工智能也是一种软件。可以预见，最后的影响结果一定是人工智能得以自行进行程序的编写和软件的开发。但从目前的情况来看，人工智能软件还没有发展到那个地步，只能说人工智能在软件开发的各个环节上都能有所作为，包括估算交互时间、进行项目任务管理、自动测试和修复 bug、代码自动补全和代码分析。

智能软件

智能软件（intelligence software）是指能产生人类智能行为的计算机软件。智能软件就是人工智能与软件的结合，使用人工智能的方法开发软件；或软件提供人工智能方面的功能，是一种通过学习各种数据模式和洞察力来模仿人类行为的计算机程序。智能软件的主要功能包括机器学习、语音识别、虚拟助手等，通过人工智能与机器学习的结合，为用户提供所需的功能，使业务流程更加简单。同时，智能软件在机器学习和深度学习能力的帮助下，可以从头开始构建和开发智能应用程序。

智能软件主要分为两种："纯"智能软件和"应用"智能软件。纯智能软件基本上是算法本身，由用户来决定应用哪些数据集以及训练数据集的方式；应用智能软件使用人工智能自动化现有工作并进行新的工作。

智能软件的主要功能

基于知识处理。智能软件处理的对象不仅有数据，而且还有知识。表示、获取、存取和处理知识的能力是智能软件与传统软件的主要区别之一。因此，智能软件也是基于知识处理的软件，它需要如下组件：知识表示语言，知识组织工具，建立、维护与查询知识库的方法与环境，支持现存知识的重用。

基于问题求解。智能软件往往采用人工智能的问题求解模式来获得结果。与传统的软件所采用的求解模式相比，它有三个明显特征：问题求解算法往往是非确定型的或者说启发式的，问题求解在很大程度上依赖知识，问题往往具有指数级的计算复杂性。智能软件通常采用的问题求解方法大致分为搜索、推理和规划三类。

基于现场感应。智能软件与传统软件的一个重要区别在于：智能软件具有现场感应（环境适应）的能力。所谓现场感应是指它可能与所处的现实世界的抽象、现场进行交互，并适应这种现场。这种交互包括感知、学习、推理、判断并做出相应的动作，这也就是通常人们所说的自组织性与自适应性。

智能软件的类型

按功能划分，现有的智能软件大致有以下 6 种类型。

智能操作系统。也称基于知识的操作系统，是支持计算机特别是新一代计算机的一类新操作系统。它负责管理上述计算机的资源，向用户提供友好的接口，并有效地控制基于知识处理和并行处理的程序的运行。因此，它是实现上述计算机并付诸应用的关键技术之一。智能操作系统将通过集成操作系统、人工智能与认知科学而进行研究，其主要研究内容有：操作系统结构，智能化资源调度，智能化人机接口，支持分布并行处理机制，支持知识处理机制，支持多介质处理机制。

人工智能程序设计语言系统。为了开展人工智能和认知科学的研究，要求有一种程序设计语言，它允许在存储器中存储并处理一些复杂的、无规则的、经常变化的和无法预测的结构，这种语言后来被称为人工智能程序设计语言。人工智能程序设计语言及其相应的编译程序（解释程序）所组成的人工智能程序设计语言系统，将有效地支持智能软件的编写与开发。与传统程序设计为支持数据处理而采用的固定式算法所具有的明确计算步骤和精确求解知识相比，人工智能程序设计语言的特点是：支持符号处理，采用启发式搜索，包括不确定的计算步骤和不确定的求解知识。目前，实用的人工智能程序设计语言包括函数式语言（如 Lisp）、逻辑式语言（如 Prolog）和知识工程语言（Ops5），其中最广泛采用的是 Lisp 和 Prolog 及其变形。

智能软件工程支撑环境。又称基于知识的软件工程辅助系统。它利用与软件工程领域密切相关的大量专门知识，对一些困难和复杂的软件开发与维护活动提供具有软件工程专家水平的意见和建议。智能软件工程支撑环境具有如下主要功能：支持软件系统的整个生命周期；支持软件产品生产的各项活动；作为软件工程代理；作为公共的环境知识库和信息库设施；从不同项目中总结和学习经验教训，并把它们应用于其后的各项软件生产活动。

智能人机接口软件。指的是使计算机能够向用户提供更友好的、自适应性强的人机交互软件。在智能接口硬件的支持下，智能人机接口软件大致包含以下功能：采用自然语言进行人机直接对话，支持声、文、图形及图像多介质地进行人机交互，自适应不同用户类型，自适应用户的不同需求，自适应不同计算机系统的支持。

智能专家系统。专家系统是一类在有限但困难的现实世界领域帮助人类专家进行问题求解的计算机软件，其中具有智能的专家系统称为智能专家系统。它具有如下基本特征：不仅在基于计算的任务（如数值计算或信息检索）方面提供帮助，而且也可在要求推理的任务方面提供帮助。智能专家系统的主要特点包括：这种领域必须是人类专家才能解决问题的领域，其推理是在人类专家的推理之后模型化的；不仅有处理领域的表示，而且也保持自身的表示、内部结构和功能的表示；采用有限的自然语言交互的接口，使得人类专家可直接使用；具有学习功能。

智能应用软件。指的是将人工智能技术或知识工程技术应用于某个领域而开发的应用软件。显然，随着人工智能或知识工程的进展，这类软件也在不断增加。目前，已有许多智能应用软件付诸实用，其中有的已成为商品软件，这是人工智能的主要进展之一。

智能软件的优缺点

智能软件的优点如下：

- 减少出错机会。由于机器所做的决策是基于先前的数据记录和算法组合，因此出现错误的机会减少了。这是一项成就，因为解决了计算困难的复杂问题，可以在没有任何误差范围的情况下完成。

- 正确决策。机器不涉及情感，这使得决策更有效率，它们能够在短时间内综合得到的各种数据做出正确的决定。最好的例子是在医疗保健领域的应用，将人工智能工具整合到医疗保健领域，通过最大限度地降低错误诊断风险，提高治愈率。

- 日常应用与帮助。被计算好的自主推理、自助学习、自助感知的方式已经成为我们日常生活中最常见的现象。这就是 Siri 和 Cortana 在智能手机应用程序中的日常运用，也是我们每天使用人工智能的真实案例。在使用中，我们发现这些人工智能可以预测我们将要输入的文字，可以改正我们的拼写错误。当我们在社交网站发布自己拍的照片时，人工智能算法能识别检验出人脸，然后给每个人脸贴上标签。

- 节省人力。数据挖掘的主要价值是节省人力，如从大量资料中搜索相关文献。同时，使用一些自然语言处理方面的算法，还可以从大量资料中找出不同个体之间的关系，只需要人工进行一些筛选即可。以上这些人工也可以做到，只是比较费时费力。

智能软件的缺点如下：

- 智能软件不适合低功耗设备。在正常的手机、电脑等工具中，软件通常都是低功耗、小数据量的，但是智能软件需要大量内存、计算能力及大数据才可以发挥作用，在部分情况下，数据还必须发送到云端进行处理，而物联网设备通常不具备这几个条件。例如，在车祸发生时，自动驾驶 AI、车载 AI 会自动拨打报警电话并报告车辆所处位置，车辆自动报警可能比等路人报警要节省时间，但却无法改变发生车祸的事实，也无法预防撞车。

- 智能软件无法分析自己不知道的东西。现实世界是变化莫测的，软件很难做到包罗万象，知天文晓地理。因此智能软件能在严格控制的网络上运行良好，但却无法处理"网络"以外的未知世界。

- 使用 AI 欺骗 AI。在安全人员用 AI 优化威胁检测的同时，攻击者也在思索如何用 AI 开发更智能且会进化的恶意软件来规避检测。可以说，恶意软件就是用 AI 来逃过 AI 的检测，且这些恶意软件一旦成功骗过一次公司的 AI 检测关卡，以后就可以轻松地在公司网络内横向移动而不触发任何警报，公司的 AI 会将恶意软件的各种探测行为当作统计错误加以排除。当检测到恶意软件时，企业的安全防线有大概率已经被洞穿。

- 不可预测性。用户无法预测人工智能会做出何种决策，这既是一种优势，也会带来风险，因为系统可能会做出不符合设计者初衷的决策。

- 安全问题和漏洞。机器会重结果而轻过程，它只会通过找到系统漏洞，实现字面意义上的目标，但其采用的方法不一定是设计者的初衷。例如，网站会推荐一些刺激性内容，因为这可以增加浏览时间。再如，网络安全系统会判断人是导致破坏性软件植入的主要原因，于是索性不允许人进入系统。

- 人机交互失败。尽管让机器提供建议、由人类做最后决策，是解决人工智能某些弱点的常用方法，但由于决策者对系统局限性或系统反馈的认知能力不同，这一问题并不能得到根本解决。2016 年特斯拉自动驾驶汽车撞毁事故中，人类操作员就没能理解系统给出的提示，而导致发生致命性事故。在军事、边境安全、交通安全等诸多领域，我们都面临着类似的挑战。

思考题

1. 人工智能软件主要具有哪些特点？

7.8　网构软件

网构软件的定义

网构软件（internetware）是互联网开放、动态和多变环境下的软件系统基本形态的一种抽象，它既是传统软件结构的自然延伸，又具有区别于在集中封闭环境下发展起来的传统软件形态的独有特征。网构软件的特点包括：

- 自主性：网构软件系统中的软件实体具有相对独立性、主动性和自适应性。自主性使网构软件区别于传统软件系统中软件实体的依赖性和被动性。
- 协同性：网构软件系统中软件实体与软件实体之间可按多种静态连接和动态合作方式在开放的网络环境下加以互连、互通、协作和联盟。协同性使网构软件区别于传统软件系统在集中封闭环境下单一静态的连接模式。
- 反应性：网构软件具有感知外部运行和使用环境，并对系统演化提供有用信息的能力。
- 演化性：网构软件结构可根据应用需求和网络环境变化而发生动态演化，主要表现在其实体元素数目的可变性、结构关系的可调节性和结构形态的动态可配置性。反应性和演化性使网构软件系统具备了适应互联网开放、动态和多变环境的应变能力。
- 多态性：网构软件系统体现出相容的多目标性，可根据某些基本协同原则，在动态变化的网络环境下满足多种相容的目标形态。多态性使网构软件系统在网络环境下具备了一定的满足个性化需求的能力。

网构软件工程特别注意网络成分和结构的自适应性，将已有的"无序"软件实体（基础软件资源）组合为"有序"软件系统，遵循自下而上、由内向外的螺旋式开发过程，支持的工具覆盖整个生命周期且通常与操作平台集成。

网构软件的意义

互联网的发展给信息技术带来了新的挑战，由于传统的软件工程方法和技术起源于静态和封闭的环境，因此它们不适合开放、动态和不断变化的互联网，这就需要对传统软件开发方法和技术进行创新。网构软件立足于开放、动态和不断变化的互联网，并专注于这种新的软件范例，它将是自主的、进化的、协作的、多态的和上下文感知的。

从网构软件技术角度看，以软件构件等技术支持的软件实体将以开放、自主的方式存在于互联网的各个节点之上，任何一个软件实体可在开放的环境下通过某种方式加以发布，并以各种协同方式与其他软件实体进行跨网络的互连、互通、协作和联盟，从而形成一种与当前的信息 Web 类似的软件 Web。软件 Web 不再仅仅是信息的提供者，而是各种服务（功能）的提供者。由于网络环境的开放与动态性，以及用户使用方式的个性化要求，从而决定了这样一种软件 Web 应具有区别于传统软件的一些新特征，其中尤其需要能感知外部网络环境的动态变化，并随着这种变化按照功能指标、性能指标和可信性指标等进行静态的调整和动态的演化，以使系统具有尽可能高的用户满意度。

网构软件的开发方法

网构软件的开发过程实质上是一个基于领域特征分析的构件组装过程，如图 7-14 所示。

首先进行需求分析。当获取了新的客户需求后，需求分析人员将负责提炼相应的需求规约。在领域分析阶段，系统分析人员依据需求规约，对已有的领域特征模型加以裁剪和扩充，从而定制新的网构应用。领域特征体现了特定系统具有的能力或特点，是一种功能性的需求或对系统质量属性的要求。在领域特征模型的指导下，可将互联网中丰富的基础构件资源组织成相应的领域构件库。借助于构件发现工具，在领域分析过程可以得到新应用所需的候选构件集，这些构件均满足基本的功能需求。

在构件装配阶段，由构件组装工具实现进一步的构件组合优化，最终从领域构件库中选定所需的目标构件。网构软件开发时，通常使用表单建模工具创建网构应用的表现层界面，在工作流业务建模工具的支持下，粘贴应用界面和目标构件，定制应用程序的业务流程，从而开发出新的网构应用。网构软件在运行过程中，表单数据由表单引擎负责解析，工作流引擎负责驱动 Web 表单和服务构件，以实现特定的业务逻辑功能。

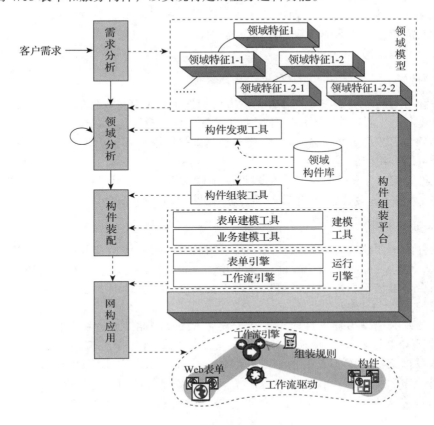

图 7-14　网构软件开发方法

网构软件的原理和实例

传统的软件开发过程更适合相对封闭、静态和稳定的平台。它们大多采用一种常见的自顶向下方法，确定系统边界的范围，并使用分治原则来控制整个过程。然而，互联网平台资源丰富，始终是开放、动态、不断变化的。可以将这个平台上的开发看作将各种"无序"的资源组合成"有序"的软件系统。随着时间的推移，资源和环境的变化可能会再次"扰乱"现有的（迟早会变得"有序"的）软件系统。"有序"和"无序"网络之间的迭代转换意味着一个自下而上、由内而外的螺旋发展过程。

以网上购物软件系统的开发为例，下面简单描述一个购物软件网构模型及其开发方法。

需求分析人员提炼相应的需求规约。抽象化需求可以分为八个方面的服务：客户登录服务、客户注册服务、商品订购服务、商品信息查询及浏览服务、商品信息管理服务、订单手工处理服务、订单自动处理配置服务、订单自动处理服务。前四种服务是针对商品购买者，其次三种服务是针对网店的工作人员，最后一种服务是网店软件自身具备的一种智能化服务。

根据需求的不同，适当裁剪和扩充相应的领域模型。借助构件发现工具，在领域分析过程中可以得到新应用所需的候选构件集。假如不需要订单自动处理服务，则候选构件集就是前七种服务，不同的需求会定制出不同的网构应用。

　　将上一阶段筛选的构件组装起来，就构成了基本的网上购物软件系统。

　　随着外部网络的变化和客户需求的变化，需求人员需调整需求规约。如订单量大的情况下，网店工作人员希望有订单自动处理功能，则需要根据调整后的需求重新裁剪或扩充领域模型，再在当前的网络环境中重新寻找相应的构件，最后将其组装。

　　上述过程通常是循环往复的。

网构软件的优缺点

　　在静态和封闭的环境下，传统软件开发方法和技术并没有将软件的可信性（安全性和可靠性）融合在其中，从而致使在互联网环境下开发软件系统时缺乏可以保证系统可信性的有效手段。而网构软件开发基于的平台是一个有丰富基础软件资源但同时又是开放、动态和多变的框架，所以可以有相应的考虑。

　　传统软件开发对于提交使用之后的软件变化过程往往只采用"软件维护"加以简单概括。对网构软件系统来说，系统提交之后可以动态地进行自适应和演化。

网构软件的研究现状

　　网构软件的主要研究内容包括：基于互联网的开放软件模型及其性质，网构软件模型的形式化体系，基于 Agent 的网构软件模型与方法，面向构件的网构软件开发方法学，网构软件中间件平台基准模型，网构软件可信性理论及其度量评估体系，以及网构软件平台技术规范标准体系。

　　在软件开发方法学方面，吕建等人基于软件 Agent 的原理、方法和技术，在面向对象方法与技术的基础上提出了一种适合于开放环境下网构软件需求的开放协同软件模型及其相关的技术体系框架。梅宏等人提出了一种以软件构件为基本实体，以软件体系结构为中心，以软件中间件为运行支撑的软件开发方法学。毛新军等人从构件的角度出发，提出了 EDBI 结构来表示自主构件，形式化定义了构件实体的运行机制，并在实际的软件系统中进行了应用。

> **思考题**
> 1. 什么是网构软件？
> 2. 网构软件具有哪些特点？

7.9　知件

知件的概念

　　所谓知件（knowware），就是从软件中分离出来的领域知识的商品化形式。知件是一个知识模块，独立于硬件和软件，可被硬件和软件调用，已经商品化，遵循工业标准，有完备的文档。

　　许多年来，人们一直把软件和领域知识混在一起，把软件著作权和知识专利混在一起，对软件开发和其中所含的知识开发不加区分，对软件开发队伍和知识开发队伍不加区分（而软件开发队伍又不是领域专家），对软件产业和知识产业不加区分。人们只把硬件作为软件的运行基础平台，而软件才是实现用户需求的工具，这种混沌状态不仅拖了软件产业的后腿，也使知识产业不能获得腾飞的机会（软件与知件的具体比较见表 7-1）。

表 7-1 软件与知件的比较

	软 件	知 件
技术内容	领域知识 + 软件技术	领域知识
可操作性	独立运行	不能独立运行，只支持软件运行
生命周期	取决于用户需求	取决于领域知识的积累和演化
分类	主要分为系统软件和应用软件	只有应用知件
开发者	软件工程师（有时需要领域专家支持）	领域专家
知识产权	软件著作权	专利

基于知识的系统（知识系统）是指利用知识库并提供推理能力以支持问题求解，是软件智能化的重要途径。传统知识系统的典型代表是专家系统，由于知识源匮乏易导致知识获取瓶颈，不同知识系统间互操作困难易形成知识孤岛，其规模化和个性化都受到限制。互联网中的海量信息提供了丰富的知识来源，但如何有序地组织知识，有目的地获取和适时更新知识，有效地利用知识仍然是目前面临的挑战。

知件系统解决的基本问题

一般的基于知识的系统都是对于某一方面特化的，因为不可能把世间万物的知识都放进一个知识库中，就算有，这样的知识库对于 PC 来说也应该是很可怕的事情。所以，基于知识的系统都是特化某一方面的知识库，或者特化某一种类型的推理机的组合。

作为一个正式的术语，知件是刚刚出现的，是随着基于知识的系统的发展而出现的。但是对于知件系统来说，这个词的意思稍微有点不同，我们主要做的不仅仅是知识的描述、重用和处理，而主要是自动构造一个根据用户提供的知识或者数据挖掘的知识构建的系统。

知件系统是用于辅助建立一个基于知识的系统的工具。知件系统并不包含任何具体知识，只包含基本的智能组件，由使用者添加知识库和特定的系统模型就能够生成一个基于知识的系统。

知件系统的概念就是提供基本的智能组件，例如过滤组件、决策组件。用户使用这些基本的组件可以构成更复杂的应用系统，而知识库也可根据用户的需要进行添加。这样对于用户来说，就可以简单地构建出针对某一方面的基于知识的系统。

知件系统的优点

知件系统控制着系统整体的有效性，对于最后完成的基于知识的系统，知件系统会在整体上对其实现完整的流程控制。遇到错误怎么办？结果无效怎么办？这些问题都在知件系统中事先进行了设定和调整，从而屏蔽掉系统控制的部分，帮助用户节省了不少的时间。

知件系统的使用者所需要做的就是把智能组件按照系统的要求连接起来，再加上某一领域的知识库，这样就可以得到所需的基于知识的系统。知件系统就是这样一个辅助建立基于知识的系统的工具系统。

知件的应用实例

知件成果在东软熙康健康管理平台构建等项目中得到全面实施，有效提高了知识获取的效率和质量，规范了知识系统的构建。目前熙康健康管理平台已累计创建和管理 30000 多个领域知件，服务覆盖国内 30 个省（含直辖市、自治区）和 20000 多家基层医疗服务机构，服务人群近 3000 万人，取得了巨大的社会效益，受到国家领导人的高度关注。该成果整体直接应用于平安银行等 20 多家单位的知识系统构建和智能系统知识库构建项目中，并且还用于支持航天光达、江苏蓝安、上海汇和等企业完成行业知识系统的构建，使其智能化问题求解结果的准确性等指标达到行业实际应用要求。

知件的研究现状

陆汝钤院士在多年知识系统研究经验的基础上提出"知件"的概念，以及将"知件"与"硬件""软件"作为信息技术三大基石的理念，旨在刻画智能化软件的知识特征。该成果以知件为核心，知件获取为突破口，知件中间件为支撑，基于知件的问题求解为目标，在知识内容模块化、知识获取在线化、知识推理目的化和知识服务个性化等方面取得突破性进展，为知识服务平台和智能化软件的构造提供关键技术支撑和实践指南，为知识产业奠定基础。目前，陆汝钤院士团队正在按照知识软件工程原则，以大型知识图谱为中心内容，建设一个大知识系统，其中体系结构和服务功能是两个主攻方向。

思考题

1. 什么是知件？
2. 知件具有哪些特点？

7.10　学件

学件的概念

学件（learnware）是一种性能良好的预先训练的机器学习模型，具有说明该模型的目的和 / 或专业的规约。规约可以是基于逻辑的描述和 / 或揭示模型所针对的目标的统计，甚至是揭示模型为之训练的场景的几个简化训练样本。学件的所有者可以将其放入市场，几乎没有数据隐私泄露的风险（图 7-15）。

当用户要处理机器学习任务时，可以直接使用学件，而在更多的情况下，可能需要使用自己的数据来调整 / 完善学件。整个过程比从头开始构建模型要便宜得多，效率也高得多。

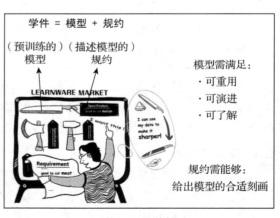

图 7-15　学件

学件解决的基本问题

目前的机器学习技术取得了很大的成功，但也存在许多不足之处。首先，为了训练一个强大的模型，需要大量的训练示例，而收集数据特别是带标签的数据，在许多实际任务中是昂贵的，甚至是困难的。其次，一旦模型经过训练，如果环境发生变化（这在实际任务中经常发生），模型就很难表现得很好，甚至变得无用。再次，训练的模型通常是黑盒，而人们通常想知道模型学到了什么，特别是在决策可靠性至关重要、人类的严谨判断至关重要的实际任务中。除了上述不足之外，还需要注意几个相关问题。首先，如果希望将有用的信息从一个任务传递到另一个任务，那么在大多数当前的机器学习研究中必须共享一些数据。然而，数据隐私或数据专有通常禁用公共数据共享。因此，人们很难根据他人的结果来构建自己的学习任务。其次，机器学习仍然是一种魔术，即使有足够的训练数据，大多数最终用户（除了机器学习专家）都很难产生强大的模型。

学件的优点

学件是可重用的，否则很难对其他用户有用。特别是，预先训练的模型应该能够由新用户通过少量的训练数据在新任务中使用。这个过程可能是微妙的：一方面，需要避免重要的学习知识被精炼掉；另一方面，模型应该具有足够的灵活性，以纳入新用户所需的必要修改。有一些机器学习研究（例如模型适应、迁移学习）可以被看作这方面的初步尝试。

学件是可进化的，即学件能够适应环境的变化。如果可重用被看作由用户驱动的被动适应能力，那么可进化则是学件的主动适应能力。学件能够感知环境的变化，并自行进行适应。这种需求至少有三个原因。首先，新用户的学习任务通常与为其构建的学件的原始任务有些不同，因为人们很难期望学习任务确切地再次出现。其次，学件规约和／或用户需求很难非常准确地描述，并且可能存在学件必须要克服的一些鸿沟。第三，许多真实环境是非平稳的，本质上是变化的，数据分布可能改变，新的类可能出现，特征可能改变等，这些问题必须要通过健壮的人工智能方法加以解决。

在大多数情况下，最终用户可能无法识别与其要求完全匹配的单个学件，相反，他可能会发现多个学件各自满足一部分。在这种情况下，组合多个模型使用的集成方法可以提供一些解决方案，就像可重用集成一样，搜索可重用组件并将其放在一起，只需要构造找不到的功能组件。

如果学件成为现实，即使对于数据较小的任务，也可以实现强大的机器学习模型，因为这些模型是建立在性能良好的学件之上的，并且只需要少量的数据来适应或细化。数据隐私将成为一个不那么严重的问题，因为公开的学件不需要共享数据。更重要的是，它将使普通终端用户能够获得目前只有机器学习专家才能获得的学习结果。

学件的应用实例——腾讯织云 Metis 团队打造智能运维的学件平台

学件由南京大学周志华教授提出；运维学件（AIOps）由腾讯 SNG 赵建春先生提出并率先开源，由云计算开源产业联盟和高效运维社区共同推广。在接触 AIOps 后，我们可能会发现一些问题，例如：我的团队是一个小团队，或者说缺乏算法专家；即使用了别人的算法模型，我还是希望了解算法的原理；提供算法的一方和使用算法的一方都不愿意提供数据，担心数据泄露给对方；等等。

对于以前运维环境里面的规则，我们其实可以将其看作 API，或者是一些编写的逻辑处理。其特点就是很少会变，因为是人编写的，所以容易理解，并且已经由专家进行了总结，和数据无关，仅仅是写好放在那里，类似 if else、case switch 等。

但是在引入 AI 后，这其实是一组带有记忆能力的 API（图 7-16）。记忆能力是从哪里来的？就是对数据有所依赖，从数据里面统计学习而来的，同时环境中不断地在积累数据，也可能不断有新的案例加入。所以，这个模型时刻在变，非常复杂，可能是决策树的决策路径、回归参数或神经网络的网络结构及路径权重。其中，各种算法、决策计算的神经网络的结构，以及权重或者回归参数都是相当复杂的，不是人编写出来的，所以就难理解。

AIOps 框架的最底层就是各种机器学习算法，将算法和我们的实际场景结合起来，通过训练一些单个的 AIOps 学件，单点场景也可以解决问题。之后，把单点学件串联起来组成 AIOps 的串联应用场景，最终就可以形成一个智能调度模型，去解决运维环节的成本、质量、效率等的问题。

随着互联网业务的急剧膨胀和服务类型的多样化发展，人为指定规则的不足之处逐渐凸显，促使近两年来智能运维领域高速发展。智能运维主张通过算法从海量运维数据中学习摸索规则，逐步降低对人指定规则的依赖，进而减少人为失误。织云 Metis（图 7-17）是聚焦在智能运维的应用实践集合，它基于腾讯已有的运维数据，将机器学习领域的分类、聚类、回归、降维等算法和运维场景相结合，旨在通过一系列基于机器学习的算法，对运维数据进行分析、决策，从而实现自动化运维的更高阶段。

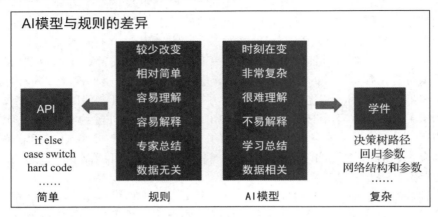

图 7-16   从 API 到学件

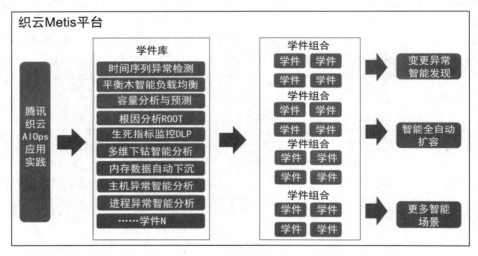

图 7-17   腾讯织云 Metis 团队通过开源项目 Metis 打造的智能运维学件平台

思考题

1. 什么是学件？
2. 学件有哪些特点？

第8章

群智化与敏捷化开发

社会的不断发展和应用需求的多样性决定了软件需求的复杂性、多变性和多样性，软件生产线（8.1 节）就是一种通过共享重用的方式来解决复杂多样的软件需求的软件开发方法。互联网平台的日趋成熟使得通过集成开发、运维和质量保证的敏捷化开发模式 DevOps（8.2 节）发展起来，这种开发方式通过快速迭代来及时响应需求的发展变化。同时，互联网平台让人类的智慧以前所未有的速度流动和相互碰撞，极大地释放和激发了软件领域的生产力，产生了各种各样新型的软件开发方法。其中，开源软件（8.3 节）通过"众人拾柴火焰高"的方式汇聚智慧，响应需求；软件生态系统（8.4 节）体现了"人人为我，我为人人"的想法，通过提供平台、大众参与的方式满足个性化、多元化需求；软件众包（8.5 节）调动"高手在民间"的才智，通过恰当地设计激励机制，优化软件开发过程，最大限度地适应社会发展和需求变化。

8.1 软件生产线

软件生产线是指使用一组共享的工程资产和一种有效的生产手段对相关产品组合进行工程设计与生产的过程（图 8-1）。共享的工程资产包括需求、源码、测试方法和测试用例、使用手册、安装和维修手册等。

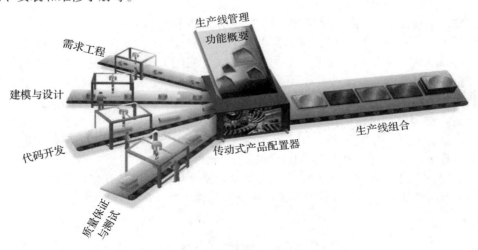

图 8-1 软件生产线工作流程图

大规模定制商业模型要求在不显著提高生产成本的前提下，大规模生产个性化的产品，满足不同用户的个性化需求。解决这个问题的方法就是重用，这种重用不是偶然的、小粒度的重用，也不是单系统开发与重用，不是仅基于组件或基于服务的开发，也不是仅仅一个可重构的架构。

软件生产线最大的优势就是高效，它具有大规模的生产力收益，可缩短上市时间、提高产品质量、降低产品风险、提高市场敏捷性。同时，还可以提高客户满意度、实现大规模定制、更有效地利用人力资源、保持市场占有、维持空前增长。

软件生产线的背景

软件生产线的起源可以追溯到 1976 年 Parans 对程序族的研究。软件生产线的实践早在 20 世纪 80 年代中期就出现了，最著名的例子是瑞士 CelsiusTcch 公司的舰艇防御系统的开发。该公司从 1986 年开始使用软件生产线开发方法，使得整个系统中软件和硬件在总成本中所占比例之比从使用软件生产线方法之前的 65:35 下降到使用后的 20:80，系统开发时间从近 9 年下降到 3 年左右。据 HP 公司 1996 年对 HP、IBM、NEC、AT&T 等几个大型公司分析研究，他们在采用了软件生产线开发方法后，使产品的开发时间减少为原来的 1/1.5 到 1/2，维护成本降低为原来的 1/2 到 1/5，软件质量提升 5 到 10 倍，软件重用达 50% 到 80%，开发成本降低 12% 到 15%。

虽然软件工业界已经在大量使用软件生产线开发方法，但是正式的对软件生产线的理论研究要到 20 世纪 90 年代中期才出现，并且早期的研究主要以实例分析为主。到了 90 年代后期，软件生产线的研究已经成为软件工程领域最热门的研究领域。得益于丰富的实践，以及软件工程、软件体系结构、软件重用技术等坚实的理论基础，对软件生产线的研究发展十分迅速，目前软件生产线的发展已经趋向成熟。很多大学已经锁定软件生产线作为一个研究领域，并有大学已开设了相关的课程。一些的国际著名学术会议也设立了相应的生产线专题讨论会，如 OOPSLA、ECOOP、ICSE 等。

软件生产线的概念

软件生产线中有一些基本概念值得我们进行讨论：

- 软件产品线：由卡内基·梅隆大学的软件工程研究所提出，将软件产品线定义为"共享一组公共受控特征，满足特定市场需要，并且按照预订方式在相关核心资产基础上开发而成的一系列软件系统"。
- 软件产品线工程：为了进行软件产品线的开发，卡内基·梅隆大学软件工程研究所给出了软件产品线实践框架，从而帮助人们了解和建立软件产品线。软件产品线实践是一种系统的方法，通过按照一定的生产方式，使用核心资产进行集成、实例化或者生产多种产品来构成软件产品线。
- 软件生产线：为了进行软件产品线实践，从业人员引入了软件生产线的概念。国家 863 计划重点课题"可信的国家软件资源共享与协同生产环境"中给出了确切定义：软件生产线是按照一定的软件生产方法，将若干软件生产工具和构件有序组织起来的软件开发环境，生产线能较为完整地提供成套的软件开发支撑。

因此，软件产品线是软件生产线的加工结果，是在生产线中被开发出来的、满足特定市场需求的一组共性软件系统。软件产品线工程则是软件生产线的生产方法。

软件生产线的意义

软件生产线是软件开发生产进化过程的新阶段。软件构件技术的发展为软件开发提供了更高的抽象层次和大粒度的软件复用，也为软件工业化生产奠定了技术基础。随着软件应用的普及，企业对软件也越来越重视，不断要求提高软件开发效率，而软件生产线就成为企业完成低成本、高质量、快速上市等要求的重要手段。

软件生产线不只是某种技术手段，更是一种商业行为。站在企业角度来看，软件生产线更面向业务，能更快地将产品投入使用，同时大大缩短开发周期。和一般的软件技术手段相比，软件生产线在系统级甚至更高的层面上加速软件开发，降低开发成本，这对于企业来说是意义非凡的。

软件生产线理论

软件生产线的核心是复用，而对于软件开发来说，复用可以在一个系统或单个应用程序内部发生。例如，某个特定子类所有对象的公共数据和操作，在相同的领域中跨若干类似软件进行（也可在不同软件系统中展开），如数据库管理系统的报告生成程序。

系统化的复用是一种有计划的复用，其主张领域特有的、以体系结构为中心的、过程驱动的、基于技术的复用。对于领域特有的复用，重点是一类软件系统能够支持的不同功能领域中的复用工作。领域特有性是系统化软件复用的中心，一个领域中的项目一定会涉及相同或类似的活动，并且会利用类似的开发环境、技术和工具。

以体系为中心的复用规定以体系结构开始和结束的复用工作。体系结构为某个领域的问题提供基本框架，以便可复用构件的集成，并且能对它们进行改写，为领域中的系统创建设计。

过程驱动的复用要求应用规范化软件工程方法，重点是形式化和规范化软件开发过程，创建一组可复用过程，以形成更加复杂的新过程。这是达成系统化复用的重要方式，否则对软件的复用很可能停留在机会主义的层面。

软件生产线方法

在软件产品线中，所有资产必须设计成健壮和可扩展的，以便适用于各种产品环境。通常，组件必须被设计得更通用而不会损失性能。对于很多资产而言，投资成本通常远低于收益的价值。而且，大部分成本是与建立产品线相关的前期成本。另一方面，每个新产品的发布都会带来好处。一旦这种方法建立起来，组织的生产力就会迅速加快，收益远大于成本。

软件产品线不只是一种技术创新，而且也是商业行为。它超越了单个产品的战略眼光——产品是有计划地相似，有意识地做出系统决策，每个组件都是为了复用而生的，并有一整套的规定。

软件生产线的基本方法有四个重要原则，即可变性管理、以业务为中心、以架构为中心、两个生命周期，具体如下：

- 生产线工程最核心的思想是可变性管理，基于可变性模型确定需求、建模并实现生产线中的共性与变化量。
- 生产线与一般性软件开发最大的差别在于，生产线从业务角度考虑整个业务领域的长期策略，使生产线工程与业务策略一致。
- 参考框架在生产线中起着关键的作用，复用依赖于对不同的产品采用一种公共的架构。与其他复用方法相比，公共架构的中心角色是生产线工程成功的主要因素。
- 生产线工程可划分为领域工程和应用工程两部分，将领域共性的开发与复用分离开来，因而形成了两个完全不同的生命周期模型。

软件生产线的国内外现状

软件生产线是起源于国外的概念，因此国外对此研究更多且更丰富，无论是众多公司的生产实践，还是理论上的研究，国外的发展都要更先进，这一点在背景中已经描述过。

我国对于软件生产线的技术也是很重视的。由研究内容来看，虽然起步较晚，到21世纪开始才有研究软件生产线的文章，但是数量呈现逐年增多趋势，许多从业人员已经开始注意这方面的研究。国家层面也对软件生产线技术高度重视，国家863计划"十一五"重点项目"高可信软件生产工具及集成环境"，就是对软件生产线理念的实现，而该项目的成果——Trustie，是一个集软件协同开发平台、软件资源库、软件可信分级模型及可信证据框架、软件生产线框架、多谱系软件工具等多项技术与核心软件生产要素于一体的网络化可信软件公共生产服务环境，能够以在线服务形式支持可信软件大规模协作生产。

由此可见，我国国内的软件生产线技术发展也得到了高度重视，随着近年来新兴技术的发展，软件生产线中也不断融入了云计算、大数据、物联网、移动互联网等新技术手段，而软件生产线将会因为这些新态势而获得全新的发展。

思考题

1. 什么是软件生产线？它具有哪些优点？

8.2　DevOps

　　DevOps（Development + Operations）是软件开发、运维和质量保证三个部门之间的沟通、协作和集成所采用的流程、方法和体系的集合。它是人们为了及时生产软件产品或服务以满足某个业务目标，对开发与运维之间相互依存关系的一种新的理解。

DevOps 的意义

　　DevOps 是一组过程、方法与系统的统称，用于促进开发（应用程序 / 软件工程）、技术运营和质量保证（QA）部门之间的沟通、协作与整合（图 8-2）。它的出现是由于软件行业日益清晰地认识到，为了按时交付软件产品和服务，开发和运营工作必须紧密合作（图 8-3）。

图 8-2　什么是 DevOps

DevOps 方法

　　可以把 DevOps 看作开发（软件工程）、技术运营和质量保证三者的交集。传统的软件组织将开发、IT 运营和质量保证设为各自分离的部门，在这种环境下，如何采用新的开发方法（例如敏捷软件开发）是一个重要的课题。按照从前的工作方式，开发和部署不需要 IT 支持或者 QA 深入的、跨部门的支持，而却需要极其紧密的多部门协作。然而 DevOps 考虑的还不只是软件部署，它是一套针对这几个部门间沟通与协作问题的流程和方法。

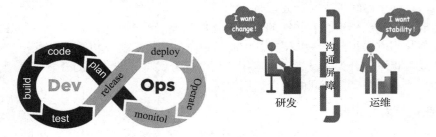

图 8-3　为什么需要 DevOps

DevOps 的引入能对产品交付、测试、功能开发和维护（包括曾经罕见但如今已屡见不鲜的"热补丁"）起到意义深远的影响。在缺乏 DevOps 能力的组织中，开发与运营之间存在着信息"鸿沟"。例如，运营人员要求更好的可靠性和安全性，开发人员则希望基础设施响应更快，而业务用户的需求则是更快地将更多的特性发布给最终用户。这种信息鸿沟就是最常出问题的地方。以下几方面因素可能促使一个组织引入 DevOps：

- 使用敏捷或其他软件开发过程与方法。
- 业务负责人要求加快产品交付的速率。
- 虚拟化和云计算基础设施（可能来自内部或外部供应商）日益普遍。
- 数据中心自动化技术和配置管理工具的普及。

DevOps 经常被描述为"开发团队与运营团队之间更具协作性、更高效的关系"。由于团队间协作关系的改善，整个组织的效率因此得到提升，伴随频繁变化而来的生产环境的风险也能得到降低。

DevOps 原理

在 DevOps 模式下，开发团队和运营团队都不再是"孤立"的团队。有时，这两个团队会合为一个团队，他们的工程师会在应用程序的整个生命周期（从开发测试到部署再到运营）内相互协作，开发出一系列不限于单一职能的功能。

在一些 DevOps 模式下，质保和安全团队也会与开发和运营团队更紧密地结合在一起，贯穿应用程序的整个生命周期。当安全是所有 DevOps 团队成员的工作重心时，这有时被称为 DevSecOps。

这些团队会自动执行之前需要手动操作的缓慢流程。他们使用能够帮助其快速可靠地操作和发展应用程序的技术体系和工具。这些工具还可以帮助工程师独立完成通常需要其他团队协作才能完成的任务（例如部署代码或预置基础设施），从而进一步提高团队的工作速度。

DevOps 的研究现状

DevOps 源于 Google、Amazon、Facebook 等 IT 企业的实践，2008 年由 Patrick Debois 提出，2010～2011 年逐步发展，2012～2013 成为 IT 业界潮流，涌现出多种商业和开源解决方案。近年来，DevOps 团队逐渐增多，在硬件和软件公司的 IT 部门中随处可见 DevOps 团队。

在云计算、大数据等技术继续在应用经济下发挥作用的同时，DevOps 也已经稳健地在业务思维方式中占有一席之地，并从 2015 年开始扮演主要角色。在应用驱动、云连接、移动化的大环境下，DevOps 战略将助力业务增值。2015 年对于很多公司来说是 DevOps 之路的第一步。

紧跟行业趋势进行新的技术变革往往会带来发展的阵痛，DevOps 也同样要经历这一过程。中国及全球各地的企业正在认识到 DevOps 可以助力软件开发加速，软件应用质量提升，更重要的是与业务目标更完美地结合。如果说，2014 年 DevOps 还在谋求广泛的认可，那么 2018 年 DevOps 已走到舞台中心，被整合成为企业战略的重要组成部分。改变流程促进软件质量的改进，与 DevOps 相伴的一个变化是向持续集成的演进。软件开发和部署的速度是其中一个驱动因素，使得开发和运维的合并不是空谈而成为必需。

思考题

1. 什么是 DevOps？为什么需要 DevOps？

8.3 开源软件

什么是开源软件

开源软件全称为开放源代码软件（open-source software），是指在软件发行的时候附上软件的源代码，并授权允许用户更改/自由再散布/衍生著作。开源软件促进会 OSI（Open Source Initiative）对开源软件有着明确的定义，一共有十个条款。

1. 自由再散布（free distribution）：获得源代码的人可自由再将此软件散布。

2. 源代码（source code）：程序的可执行文件在散布时，必须随附完整源代码或是可让人方便地事后获取源代码。

3. 派生著作（derived works）：让人可依此源代码修改后，在依照同一许可协议的情形下再散布。

4. 原创作者程序源代码的完整性（integrity of the author's source code）：修改后版本须采用不同的版本号码以与原始的代码做分别，保障原始的代码完整性。

5. 不得对任何人或团体有差别待遇（no discrimination against persons of groups）：开放源代码不得因性别、团体、国家、族群等设置限制，但若是因为法律规定的情形则为例外（例如，美国政府限制高加密软件的出口）。

6. 对程序在任何领域内的利用不得有差别待遇（no discrimination against fields of endeavor）：即不得限制商业使用。

7. 散布许可协议（distribution of license）：软件再散布，必须以同条款散布。

8. 许可协议不得专属于特定产品（license must not be specific to a product）：若多个程序组合成一套软件，则当某一开放源代码的程序单独散布时，也必须要匹配开放源代码的条件。

9. 许可协议不得限制其他软件（license must not restrict other software）：当某一开放源代码软件与其他非开放源代码一起散布时，不得限制其他软件的授权条件也要遵照开放源代码的授权。

10. 许可协议必须技术中立（license must be technology-neutral）：许可协议不得限制为电子格式才有效，纸本的许可协议也应视为有效。

软件私有的弊端

软件私有存在如下弊端：

- 浪费社会财富。假设某款软件已经完整地开发出来了，那么开发软件的所有投资都已经付出了，从社会的角度来看，任何限制软件使用的行为都是对其投资的浪费，对社会财富的浪费。

- 不利于软件的使用。假设某款软件不能满足我们的需求，而事实上，我们只需要在原有的代码上修改很少的一部分就能满足需要。在这种情况下，用户要么重新写一个软件，要么忍受现有软件的不完善。

- 不利于软件的开发。上一项是从用户的角度来看，软件私有不利于软件的使用。从软件本身发展的角度来看，软件私有将使软件的开发集中在少数几个开发者之间进行，而不能使软件得到更多使用者和开发者的意见，无法集百家之长。

- 不利于软件开发者学习。一个好的软件，其中有无数值得我们学习和借鉴的经验。但是因为软件私有，我们无法获得属于商业机密的源代码，无法站在巨人的肩膀上学习。

相对于这些弊端，开源能使软件得到最大范围的使用。从用户的角度来看，可根据自己的需要来使用、定制软件。从软件本身的角度来看，开源允许更多的人参与其中，更有助于软件的完善，也有助于开发出更优秀的软件。从软件行业的角度来看，开源能极大地提高软件开发的生产力，通过自由地复用别人的开发成果来避免重复劳动。

开源软件的开发

针对开源软件过程的特点，Eric S. Raymond 提出了大教堂与集市的概念。他提出了两种开源开发模型："大教堂模型"和"集市模型"。

大教堂式开发是指软件源代码在发行后公开，但在软件每个版本的开发过程中是由专属的团队所管控的，例如 GNU 和 GCC，能够开发不同版本代码的人员仅限于项目的开发组。它强调严格控制与管理，在代码提交之前要进行测试，软件的演进缓慢而有计划，极少返工。

集市式开发是指源代码在开发过程中即在互联网上公开，供人检视及开发，例如 Linux 核心的开发。集市式开发允许有很多低层的变化，代码经常可以得到修正，对于来自外部的代码来者不拒。大部分的开源开发都属于这一种模型，主要是由于集市式开发具有以下优点：

- 高质量：想象传统的软件开发场景，程序员为了完成工作而去开发软件，热情不高。而在集市式开发中情况则不同，参与开源项目的开发者都是基于自己的兴趣，这也是 Linux 社区中有很多高质量的软件的原因。
- 高速度：用户是潜在的开发者，以 Linux 为例，许多用户是早期的黑客，他们可以得到源代码，所以会诊断问题、提出建议或直接提供补丁，这就使得 Linux 能够以个人不可企及的速度改进代码。
- 易测试：比起传统软件，开源软件的用户都可以作为测试者，会帮助开发者进行 bug 的修复。正如 Linus 所说：Given enough eyeballs, all bugs are shallow。开源软件模式的核心就是"众人拾柴火焰高"。
- 低成本：正是因为开发人员都是依据自己的兴趣或需要而参与项目，进行无偿开发，所以开发成本可以很低。

但是，集市式开发中存在的最主要劣势就是重复做工问题。一个 bug 可能是由多个程序员测试并发现的，而修复时也可能是由多个程序员同时独自地进行修复。以 Linux 为例，早期解决这一问题的方法是早发布和频繁发布最新版本，Linux 有时甚至一天更新好几个版本。虽然由 Linus 开发的 Git 帮助改善了这个问题，但该问题还是无法避免。与此同时，开源软件还存在如下问题：

- 开源软件允许修改并扩散，因此可能产生许多不同的版本，用户难以进行选择。
- 开源软件并没有商业上的考虑，所以就缺少健康的上下游"生态系统"。所以想要通过开源软件达到商业上的直接获利，必须进行深度开发。
- 如果项目中关键的程序员转移到新的项目或退出，会使开源项目陷入停顿甚至死亡。
- 与商业产品不同，在开源软件中没有专门的技术人员进行指导，所以新手使用起来会有困难。

从瀑布模型的几个主要阶段来看，与传统软件工程相比，开源软件开发过程有以下特点：

- 项目计划：传统软件过程需要从时间、人力、资金、质量、配置、风险等方面对项目进行详细规划以及比较严格的评审。但这在开源软件开发过程中往往比较随意，由于项目开始时的时间、人力、资金等方面都无法保障，严格的项目管理也就无从实施。
- 需求分析：开源软件项目往往开始于一个人或几个人把他们的想法公布于众，这些发起人一般都是开发者，而不是一般意义上的"用户"，因此不存在需求不明或与用户难以沟通的问题。而在传统软件过程中，需求工程一直是核心问题，这是开源软件过程与一般软件过程的根本区别。

- 设计：有些开源项目是从头开始的，有些则是在其他项目的基础上加以改进的，因此不一定要经历从概要设计到详细设计的过程。况且开源项目一开始往往人数寥寥，项目发起者既是项目经理又充当了主要的设计者和开发者，他公之于众的想法即包含了设计方案。志愿者一般是认同了设计方案的合理性后才加入团队之中。
- 实现：与传统软件相比，开源软件开发的一个显著的特点就是分散开发，开发者之间并行工作。因此需要较为严格的配置管理，并使用成熟的发布和缺陷跟踪工具。由于开源项目的核心团队人员一般不多，个人能力较强，所以一般属于小规模的团队开发。
- 测试与维护：开源项目的优势得益于有效地利用开源社区的力量来查找和改进缺陷。在成功的开源项目中，测试工作常常由开源社区完成，这给核心团队开发新功能节省了很多时间。开源项目的测试虽然缺乏严密性，但是它却接受了成千上万的人对代码的检验，代码中的问题很难逃过所有人的眼睛。

开源软件的优势与弊端

开源软件的优势如下：

- 开发角度：对于软件开发者来说，开源开发提供了更灵活的技术和更快捷的创新潜力。开源项目的发起人可能只是一个人，能力与精力有限，而当他把自己的初始想法开源发布之后，认可他的想法与理念的志愿者就可以加入其中，从而加速软件本身的迭代与创新。开源开发往往比较灵活，因为开源软件本身的模块化系统允许程序员构建自定义接口或添加新的功能，同时，因为开源程序是大量不同程序员之间协作的产物，这种集众人之智的开发方式往往会产生许多创新的想法与技术实现。
- 企业角度：从提供开源服务的企业的角度来说，采用开源开发方式，可以有效降低营销和后勤服务的成本，同时，开源开发方式也可以帮助企业了解产品技术的发展，从而快速、低成本地生产可靠的、高质量的软件。从另一个角度来看，开源软件可以促进公司形象的提升，也有助于建立开发人员的忠诚度，因为开发人员有权力并拥有最终产品的所有权。
- 用户角度：对于开源软件的使用者而言，开源软件往往比商业软件更加易于获取，而且完全免费，同时，由于开源软件的代码受所有人监督，其软件漏洞相比于商业软件更容易被发现和纠正，因此开源软件往往更加安全。除此之外，如果用户具有一定的开发能力，可以在开源软件的基础上定制适合自己的软件，这一点对中小企业尤其友好。

开源软件的弊端如下：

- 技术角度：对于开源软件的开发来说，由于在许多时候都是由项目发起者和其他志愿者共同开发与维护，其开发过程可能没有明确的定义，系统测试和文档等可能会被忽略。除此之外，开源软件往往缺少系统化的支持，因为开发者能力有限，如果开源社区相对小众，则不一定能够提供很好的技术保障。开源软件往往更加安全，是因为其代码受到所有人的监督，程序漏洞很容易被发现和修补；但是从另一方面来说，对于某些相对小众的开源软件，监督人数相对较少，开放源码可能使黑客更容易了解软件的缺点或漏洞，从这个意义上说，开源软件反而更加危险。
- 社会角度：对于商业公司来说，若采用开源开发的方式，便意味着公司不能依靠软件本身获取商业利润，因此该如何找到持久而稳定的盈利模式，是所有采用开源开发和使用开源软件的商业公司必须考虑的问题。此外，就国内的开源开发环境来看，开源贡献者较少，"拿来主义"者极多，开源者得不到应有的尊重，常常因心灰意冷而放弃开发。除此之外，许多用户和开发者对开源协议不够了解，对产权不够尊重，导致侵权现象时有发生。

开源软件的前景

根据《开源对欧盟软件通信产业竞争力和创新的影响》这份报告，目前全球接触和应用开源软件的企业占总数的 50% 以上，美国高达 80%。欧洲各国也纷纷推出支持开源的政策：英国决定在公共服务用途中提倡采用开源软件代替商业软件，节省政府开支；法国向高校学生免费派发 17.5 万份装有开源软件的 U 盘；德国外交部门的 11000 台电脑已经将 Windows 及其商业软件换成 GNN/Linux 和其他开源软件。

我国开源软件的推广相对来说比较落后，1994 年 Linux 系统才被引入中国，我国开源软件的发展由此拉开序幕。目前，已出现如红旗 2000、中标软件等开源企业和社区。从 2008 年中国开源软件应用状况调查研究报告中得出，我国开源软件的使用者中，工作人员占了 26%，个人却占到了 35.3%，工作场所和个人都使用的占 37.5%。如今，国外已有诸如 Kernal、Alpha、PowerPC 等知名开源社区，国内也有了诸如 Linux 中国、开源中国、LUPA、共创软件联盟等一批优秀的新兴开源社区，虽然距开源思想的萌芽已过去了 20 余年，开源运动仍方兴未艾。

从当下的趋势来看，随着移动互联时代的到来，开源软件正在发挥着巨大的作用，基于 Linux 的 Android 系统已成为第一大移动端操作系统。此外，基于开源软件的嵌入式平台会成为新的增长点，在一些新兴概念领域，如云计算、大数据、人工智能、物联网等，开源技术也正在和将要发挥积极作用。当前，各国政府和企业都在积极寻求和发展新型的商业模式，许多传统的软件厂商也在积极与开源厂商寻求联系，开源软件供应商之间的联系也会更加紧密，未来对软件的高要求促使开源软件厂商之间寻求更深层的合作，而这种伙伴关系也为开源供应商提供了一个与大型私有软件厂商竞争的有效手段。

在国内，随着开源精神的普及和人们版权意识的不断提高，国内的开源市场进入了发展的极佳时机。一大批优秀的开源开发者聚集在开源社区中，为各种开源软件贡献着自己的力量。同时也出现了诸如 Deepin 这种优秀的基于 Linux 的个人操作系统，正如敏捷开发让软件开发者开始"拥抱变化"一样，开源理念的深入人心也让软件开发者开始"拥抱开源"，开源是未来，更是一种态度。

思考题

1. 开源软件具备哪些特点？
2. 开源软件的优势有哪些？

8.4　软件生态系统

什么是软件生态系统

生态系统简称 ECO，是 ecosystem 的缩写，指在自然界的一定空间内，生物与环境构成的统一整体，在这个统一整体中，生物与环境之间相互影响、相互制约，并在一定时期内处于相对稳定的动态平衡状态。

软件生态系统由互补的应用和服务在同一个环境中共同开发而形成。这些应用整体面向一致的领域和市场，并且依赖于其他项目提供的基础设施或功能组件，形成了复杂的项目间依赖关系，并且相互促进、相互推动。

以微信小程序为例，这个生态系统中包含不同的组成部分：小程序平台，微信管理者，小程序的独立开发者，用户。生态系统为他们提供了合作的框架。微信小程序生态系统中的依赖关系是主从关系。微信为小程序的开发提供支撑，包括接口、规范、文档、管理。微信这片沃土上生长出了丰富多彩的小程序应用，每个都是由独立的开发主体完成的，但都是基于上述支撑。

软件生态系统打破了组织的界限，不同的组织成为一个整体，实现整体效应和内部的相互作用。微信的主要社交功能和框架，连同小程序对它的扩展，共同构成了微信这个产品，共同维系着用户的黏度，满足用户的需求，实现可持续发展。对微信平台本身来说，它在这场合作中占据了最根本、最不可替代的位置，所有小程序开发者共同服务于微信的用户，为微信品牌创造着价值。对小程序开发者来说，他们选择了微信这个平台，借助平台广泛的市场占有率，借助其提供的可靠的技术支持和规范，来创造自身的价值和效益。

软件生态系统的来源与优势

随着软件系统的用户群体与日俱增且逐渐分化，单个软件企业无法预测不同类型用户对软件产品的潜在需求，也没有足够的人力和物力及时演化产品线以满足用户不断变化的需求。为了取得并维持竞争优势，一些软件企业将其所维护的软件产品线以某种形式开放给第三方开发者，允许外部开发者对其产品进行二次开发，满足用户的个性化需求。

这时，软件企业及其产品、第三方开发者及其解决方案以及最终用户一起构成了一个相互作用的复杂系统。单个软件企业不能完全控制该系统，大量的第三方开发者与软件企业一起分担并满足层出不穷、不可预测的用户的个性化需求。软件工程学科借鉴生物学中"生态系统"的概念，引入所谓"软件生态系统"来刻画这种复杂系统的特性。

实际上，研究者早就将生态系统的概念引入到经济学领域，形成了商业生态系统的概念。所谓商业生态系统是指一群相互连接、共同创造价值与分享价值的企业，软件生态系统本质上是商业生态系统在软件产业中的特殊呈现。

软件生态系统的不同组织形式

软件生态系统指的是在同一环境或基础设施之上开发和演化的一系列软件的集合，通常包含一系列面向一致领域和市场的应用和服务，并且这些应用能相互补充、促进和发展。不同的软件生态系统具有不同的组织和划分方式，例如：根据不同的组织管理结构，可分为集中式管理、协商式管理和群体管理；根据商业模式，可分为开源、商业和混合模式；根据同一环境的特点，可分为基础设施式、平台式和协议式等。表 8-1 给出了三类典型软件生态系统在上述三个方面的划分。一般来说，软件生态系统是通过一种共赢的策略来吸引软件应用的提供商和用户的参与，对于用户来说，软件生态系统中有丰富的软件可供选择和使用，而对于软件提供商来说，潜在的大规模用户是不断开发和完善软件的动力。此外，在软件生态系统中形成的市场环境还能促进价值信息的传播以及劳动力的自由流动，从而在持续竞争的环境下不断提高软件产品的质量和用户满意度。

表 8-1 软件生态系统的不同组织形式

	组织管理结构	商业模式	软件结构
Apache/Eclipse Foundation	协商式管理	开源模式	基础设施式
App Store / Android	集中式管理	商业模式	平台式
Python / R	群体管理	混合模式	协议式

思考题

1. 软件生态系统是怎么形成的？举例说明其特点和优势。

8.5　软件众包

　　软件众包指的是一个公司或组织将原本由其雇员承担的软件开发任务通过公开征集的方式外包给一个潜在大规模的未知的群体的软件开发方式，其包括软件需求方、软件开发者和众包平台这三类参与者（如图 8-4 所示）。在众包式软件开发中，软件需求方首先将一个具体的软件开发任务（例如设计 UI 界面或者测试某个具体功能）上传到众包平台并设置对应的任务激励（通常以金钱的方式），随后软件开发者以自愿的方式参与到众包平台上的各个软件开发任务中，并提交自己的工作结果，最后，通过合并或竞争的方式产生软件开发任务的最终解决方案。在这一过程中，人们通常需要设计良好的任务分解、协调和沟通、计划和调度、质量保证、以及参与者激励等多种机制来共同确保众包软件开发方法的顺利实施。

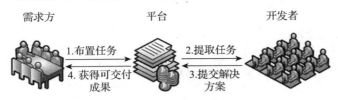

图 8-4　软件众包示意图

8.5.1　软件众包与外包

　　众包软件开发（crowdsourcing software development）或者叫软件众包（software crowd-sourcing），是软件工程的新兴领域。软件众包公开寻求社会大众参与软件开发的任何任务，包括文档、设计、代码和测试等。这些任务通常由软件企业的员工或与企业签约的人员执行，但在软件众包中，所有任务都可以被分配给普通大众，个人和团队都可以参与众包竞赛（crowdsourcing contest）。

　　"众包"本身可以泛指各种领域中向社会大众征集支持的行为，在软件工程领域中，"众包"均以"软件"一词显式或隐式地修饰，限定范围在软件及与软件相近的领域，且以"组织者"指代众包任务的发布方，以"参与者"指代承接任务的社区成员。

　　"外包"一词的出现不晚于 1981 年，是指一家公司支付报酬给其他公司，令其承担本该由主公司在内部自行完成的项目任务，有时还涉及公司间的雇员和资产的转移。这个过程往往以合同等形式进行保障。

　　有人认为众包是外包的一种特殊形式，也有人认为众包是完全异于外包的一种全新形式。众包异于外包的部分包含三个要素（众包的显著特征）：任何人都可以响应众包组织者发出的公开征求，参与者的信息对组织者未必可知，参与者规模庞大。

8.5.2　软件众包的重要事件

- 1991 年，Linus Torvalds 开始从事 Linux 操作系统的工作，邀请世界各地的程序员来贡献代码。
- 1999 年，SETI@home 由加州大学伯克利分校发起。志愿者可以利用计算机空闲时间来分析 SERENDIP 项目中的射电望远镜所记录的数据块，从而帮助寻找可能来自地外智慧的信号。
- 2000 年，iStockPhoto 成立。这个免费网站允许公众贡献自己的力量并可收取报酬。

- 2001 年，Wikipedia 成立。"自由的百科全书"。
- 2001 年，Topcoder 成立。一个众包软件开发公司。
- 2004 年，OpenStreetMap 启动。一个合作项目，以创造可以自由编辑的世界地图。
- 2006 年 6 月，美国《连线》(*Wired*) 杂志 6 月刊上，记者 Jeff Howe 首创"众包"一词（参见 https://www.wired.com/2006/06/crowds/）。
- 2008 年 2 月 1 日，Daren C. Brabham 第一个使用"众包"一词发表学术研究成果。
- 2009 年，Waze——一个面向社区的 GPS 应用，允许用户基于位置提交道路信息和路线数据，例如交通事故或交通报告，并将该数据集成到提供给全体用户的路由算法中。
- 2013 年，Daren C. Brabham 作为《众包》一书的作者，将"众包"定义为"在线的、分布式的问题解决和生产模式"。

8.5.3　软件众包的目标

- 提高质量。众包组织者需要定义特定的软件质量目标和评估准则，以确保软件质量。而且，众包的竞争性可以促使参与者贡献高质量的工作。
- 快速获取。众包组织者可以寄希望于通过发布竞赛以获取具有所需功能的软件，而不是等待自行开发的完成。
- 选拔人才。众包组织者可能会在众包任务中表现出对人才的兴趣。
- 降低成本。众包组织者可以通过支付开发成本中的很小一部分作为奖金来吸引大众完成任务。虽然需要额外付出审核的成本，但总体来说成本更低。
- 解决方案多样化。不同个人和团队针对同一问题有不同的解决方案，这种多样性有利于提高软件容错能力。
- 想法创意。众包组织者希望从参与者那里获取新的想法，这些想法可能会引领新的方向。
- 扩大参与。召集尽可能多的参与者以获取最好的解决方案或传播相关知识。
- 教育参与者。组织者可能有兴趣教授参与者新的知识。
- 获取资金。刺激其他组织赞助类似的项目以利用资金。
- 打开市场。众包项目可以提高品牌在参与者中的认知度。

8.5.4　软件众包实例

Topcoder

Topcoder 是一家众包公司，拥有由设计人员、开发人员、数据科学家和优秀程序员组成的开放性全球社区。Topcoder 向社区成员支付报酬，并向公司和中小型企业客户出售服务。Topcoder 还组织一年一度的 Topcoder Open 赛事和一系列较小的地区性赛事。

在 Topcoder 的业务中，最能体现众包思想的是 Challenge，包括 Design、Development 和 Data Science 三个任务方向。Challenge 的运作模式是，企业客户将项目任务外包给 Topcoder，Topcoder 再以 Challenge 任务的形式将任务下放到整个社区。在这个流程中，Topcoder 对客户负责，社区的众包参与者对 Topcoder 负责。社区将工作成果提交到 Topcoder 的平台上，由其进行审查，再将合格的成果交给客户，并向合格的参与者提供报酬。一般会有 2 到 3 名参与者获得报酬，他们有排名先后顺序，后一名的报酬大约是前一名的一半。也有 First to Finish (F2F) 的任务，只有第一名能获取报酬。

以 Design 任务为例，运作模式如下：

- Registration：任务在网站上开放注册，注册后可查看任务描述和需求，且可进行开发。
- Submission：该阶段的起始时间与 Registration 相同，Competitor 可以提交自己工作成果。
- Screening：在这个阶段，Primary Reviewer 会对每份 Submission 进行初步审阅，筛去非常糟糕的，让其余的进入下一阶段。
- Review：3 个 Reviewer 对每份 Submission 进行评分。评分基于 Scorecard，从最好到最差分为 4 个等级，然后换算为百分制的分。3 个 Reviewer 给分的平均数就是初始分。
- Appeal：这时 Competitor 可查看每个 Reviewer 给的分数，如对分数有异议可进行申诉。
- Appeal Response：Reviewer 复查 Competitor 申诉的部分，酌情处理。这时确定最终分数，分数最高的即为 Winner。
- Aggregation：Primary Reviewer 对每个 Reviewer 的给分进行评估，决定是否需要修正。
- Aggregation Review：每个 Reviewer 对 Winner 的 Submission 进行复查，查漏补缺。
- Final Fix：Winner 对 Reviewer 指出的纰漏进行修复，重新提交。
- Final Review：Primary Reviewer 对 Final Fix 进行审阅，如不通过，退回 Final Fix 阶段。如此反复直到通过。

Bug Bounty Program

Bug Bounty Program（bug 悬赏计划）是一个已被许多网站、组织和软件开发者采用的手段。这些主体通过发布计划和悬赏，向外界征集其产品上的 bug，尤其是与易被利用的漏洞相关的 bug。该计划使得开发者可以在公众意识到漏洞之前修复它们，以避免漏洞被广泛滥用。诸如 Facebook、Google、Reddit、Microsoft 等很多组织都打算实施或实施过该计划。

以 Microsoft Bug Bounty 为例，全称 Microsoft Windows Insider Preview（WIP）Bounty Program。Microsoft 并不是一家众包公司，但它借助该项目，邀请全球的研究者寻找并报告最新的 WIP 在 fast ring 中复现的漏洞。合格的报告可以获得 1000 到 30000 美元的奖励，奖励的具体额度与漏洞的类型有关，同时也随报告的质量和漏洞的严重度浮动。

2013 年 10 月，Google 宣布了其 Vulnerability Reward Program 的一次重大变革。此前，这是一个覆盖 Google 许多产品的 bug 悬赏计划，但在这之后，该计划被扩展到一系列高风险免费软件应用和库上，尤其是那些为联网和底层操作系统功能而设计的。被 Google 认定符合标准的提交将有资格获得从 500 到 3133.7 美元不等的奖励。2017 年，Google 再次扩展该计划，令其覆盖由第三方团体开发并在 Google Play Store 中可获取的应用。

Wikipedia

Wikipedia 创立于 2001 年 1 月。它的成长模式具有众包性，允许全球社区中的学者、学生以及具有不同知识的人共同参与建设。和传统的百科全书不同的是，Wikipedia 起初几乎是完全开放的，任何人都可以新建文章，任何文章都可以被任何读者编辑，甚至是没有账号的人。所有文章的变更都会被实时呈现出来。得益于这种开放的众包模式，至今 Wikipedia 已经容纳了超过 300 个语言版本总共 4000 多万篇文章。

Wikipedia 的创始人 Jimmy Wales 和 Larry Sanger 在 2000 年曾创立在线百科 Nupedia，它被视为 Wikipedia 的前身。与 Wikipedia 不同的是，Nupedia 沿用了传统的体制，由一个精英小集团运作，采用七个步骤的审核程序来监督文章的质量，具有广泛的同行评审过程。Nupedia 中包含专家预定义规则，在第一年内仅通过了 21 篇文章，而 Wikipedia 在第一个月发布了 200 篇，在第一年发布了 18000 篇。在 2003 年 Nupedia 停止运作时，仅有 25 篇文章完成了审核程序。

与 Nupedia 类似的失败的竞争对手还有 Microsoft Encarta（微软百科全书）。Encarta 于 1993 年推出，包括光盘和在线版本，由特别的团队进行维护。2005 年，在线 Encarta 允许用户提出对现有文章的更改建议。到 2008 年，完整的英文版 Encarta Premium 包含 62000 多篇文章，而同时期的英文 Wikipedia 已拥有超过 5 500 000 篇文章。由于对免费而高效的在线百科缺乏竞争力，Encarta 于 2009 年基本停运。同样，拥有 244 年辉煌历史的《大英百科全书》于 2012 年宣布不再出版纸质书。反观 Wikipedia，它采用众包的运营理念，打造了一个反应敏捷、开放、民主化的平台。它的对手一直沿袭传统的保守用人方式，而 Wikipedia 则以迅速而高效的方式获得了庞大得多的群体才智。

8.5.5　软件众包的局限和争议

软件众包的局限性和争议性体现在以下几个主题上。

影响产品质量

首先，由众包的特征可以得知，任何人都可以参与任何一个众包任务。显然，这种不设门槛的行为必然会将一些不够资格的参与者吸引进来，从而导致一批无用的贡献产生（Topcoder 的 Design 中的 Screening 步骤很有可能就是为了解决这个问题）。这会进一步导致组织者需要花费额外的成本来审查全部这些贡献。另外，由于参与者的个人信息对组织者不可知，组织者也无法获知他们参与的意图，这会为恶作剧或有针对性的恶意工作提供机会。

其次，虽然众包竞赛中往往会有多重标准评估贡献的质量以决定奖励的分配，但在许多场合下提交速度会成为至关重要的因素，例如 Topcoder 中 F2F 类型的竞赛，有且仅有第一个提交且合格的参与者能得到奖励。在该条件的激励下，不可避免地会有参与者为争夺奖励一味追求速度而忽视贡献质量。

再者，由于无法提供足够的金钱动力以及参与者过少的缘故，众包项目的失败率也会上升。众包市场并非先进先出队列，不能及时完成的众包项目会被后来的项目排挤到不醒目的位置，导致参与者难以发现它们。另外，社区参与者不同于企业员工的是，他们无须对项目负责，因此，只要他们遇到瓶颈，或者有其他更紧迫的事情，或者仅仅是失去了继续工作的动力——换言之，只要他们不想继续下去，就可以随意地半途而废。由于这些原因，众包项目往往具有更高的损耗率，即便是勉强完成了任务，也不总能产出高质量的成果。Facebook 自 2008 年开启本地化计划以来，由于众包翻译质量低下而遭受批评。

在软件开发中，开发者和客户的交互是否及时有效，会对产品质量造成基础性的影响，因为这关系到客户的需求能否反映在产品中。但是在众包模式中，社区与客户缺乏直接沟通，可能无法获得期望的产品信息。这会造成供求不能很好地对接，对产品质量造成影响。

最后，众包工作者还缺乏协作工具。传统的企业开发中，企业员工彼此能方便地进行协作。企业通常也会提供特定的工具、环境等条件，而众包工作者只能依赖自己的知识和工具进行工作。

企业家自身出资减少

"众筹"也是众包的一种。众筹的存在使得企业家可以通过小投资者更容易地获得资本，而无须说服对潜在风险保持警惕的投资者以获得支持。企业家轻易获得资本的同时，项目失败的风险和损失也被分摊到了小投资者身上。与其进行严格的风险评估以说服大型投资者参与进来，不如将投资者替换为愿意为之承担风险的人。凭借这种手段启动项目的企业家更倾向于采取冒险的举动。

受资助的想法数量上升

很多想法和创意由于具有先天性的缺陷或受众面过窄，在传统投资模式下得不到足够的资本支持，于是在婴儿时期就被扼杀。但是如果企业家能够找到一个支持该想法的社区，就可以通过众包将想法转化为实际项目。但是由于前面提到的缺陷，基于这些想法启动的项目失败的风险也更高。在高风险和小目标市场的情况下，众包项目池面临更大的资本损失、更低的回报和更低的成功率。

支付给众包工作者低报酬的伦理意义

众包工作者被认为是独立承包商，而不是雇员，且由于没有合同、协议等外部保障的存在，他们得不到最低工资的保障。例如，使用 Amazon Mechanical Turk（一个与 Topcoder 相似的众包平台）的工作者的收入通常低于最低工资水平。据报道，在 2009 年，美国的 Turk 用户每小时的平均收入仅有 2.30 美元，低于美国的最低工资水平；而印度用户的收入虽然不比印度的最低工资水平低，但也仅有 1.58 美元。尽管如此，研究表明 Turk 工作者并不认为自己受到了剥削。

另外，由于没有相关规则的约束，众包工作者的贡献是否被认可、报酬是否支付完全，取决于组织者制定的标准和意志，即组织者在这个关系中掌握完全的主动权。

基于上述现象，已经有研究者在思考众包是否合乎道德，甚至有观点认为众包是一种现代的剥削手段。

众包的可信度问题

众包未必是可信的。由前述内容可知，众包参与者不需要对他人负责，这意味着他们可以做出不可信的贡献而不被追责。波士顿马拉松爆炸事件发生后，热门论坛网站 Reddit 借助众包调查凶手的信息，并最终宣称找到了 4 名炸弹袭击者，然而事实上他们都是无辜的。这引发了大规模的以讹传讹，使 Reddit 受到抨击。不过该事件也引发了对"什么能众包"，以及"不负责任的众包的后果"的思考。

8.5.6　小结

众包模式从萌芽到诞生再到日臻成熟，只经历了短短 30 多年的时间。现在，无论是众包公司还是传统体制下的公司，都或多或少有过众包行为。企业借助众包能够以极低的成本调动全球社区最广泛的群体智慧，以期获得良好的效益。同时，社区工作者不需要通过资质审查就能自由地参与到众包项目中。他们可以利用空闲时间完成众包任务，赚取额外收入，也可以利用这些项目进行自我锻炼、自我学习（这一点对学生来说尤其有利）。不过遗憾的是，众包也存在着种种漏洞，而且某些漏洞正是由它的优点所导致的。为了解决这些漏洞，必须通过制定规则或法律等手段约束众包行为。但制定约束又不可避免地要违背众包打造自由开放的环境的初衷。如何解决自由与约束的矛盾，保障各方的利益，并使得众包的优势能够最大化地被体现出来，将是众包研究者面临的重要问题。但是不可否认的是，众包作为一种新兴潮流，还将继续繁荣发展下去。

思考题

1. 软件众包具有哪些优势？
2. 软件众包存在哪些问题？

第 9 章

软件智能化技术

本章介绍一些主要的软件智能化技术，具体包括：从大量数据中发现知识的数据挖掘技术（9.1 节）及其在软件工程中的一个应用——在各种软件工程数据中提取有价值信息的软件仓库挖掘（MSR）（9.2 节）；模拟或实现人类的学习行为以获取新的知识或技能的机器学习（9.3 节）；利用图结构表示知识、管理知识和发现知识的知识图谱技术（9.4 节）；以统计方法和数学方法为手段对事物发展趋势和未来数量表现做出推测和计算的统计预测技术（9.5 节）；智能软件的终极目标就是能够模拟、延伸和扩展人的智能，实现人工智能（9.6 节）；智能软件的重要基础之一就是对数量巨大、来源分散、格式多样的数据进行采集、存储和关联分析，从中发现新知识、创造新价值、提升新能力，这种新一代的信息技术就是大数据技术（9.7 节）；随着互联网、大数据和人工智能的发展，人们对软件的可信性提出了更高的要求，区块链（9.8 节）经过十多年的孕育和 10 多年的发展，开始逐渐进入人们的视野，并以"区块链＋"的方式广泛进入各行各业。

9.1 数据挖掘

数据挖掘是指从大量的数据中通过算法搜索隐藏于其中的信息的过程。数据挖掘通常与计算机科学有关，并通过统计、在线分析处理、情报检索、机器学习、专家系统（依靠过去的经验法则）和模式识别等诸多方法来实现上述目标。

数据挖掘的基本概念

近年来，数据挖掘引起了信息产业界的极大关注，其主要原因是存在大量数据可供广泛使用，并且迫切需要将这些数据转换成有用的信息和知识。数据挖掘获取的信息和知识可以广泛用于各种应用，包括商务管理、生产控制、市场分析、工程设计和科学探索等。

数据挖掘是人工智能和数据库领域研究的热点问题，所谓数据挖掘，是指从数据库的大量数据中揭示出隐含的、先前未知的并有潜在价值的信息的非平凡过程。数据挖掘是一种决策支持过程，它主要基于人工智能、机器学习、模式识别、统计学、数据库、可视化技术等，高度自动化地分析企业的数据，做出归纳性的推理，从中挖掘出潜在的模式，帮助决策者调整市场策略，减少风险，做出正确的决策。数据挖掘可以与用户或知识库交互。

数据挖掘是通过分析每个数据，从大量数据中寻找其规律的技术，主要有数据准备、规律寻找和规律表示三个步骤。数据准备是从相关的数据源中选取所需的数据并整合成用于数据挖掘的数据集；规律寻找是用某种方法将数据集所含的规律找出来；规律表示是尽可能以用户可理解的方式（如可视化）将找出的规律表示出来。数据挖掘的任务有关联分析、聚类分析、分类分析、异常分析、特异群组分析和演变分析等。

数据挖掘利用了来自如下一些领域的思想：来自统计学的抽样、估计和假设检验；人工智能、模式识别和机器学习的搜索算法、建模技术和学习理论。数据挖掘也迅速地接纳了来自其他领域的思想，这些领域包括最优化、进化计算、信息论、信号处理、可视化和信息检索。一些其他领域也起到了重要的支撑作用，特别地，需要数据库系统提供有效的存储、索引和查询处理支持。此外，源于高性能（并行）计算的技术在处理海量数据集方面常常是很重要的。分布式技术也能帮助处理海量数据，当数据不能集中到一起处理时，这种技术更是至关重要。

数据挖掘的产生背景

20 世纪 90 年代，随着数据库系统的广泛应用和网络技术的高速发展，数据库技术也进入了一个全新的阶段，即从过去仅管理一些简单的数据，发展到管理由各种计算机所产生的图形、图像、音频、视频、电子档案、Web 页面等多种类型的复杂数据，并且数据量也越来越大。数据库在给我们提供丰富信息的同时，也体现出明显的海量信息特征。信息爆炸时代，海量信息给人们带来许多负面影响，最主要的就是有效信息难以提炼，过多无用的信息必然会产生信息距离（信息状态转移距离，是对一个事物信息状态转移所遇到障碍的测度，简称 DIST 或 DIT）和有用知识的丢失。这也就是约翰·内斯伯特所谓的"信息丰富而知识贫乏"得窘境。因此，人们迫切希望能对海量数据进行深入分析，发现并提取隐藏在其中的信息，以更好地利用这些数据。但仅以数据库系统的录入、查询、统计等功能，无法发现数据中存在的关系和规则，无法根据现有的数据预测未来的发展趋势，更缺乏挖掘数据背后隐藏的知识的手段。正是在这样的条件下，数据挖掘技术应运而生。

数据挖掘对象

数据的类型可以是结构化的、半结构化的，甚至是异构型的。发现知识的方法可以是数学的、非数学的，也可以是归纳的。最终被发现了的知识可以用于信息管理、查询优化、决策支持及数据自身的维护等。

数据挖掘的对象可以是任何类型的数据源。可以是关系数据库，此类包含结构化数据的数据源；也可以是数据仓库、文本、多媒体数据、空间数据、时序数据、Web 数据，此类包含半结构化数据甚至异构性数据的数据源。

数据挖掘步骤

在实施数据挖掘之前，有必要先考虑采取什么样的步骤，每一步做什么，以及达到什么样的目标，有了好的计划才能保证数据挖掘有条不紊地实施并取得成功。很多软件供应商和数据挖掘顾问公司都提供了一些数据挖掘过程模型，来指导用户一步步地进行数据挖掘工作。比如，SPSS 公司的 5A 和 SAS 公司的 SEMMA。

数据挖掘过程模型的步骤主要包括定义问题、建立数据挖掘库、分析数据、准备数据、建立模型、评价模型和实施。下面让我们来具体看一下每个步骤的具体内容。

定义问题。在开始知识发现之前的首要要求就是了解数据和业务问题。必须要对目标有清晰明确的定义，即决定到底想干什么。比如，想提高电子信箱的利用率时，想做的可能是"提高用户使用率"，也可能是"提高一次用户使用的价值"，要解决这两个问题而建立的模型几乎是完全不同的，必须做出决定。

　　建立数据挖掘库。建立数据挖掘库包括以下几个步骤：数据收集，数据描述，选择，数据质量评估和数据清理，合并与整合，构建元数据，加载数据挖掘库，维护数据挖掘库。

　　分析数据。分析的目的是找到对预测输出影响最大的数据字段，以及决定是否需要定义导出字段。如果数据集包含成百上千的字段，那么浏览分析这些数据将是一件非常耗时和累人的事情，这时需要选择一个具有好的界面和功能强大的工具软件来协助完成这些事情。

　　准备数据。这是建立模型之前的最后一项数据准备工作。可以把此步骤分为四个部分：选择变量，选择记录，创建新变量，转换变量。

　　建立模型。建立模型是一个反复的过程。需要仔细考察不同的模型以判断哪个模型对所要解决的商业问题最有用。先用一部分数据建立模型，然后再用剩下的数据来测试和验证这个得到的模型。有时还有第三个数据集，称为验证集，因为测试集可能受模型特性的影响，这时需要一个独立的数据集来验证模型的准确性。训练和测试数据挖掘模型需要把数据至少分成两个部分，一个用于模型训练，另一个用于模型测试。

　　评价模型。模型建立好之后，必须评价得到的结果，解释模型的价值。从测试集中得到的准确率只对用于建立模型的数据有意义。在实际应用中，需要进一步了解错误的类型和由此带来的相关费用的多少。经验证明，有效的模型并不一定是正确的模型。造成这一点的直接原因就是模型建立中隐含的各种假定，因此，直接在现实世界中测试模型很重要。先在小范围内应用，取得测试数据，觉得满意之后再向大范围推广。

　　实施。模型建立并经验证之后，有两种主要的使用方法，一种是提供给分析人员做参考，另一种是把此模型应用到不同的数据集上。

数据挖掘分析方法

　　数据挖掘分为有指导的数据挖掘和无指导的数据挖掘。有指导的数据挖掘是利用可用的数据建立一个模型，这个模型是对一个特定属性的描述。无指导的数据挖掘是在所有的属性中寻找某种关系。具体而言，分类、估值和预测属于有指导的数据挖掘，关联规则和聚类属于无指导的数据挖掘。

- 分类。首先从数据中选出已经分好类的训练集，在该训练集上运用数据挖掘技术建立一个分类模型，再将该模型用于对没有分类的数据进行分类。
- 估值。估值与分类类似，但估值最终的输出结果是连续型的数值，估值的量并非预先确定。估值可以作为分类的准备工作。
- 预测。通过分类或估值来进行，通过分类或估值的训练得出一个模型，如果对于检验样本组而言该模型具有较高的准确率，可将该模型用于对新样本的未知变量进行预测。
- 相关性分组或关联规则。其目的是发现哪些事情总是一起发生。
- 聚类。自动寻找并建立分组规则，通过判断样本之间的相似性，把相似样本划分在一个簇中。

数据挖掘存在的问题

　　数据挖掘涉及隐私问题，例如，某个雇主可以通过访问医疗记录来筛选出那些有糖尿病或者严重心脏病的人，从而意图削减保险支出。然而，这种做法会导致伦理和法律问题。对于政府和商业数据的挖掘，可能会涉及国家安全或者商业机密之类的问题。

　　数据挖掘有很多合法的用途，例如可以在患者群的数据库中查出某药物与其副作用的关系。这种关系可能在 1000 人中也不会出现一例，但药物学相关的项目就可以运用此方法减少对药物有不良反应的病人数量，还有可能挽救生命，但这当中还是存在数据库可能被滥用的问题。

数据挖掘采用其他方法不可能实现的方法来发现信息，但必须有所规范，应当在适当的说明下使用。如果数据是收集自特定的个人，那么就会出现一些涉及保密、法律和伦理的问题。

思考题

1. 什么是数据挖掘？
2. 为什么需要数据挖掘？

9.2 软件仓库挖掘

软件仓库挖掘（Mining Sofware Repository，MSR）领域分析软件仓库中可用的丰富数据，以发现有关软件系统和项目的有趣和可操作的信息，其中软件仓库（如源代码管理系统、项目人员之间的归档通信和缺陷跟踪系统）用于帮助管理软件项目的进度。软件从业者和研究人员正在认识到挖掘这些信息的好处，以支持软件系统的维护，改进软件设计 / 重用，并在经验上验证新的思想和技术。

目前人们正在进行有关 MSR 的研究，找到挖掘这些软件仓库的方法，以帮助理解软件开发和软件演化，支持对软件开发的预测，并在规划未来开发时利用这些知识。国际软件仓库挖掘会议已经连续召开了近 20 年。

软件仓库的概念

软件仓库挖掘已经成为一个软件工程领域，软件从业人员和研究人员利用数据挖掘技术对软件仓库中的数据进行分析，以提取开发人员在开发过程中产生的有用和可操作的信息。当挖掘各种软件存储库时，所提取的数据可用于发现隐藏的模式和趋势、支持开发活动、维护现有系统或改进围绕未来软件开发和演化的决策，更好地管理软件和生产更高质量的软件系统。软件仓库的类型包括软件库、历史库、代码库等。

软件库。软件存储库是由几个软件开发组织在线或脱机维护的存储位置，其中维护软件包、源代码、bug 和与软件及其开发过程相关的许多其他信息。由于开放源码，这些存储库的数量及其使用量正在快速增长。任何人都可以从这里提取多种类型的数据，研究它们，并根据自己的需要进行更改。

历史库。这类存储库包含在长时间内生成的大量异构软件工程数据，其中一些数据如下：

- 源代码管理存储库（SCR）记录一个项目的发展历史。这些存储库保存对源代码所做的所有更改，并维护期间有关每个更改的元数据，例如，进行更改的开发人员名称、进行更改的时间、描述更改意图的简短消息以及所执行的更改。软件项目最常见的可用、可访问的存储库是源代码管理存储库，一些广泛使用的实例包括 Perforce、ClearCase、CVS（并发版本系统）、Subversion 等。
- bug 存储库（BR）跟踪不同组织的开发人员在软件开发生命周期的不同阶段所遇到的错误。例如，Jira 和 Bugzilla 分别是由 Atlas 和 Mozilla 社区维护的 bug 存储库。维护这些存储库的好处是改进通信、提高产品质量、确保问责制和提高生产力。
- 存档通信（AC）存储库记录了开发人员和项目经理在整个生命周期中对项目的各种特性进行的讨论。一些存档通信的例子是实例消息、电子邮件、邮件列表和 IRC 聊天。
- 运行时存储库包含与在单个或多个不同部署站点（如部署日志）上执行和使用应用程序有关的信息。软件部署是一套完整的活动，使软件产品可供使用。这些活动可以发生在生产者或消费者或双方。与软件项目的特定部署或同一项目的异构部署有关的信息记录在这类存储库中。例如，应用程序在不同的单个或多个部署站点上表示的错误消息可以记录在部署日志中。

代码库（Code Repository，CR）。CR 存储库是通过收集大量异构项目的源代码来维护的，net、GitHub 和 Google 代码就是 CR 的例子。

软件仓库挖掘方法

在软件开发过程中，版本控制系统、缺陷追踪系统、运行时存储库等工具已经被广泛应用，软件的每一次测试活动、代码变更、缺陷修复、开发人员的每次交流讨论，都被详细地记录。慢慢地，软件仓库中的数据量越来越大，类型也越来越丰富。如何有效地收集、组织、利用这些数据来帮助改善软件的质量和生产效率已经成为软件工程中一个很有意义的问题。

软件仓库挖掘的流程主要是：收集数据，预处理，实施数据挖掘算法，完成软件工程的任务。软件仓库挖掘研究覆盖软件开发的各个阶段，包括需求、设计、实施、测试、调试、维护和部署，其涉及的软件工程数据有以下三类：

- 序列。这类数据通常是软件在执行过程中动态生成的结构化信息，包括执行路径、co-change 等信息。比如，crash 报告系统能够自动生成 crash 信息，这些报告通常包含系统执行过程中的调用栈信息。许多研究通过抽取调用栈信息来计算 crash 报告的相似度并自动地实现 crash 报告分类，有一些研究通过挖掘调用栈信息来帮助开发者识别 crash 根源。

- 图。这类数据往往能够直观形象地呈现软件工件间的关系，包括动态 / 静态调用图、程序依赖图等。例如，程序依赖图是一种带标签的有向图、模拟过程语句之间的依赖关系，从而发掘程序依赖图，通过提取程序内在关系来发掘隐藏的信息。

- 文本。这类数据通常是人工撰写的非结构化信息，包括 bug 报告、e-mail、文档等。例如，测试者通过执行软件测试为软件的异常行为撰写 bug 报告，这些报告往往包含较多的自然语言信息。然而，人工检测大量的 bug 报告是一项十分繁重的任务。因此，为了减少人工检测代价，研究者提出了一种典型的文本挖掘任务，即 bug 报告重复检测。许多研究利用常见的文本挖掘方法，如自然语言处理技术、信息检索技术、主题模型、机器学习抽取特征或者建立向量空间模型来计算文本相似度，从而实现重复检测。

这些数据可以直接从软件仓库中抽取，也可以通过查看软件开发过程中的文档、日志等方式获取，获取到的数据一般情况下都是粗糙的、未经处理的，所以，如果想要获得有用的信息，就得对这些数据进行清洗，即预处理。

文本数据的预处理主要是移除停止词、移除标点符号、移除表情、拆分黏在一起的词、寻找俚语、去除 URL 等。对于一些特殊文本，我们还可能需要进行语法检查、拼写错误检查、疑问句去除等。数值数据清洗主要是解决缺失值、检测错误值、消除重复值、检查数据一致性等，解决缺失值可以手工填充，也可以用统计值进行填充，检测错误值主要是对数据进行偏差分析，消除一些离群点或者对噪声进行平滑。消除重复值是为防止一些属性相同的数据被重复记录。最后，数据一致性检查主要是去除语义冲突，防止相同属性的数据出现不同的计量方式。

在得到规范整洁、组织好的数据之后，我们便可以对这些数据进行数据挖掘，在得到数据挖掘的结果之后，可以用这些信息完成软件工程中的任务。比如，开发人员之间的电子邮件、文档等在参与过程中会交互，可能会有失序，造成数据混乱，在使用数据挖掘技术之后，能较好地区分工作人员的组织关系，确保软件项目管理的顺利开展。或者利用程序谱来对程序的具体运行轨迹实施抽象定位，通过对比的方式排查故障，迅速找出故障源头。也可以使用基于文本的对比方法、基于标识符的对比方法及运用潜在语义索引等方法，对克隆代码进行检测。

软件仓库挖掘的重要意义

如今，软件在人类生活中扮演着非常重要的角色，根据日常的需要和需求，软件将得到提升和发展。软件进化是软件工程和维护中最重要的主题之一，它通常处理从不同来源产生的大量数据，如源代码库、bug 跟踪系统、版本控制系统、问题跟踪系统、邮件和项目讨论列表。软件开发和演化的关键之一是设计理论和模型，使人们能够理解过去和现在，并帮助预测与软件维护有关的未来特征，从而支持软件维护任务。在这方面，MSR 发挥了重要作用。MSR 是一个新兴的研究领域，它试图加深对开发过程的了解，以建立更好的预测和推荐系统。存储在软件仓库中的历史信息和有价值的信息，为获取知识和帮助监视复杂的项目和产品，提供了一个很好的机会，而不影响开发活动和最后期限。源代码控制系统将源代码及其更改存储在开发过程中，bug 跟踪系统保存软件开发项目中报告的软件缺陷的记录，问题跟踪系统管理和维护问题清单，并将项目人员之间的通信记录作为项目整个生命周期的决策依据。这些丰富的信息有助于研究人员和软件项目人员在估计的预算和时间期限内理解和管理复杂项目的发展。例如，历史信息可以帮助开发人员理解软件系统当前结构的基本原理。

软件仓库挖掘的研究现状

软件仓库挖掘是一个新兴的领域，重点是从异构的现存软件库中提取有关软件属性的基本信息和有价值的信息。对这些类型的存储库进行挖掘，以提取不同贡献者为完成不同目标而隐藏的事实。由于过去十多年来取得了令人满意的结果，数据挖掘在软件工程环境中得到了持续的普及。软件挖掘及其应用范围包括缺陷预测领域、生产和测试代码的共同进化、影响分析、工作量预测、相似分析、软件体系结构变化的预测、软件情报，也用于降低软件开发的复杂性等。

软件智能（Software Intelligence，SI）是为分析源代码以清楚理解信息技术场景而开发的一种软件。它提供了一套提取有价值信息的软件工具和方法。它使软件专家不断了解最新情况，以及用于加强决策的相关提取信息。在十多年前，软件仓库挖掘基本上是在工业层面上进行的，研究工作被限制在选定的几个软件系统和应用领域，或者由于缺乏像开放源码这样的公开可用的历史软件数据而受到限制。最近出现了快速转变，是因为开源软件的流行和发展。

思考题

1. MSR 是什么？列举 MSR 的作用。

9.3　机器学习

机器学习是一门多领域交叉学科，涉及概率论、统计学、逼近论、凸分析、算法复杂度理论等多门学科。机器学习专门研究计算机怎样模拟或实现人类的学习行为，以获取新的知识或技能，重新组织已有的知识结构使之不断改善自身的性能。机器学习是人工智能的核心，是使计算机具有智能的根本途径。

机器学习有下面几种定义：

- 机器学习是一门人工智能科学，该领域的主要研究对象是人工智能，特别是如何在经验学习中改善具体算法的性能。

- 机器学习是对能通过经验自动改进的计算机算法的研究。
- 机器学习是用数据或以往的经验，以此优化计算机程序的性能标准。

机器学习的发展历程

机器学习实际上已经存在了几十年或者也可以认为存在了几个世纪。追溯到 17 世纪，贝叶斯、拉普拉斯关于最小二乘法的推导和马尔可夫链，这些构成了机器学习广泛使用的工具和基础。从 1950 年（艾伦·图灵提议建立一个学习机器）到 2000 年初（深度学习的实际应用及新进展，比如 2012 年的 AlexNet)，机器学习有了很大的进展。从 20 世纪 50 年代研究机器学习以来，不同时期的研究途径和目标并不相同，可以划分为四个阶段。

第一阶段，20 世纪 50 年代中叶到 60 年代中叶，这个时期主要研究"没有知识的学习"。这类方法主要研究系统的执行能力，通过对机器的环境及其相应性能参数的改变来检测系统所反馈的数据。就好比给系统一个程序，通过改变它们的自由空间作用，系统将会受到程序的影响而改变自身的组织，最后这个系统将会选择一个最优的环境生存。在这个时期最具有代表性的研究就是 Samuet 的下棋程序。但这种机器学习方法还远远不能满足人类的需要。

第二阶段，20 世纪 60 年代中叶到 70 年代中叶，这个时期主要研究将各个领域的知识植入到系统里，目的是通过机器模拟人类学习的过程。同时还采用了图结构及其逻辑结构方面的知识进行系统描述。在这一研究阶段，主要是用各种符号来表示机器语言，研究人员在进行实验时意识到学习是一个长期的过程，从这种系统环境中无法学到更加深入的知识，因此研究人员将各专家学者的知识加入系统里，实践证明这种方法取得了一定的成效。在这一阶段具有代表性的工作有 Hayes-Roth 和 Winson 的结构学习系统。

第三阶段，20 世纪 70 年代中叶到 80 年代中叶，称为复兴时期。在此期间，人们从学习单个概念扩展到学习多个概念，探索不同的学习策略和学习方法，且在本阶段已开始把学习系统与各种应用结合起来，并取得了很大的成功。同时，专家系统在知识获取方面的需求也极大地刺激了机器学习的研究和发展。在出现第一个专家学习系统之后，示例归纳学习系统成为研究的主流，自动知识获取成为机器学习应用的研究目标。1980 年，在美国的卡内基·梅隆大学召开了第一届机器学习国际研讨会，标志着机器学习研究已在全世界兴起。此后，机器学习开始得到大量应用。1984 年，Simon 等 20 多位人工智能专家共同撰文编写的 *Machine Learning* 文集第二卷出版，国际性杂志 *Machine Learning* 创刊，更加显示出机器学习突飞猛进的发展趋势。这一阶段的代表性工作有 Mostow 的指导式学习、Lenat 的数学概念发现程序、Langley 的 BACON 程序及其改进程序。

第四阶段，20 世纪 80 年代中叶到现在，这是机器学习的最新阶段。这个时期的机器学习具有以下特点：机器学习已成为新的学科，它综合应用了心理学、生物学、神经生理学、数学、自动化和计算机科学等形成了机器学习理论基础；融合了各种学习方法，且形式多样的集成学习系统研究正在兴起；机器学习与人工智能各种基础问题的统一性观点正在形成；各种学习方法的应用范围不断扩大，部分应用研究成果已转化为产品；与机器学习有关的学术活动空前活跃。图 9-1 列出了机器学习的主要内容，表 9-1 中对其中的每个术语进行了简单解释。

表 9-1　主要的机器学习方法及其简单解释

方法名称	解　　释
线性模型	试图学得一个通过属性的线性组合来进行预测的函数
决策树	基于树结构来进行决策

（续）

方法名称	解　释
神经网络	模仿生物神经系统对真实世界物体所做出的交互反映
支持向量机	在样本空间中找到一个划分超平面
贝叶斯分类器	概率框架下实施决策的基本方法
集成学习	构建并结合多个学习器来完成学习任务
聚类	把样本划分为若干通常互不相交的子集
降维与度量学习	将原始高维属性空间转变为一个低维子空间，更容易进行学习
特征选择与稀疏	从给定特征集合中选择相关特征子集之后再训练学习器
计算学习	通过计算来进行学习
半监督学习	使用大量未标记数据，同时使用标记数据来进行模式识别工作
概率图模型	用图来表示变量相关关系的概率模型
规则学习	从训练数据中学习出一组能用于对未见示例进行判别的规则
强化学习	以"试错"方式进行学习，通过与环境进行交互获得奖赏指导行为

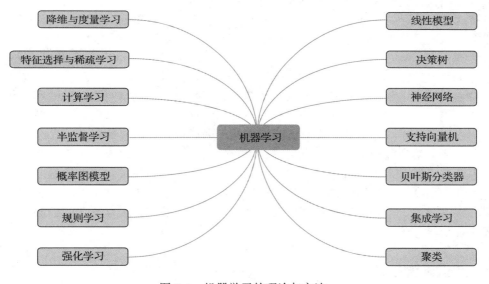

图 9-1　机器学习的理论与方法

思考题

1. 什么是机器学习？
2. 机器学习有哪些方法？

9.4　知识图谱

　　由于互联网信息的暴增且杂乱无章，人们需要更加快速有效地检索某一信息。与此同时，随着科技的进步，人们希望机器可以像人一样理解海量的网络信息，因此知识图谱应运而生。知识图谱（knowledge graph），在图书情报界称为知识域可视化或知识领域映射地图，是显示知识发展进程与结构关系的一系列各种不同的图形，用可视化技术描述知识资源及其载体，挖掘、分析、构建、绘制和显示知识及它们之间的相互联系。

知识图谱是通过将应用数学、图形学、信息可视化技术、信息科学等学科的理论与方法与计量学引文分析等方法结合，并利用可视化的图谱形象地展示学科的核心结构、发展历史、前沿领域以及整体知识架构以达到多学科融合目的的现代理论。它能为学科研究提供切实的、有价值的参考。

知识图谱是机器大脑中的知识库、人工智能应用的基础设施，旨在利用图结构建模知识，并实现识别、发现和推断事物、概念之间的复杂关系，是事物关系的可计算模型。构建它的核心任务之一是从海量资源中自动抽取新知识，并将其与图谱中的已有知识融合。

9.4.1　知识图谱的研究背景

伴随着 Web 技术的不断发展，人类先后经历了以文档互联为主要特征的 Web1.0 时代，以数据互联为特征的 Web2.0 时代，正在迈向基于知识互联的 Web3.0 时代。知识互联网的目标是构建一个人与机器都能够理解的互联网，从而使得人们所使用的网络更加智能化。但是，由于互联网的内容繁多，组织结构松散，在大数据环境下，这样的特点给知识互联带来了极大的挑战。因此，人们需要根据大数据环境下的知识组织原则，从新的视角去探索既符合网络信息资源发展变化，又能适应用户需求的知识互联方法，从更深层次揭示人类知识的整体性关联性。知识图谱凭借自身拥有的强大的语义处理能力和开放互联能力，使 Web3.0 提出的"知识之网"成为可能。

进入 21 世纪之后，随着互联网的迅猛发展和知识的爆炸性增长，搜索引擎被广泛使用。传统的搜索引擎可以根据用户查询的内容快速地排序网页，提高信息检索的效率。然而，网页检索并不等同于用户能够快速准确地获得想要的知识和信息，对于搜索引擎返回的大量结果，需要人工进行排查和筛选。面对迅速膨胀的互联网信息，网页检索方式已经不能满足人们迅速获取所需信息和全面掌握信息资源的需求。为了满足这种需求，知识图谱技术应运而生。知识图谱通过对知识进行更加有序和有机的组织，使得用户可以更加快速准确地访问自己需要的知识信息，并进行一定的知识挖掘和智能决策。近年来，许多学者和机构在知识图谱上展开深入研究，希望借助这种更加清晰动态的方式，展现各种概念之间的联系，实现知识的智能获取与管理。

9.4.2　知识图谱概述

20 世纪中叶，普莱斯等人提出使用引文网络来研究当代科学发展的脉络的方法，首次提出了知识图谱的概念。1977 年，知识工程的概念在第五届国际人工智能大会上被提出，以专家系统为代表的知识库系统开始被广泛研究和应用。到 20 世纪 90 年代，机构知识库的概念被提出，自此关于知识表示和知识组织的研究工作开始深入开展起来。机构知识库系统被广泛应用于各科研单位，进行单位内部的资料整合以及对外宣传。2012 年，Google 公司率先提出我们现在熟识的知识图谱概念，将其用于增强自己的搜索引擎功能。

Google 公司提出的知识图谱概念本质上旨在描述真实世界中存在的各种实体或概念及其关系所构建成的一张巨大的语义网络图，节点表示实体的概念，边则由属性或者关系构成，可以对现实世界的事物及其相互关系进行形式化的描述。现在的知识图谱已经被用来泛指各种大规模的数据库。

9.4.3　知识图谱关键技术

大规模知识图谱的构建与应用需要多种技术的支持，其中知识提取、知识表示、知识融合、知识加工是最为关键的几项技术。通过知识提取技术，可以从一些公开的半结构化、非结构化和第三方结构化数据库的数据中提取出实体、关系、属性等知识要素。知识表示则通过一定的有效手段对知识要素进行表示，便于进一步的处理和使用。然后通过知识融合，消除实体、关系、属性等指称项和事实对象之间的歧义，从而形成高质量的知识库。知识加工则是在已有知识库的基础上进一步挖掘隐含的知识，从而丰富、扩展知识库。

知识提取

知识提取主要是面向开放的链接数据，通常典型的输入是自然语言文本或者多媒体内容文档（图像或者视频）等。然后通过自动化或者半自动化的技术提取出可用的知识单元，知识单元主要包括实体（概念的外延）、关系以及属性三个知识要素，并以此为基础，形成一系列高质量的事实表达，为上层模式层的构建奠定基础。

知识提取分为实体提取、关系提取、属性值提取：

- 实体提取是从原始数据语料中自动识别出命名实体。由于实体是知识图谱中的最基本元素，其提取的完整性、准确率、召回率等将直接影响到知识图谱构建的质量。因此，实体提取是知识提取中最为基础与关键的一步。
- 属性提取的任务是为每个实体构造属性列表（如城市的属性包括面积、人口、所在国家、地理位置等），而属性值提取则为实体附加属性值。属性和属性值的提取能够形成完整的实体概念的知识图谱维度。常见的属性和属性值提取方法包括从百科类站点中提取，从垂直网站中进行包装器归纳，从网页表格中提取，以及利用手工定义或自动生成的模式从句子和查询日志中提取。
- 关系提取的目标是解决实体语义链接的问题。关系的基本信息包括参数类型、满足此关系的元组模式等。早期的关系提取主要是通过人工构造语义规则以及模板的方法识别实体关系。后来，实体间的关系模型逐渐替代了人工预定义的语法与规则。但是仍需要提前定义实体间的关系类型，面向开放域的关系提取仍然在研究当中。

知识表示

传统的知识表示方法主要是以 RDF（Resource Description Framework，资源描述框架）的三元组 SPO（Subject，Property，Object）来符号性地描述实体之间的关系。这种表示方法通用且简单，受到广泛认可。图 9-2 给出了这种知识表示方式的实例。

知识图谱中包含三种节点：

- 实体：指的是具有可区别性且独立存在的某种事物。如某一个人、某一个城市、某一种植物等、某一种商品等。世界万物由具体事物组成，这些都是实体，如上图中的"中国""美国""日本"等。实体是知识图谱中的最基本元素，不同的实体间存在不同的关系。
- 语义类（概念）：具有同种特性的实体构成的集合，如国家、民族、书籍、电脑等。概念主要指集合、类别、对象类型、事物的种类，例如人物、地理等。
- 属性（值）：从一个实体指向它的属性值。不同的属性类型对应于不同类型属性的边。属性值主要指对象指定属性的值，如图中所示的"面积""人口""首都"是几种不同的属性。属性值主要指对象指定属性的值，例如 960 万平方公里等。在图 9-2 中，中国是一个实体，北京是一个实体，"中国 – 首都 – 北京"是"实体 – 关系 – 实体"的三元组样例，"北京 – 人口 –2069.3 万"构成"实体 – 属性 – 属性值"的三元组样例。

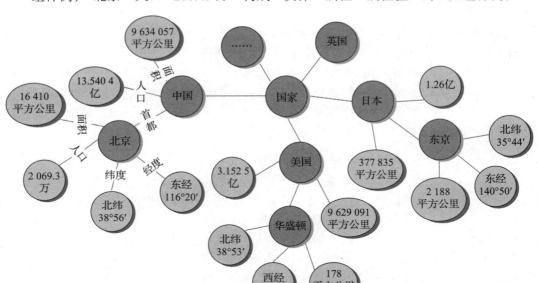

图 9-2　知识图谱示例

知识融合

通过知识提取，实现了从非结构化和半结构化数据中获取实体、关系以及实体属性信息的目标。但是由于知识来源广泛，存在知识质量良莠不齐、来自不同数据源的知识重复、层次结构缺失等问题，所以必须要进行知识的融合。知识融合是高层次的知识组织，使来自不同知识源的知识在同一框架规范下进行异构数据整合、消歧、加工、推理验证、更新等步骤，达到数据、信息、方法、经验以及人的思想的融合，形成高质量的知识库。

实体消歧是专门用于解决同名实体产生歧义问题的技术。实体消歧主要采用聚类的方法，聚类法消歧的关键问题是如何定义实体对象与指称项之间的相似度，常用的方法有空间向量模型、语义模型、社会网络模型、百科知识模型。

实体对齐一般用于消除异构数据中实体冲突、指向不明等不一致性问题，可以从顶层创建一个大规模的统一知识库，帮助机器理解多源异质的数据，形成高质量的知识库。

知识加工

通过实体对齐，可以得到一系列的基本事实表达或初步的本体雏形，然而事实并不等于知识，它只是知识的基本单位。要形成高质量的知识，还需要经过知识加工的过程，从层次上形成一个大规模的知识体系，统一对知识进行管理。知识加工主要包括本体构建、知识推理、质量评估三方面的内容。

本体的构建可以采用人工编辑的方式手动构建（借助于本体编辑软件），也可以采用计算机辅助，以数据驱动的方式自动构建，然后采用算法评估和人工审核相结合的方式加以修正和确认。除了数据驱动的方法，还可以采用跨语言知识链接的方法来构建本体库。

知识推理是指从知识库中已有的实体关系数据出发，经过计算机推理，建立实体间的新关联，从而拓展和丰富知识网络。知识推理是知识图谱构建的重要手段和关键环节，通过知识推理，能够从现有知识中发现新的知识。

对知识库的质量评估任务通常是与实体对齐任务一起进行的，其意义在于，可以对知识的可信度进行量化，保留置信度较高的，舍弃置信度较低的，有效保证知识的质量。

9.4.4　知识图谱典型应用

知识图谱为互联网上海量、异构、动态的大数据表达、组织、管理以及应用提供了一种更为有效的方式，使得网络的智能化水平更高，更加接近于人类的认知思维。知识图谱的典型应用有语义搜索、智能回答、个性化推荐、辅助决策等。

语义搜索是知识图谱最典型的应用，它首先将用户输入的问句进行解析，找出问句中的实体和关系，理解用户问句的含义，然后在知识图谱中匹配查询语句，找出答案，最后通过一定的形式将结果呈现到用户面前。Google 构建的 KG 已经拥有 5 亿个实体，约 35 亿条实体关系信息，已经被广泛应用于提高搜索引擎的搜索质量。

智能问答可以被看作语义搜索的延伸，通过一问一答的形式，用户和具有智能问答系统的机器之间进行交互，就像是两个人进行问答一样，具有智能问答系统的机器就像一个智者一样，为用户提供答案，友好地进行交谈。同为智能问答，特点不同，依赖的知识图谱技术也不同。聊天机器人不仅提供情景对话，也能够提供各行各业的知识，它依赖的知识图谱是开放领域的知识图谱，提供的知识非常宽泛，能够为用户提供日常知识，也能进行聊天式的对话。行业内使用的专业智能问答系统，依赖的是行业知识图谱，知识集中在某个领域，专业知识丰富，能够为用户有针对性地提供专业领域知识。

个性化推荐是根据用户的个性化特征，为用户推荐感兴趣的产品或内容。我们上网的时候会经常查找一些感兴趣的页面或者产品，在浏览器上浏览过的痕迹会被系统记录下来，放入我们的特征库。个性化推荐系统通过收集用户的兴趣偏好、属性，产品的分类、属性、内容等，分析用户之间的社会关系，用户和产品的关联关系，构建用户和产品的知识图谱，利用个性化算法推断出用户的喜好和需求，从而为用户推荐感兴趣的产品或者内容。

辅助决策就是利用知识图谱的知识，对知识进行分析处理，通过一定规则的逻辑推理得出某种结论，为用户决断提供支持。

9.4.5　知识图谱的问题与挑战

知识图谱目前仍存在许多的不足。在知识提取方面，一些传统的知识元素提取技术与方法在限定领域主题的数据集上取得了较好的效果，但是由于制约条件较多，算法准确性和召回率低，方向的可扩展能力不够强，不能很好地适应大规模领域独立高效的开放式信息提取要求。

在知识表示方面，目前通用的表示方法仍然是基于三元组形式完成的语义映射，在面对复杂的知识类型和多源融合的信息时表达能力十分有限。

在知识更新方面，现有的知识更新技术严重依赖人工干预，随着知识图谱的不断积累，依靠人工制定更新规则和逐条检视的旧模式将会越来越难以维持，自动化程度需要不断提高。如何保证自动化的有效性是知识更新环节的重大难题。

9.4.6　小结

知识图谱的重要性不仅在于它是一个全局知识库，是支撑智能搜索和深度问答等智能应用的基础，而且在于它是一把钥匙，能够打开人类的知识宝库，为许多相关学科领域开启新的发展机会。从这个意义上来看，知识图谱不仅是一项技术，更是一项战略资产，需要更多的人重视和投入这项研究工作。

思考题

1. 什么是知识图谱？
2. 知识图谱具有哪些重要意义？

9.5　统计预测

统计预测是对事物的发展趋势和在未来时期的数量表现做出推测和估计的理论和技术。统计预测以自然现象和社会现象发展规律为依据，以充分的统计资料和最新信息为基础，以统计方法和数学方法为手段，配合适当的数学模型，通过推理和计算，找出该事物数量变化的规律性，对事物未来情况从数量上做出比较肯定的推断，即从该事物未来可能出现的多种数量表现中，指出在一定概率保证下的可能范围。统计预测作为一种预测技术被广泛应用于社会现象和自然现象的各个方面，在经济预测、社会预测、气象预测及科学技术预测各个领域中起着重要的作用。

统计预测是研究概率分布随机过程与时间序列的未来观测值或未来样本的观测值及其统计量的预测问题，详细来说，给出概率分布、随机过程与时间序列的样本的未来观测值及其统计量的预测，称为单样预测（one-sample prediction）。给出概率分布、随机过程、时间序列的未来样本的观测值及其统计量的预测，分两种情况：若未来样本只有一个，称为双样预测（two-sample prediction），因为这种预测的基础数据是过去样本；若未来样本有两个或两个以上，称为多样预测（multi-sample prediction）。双样预测与多样预测合在一起称为新样预测（new-sample prediction）。与之相应，单样预测亦称为样内预测（within-sample prediction）。统计预测的三要素包括：实际资料是预测的依据，经济理论是预测的基础，预测模型是预测的手段。

预测为决策提供客观事物和现象的规律性认识。这些规律是通过对客观事物和现象的过去经验和资料进行定性和定量分析，经过一番"去伪存真，去粗取精，由此及彼，由表及里"的加工制作而发现的，并往往用数学模型加以描述。这种认识既可以用来评价过去，也可以用来预测未来，预测为降低决策风险提供了依据。

在市场经济条件下，预测的作用是通过各个企业或行业内部的行动计划和决策来实现的，统计预测作用的大小取决于预测结果所产生效益的多少。影响统计预测作用的主要影响因素有：预测费用的高低，预测方法的难易程度，预测方法的精确程度。

统计预测的特点和分类

预测一般是不太准确的。由于预测所研究的是不确定的事物和现象，影响它们的因素多而复杂，很难完全把握，这就决定了预测结果的不准确性。正确的态度应该是认真分析预测误差，找出导致预测误差的原因，努力提高预测的正确性。因此，我们没有必要苛求预测的百分之百正确，而只要求将事物的发展规律和趋势基本揭示清楚，为决策提供支持。

预测的精确性随预测超前时间的延长而降低。这一点是显然的，同时也要求我们在做近期和短期预测时，应该也有可能比长期预测的误差要小一些。

预测结果的表达常常是预测区间或预测范围。由于预测对象的不确定性，所以预测结果只能是一个区间。

按预测的属性主要可分为定性预测、定量预测；按超前时间可分为近期预测、短期预测、中期预测、长期预测；按预测是否重复可分为一次性预测、反复预测；按预测对象的空间范围可分为宏观预测、微观预测。

9.6　人工智能

继"互联网 +"被写入中国政府工作报告之后，2017 年 3 月 7 日上午，"人工智能"被正式写入 2017 年中国政府工作报告，这意味着中国正式迈入"人工智能 2.0"的时代！那么到底什么是人工智能呢？

人工智能（Artificial Intelligence，AI）从字面上理解可以分为两部分，即"人工"和"智能"。"人工"指人造的、人为的，因此"人工智能"就是"人工"制造的"智能"。由于这里的"智能"涉及诸如意识、自我、思维等问题，而人类对自身智能的理解非常有限，同时对构成人的智能的必要元素也了解有限，因此很难定义什么是"人工"制造的"智能"。

人工智能之父约翰·麦卡锡说："人工智能就是制造智能的机器，更特指制作人工智能的程序。"尼尔逊教授对人工智能下了这样一个定义："人工智能是关于知识的学科——怎样表示知识以及怎样获得知识并使用知识的科学。"而另一位美国麻省理工学院的温斯顿教授认为："人工智能就是研究如何使计算机去做过去只有人才能做的智能工作。"

这些说法虽然存在差异，但都反映了人工智能学科的基本思想和基本内容，即研究如何应用计算机的软硬件来模拟人类某些智能行为的基本理论、方法和技术。一般认为，人工智能是研究、开发用于模拟、延伸和扩展人的智能的理论、方法、技术及应用系统的一门新的技术科学。它涵盖计算机科学、心理学、神经生理学、数学、哲学、社会学等诸多学科，是一门交叉学科（图 9-3）。

图 9-3　人工智能涉及的学科

如果要结构化地表述人工智能的话，从下往上依次是基础设施层、算法层、技术层及应用层（见图 9-4）。基础设施层包括硬件 / 计算机能力和大数据；算法层包括各类机器学习算法、深度学习算法等；再往上是多个技术方向，包括赋予计算机感知 / 分析能力的计算机视觉技术和语音技术、提供理解 / 思考能力的自然语言处理技术、提高决策 / 交互能力的规划决策系统和大数据 / 统计分析技术；每个技术方向又有多个具体子技术；最顶层的是行业解决方案，目前比较成熟的有金融、安防、交通、医疗及游戏等领域的解决方案。

人工智能的发展历史

人工智能的发展历程分为以下 6 个阶段：

- 起步发展期。1956 年～20 世纪 60 年代初。人工智能概念提出后，相继取得了一批令人瞩目的研究成果，如机器定理证明、跳棋程序等，掀起了人工智能发展的第一个高潮。
- 反思发展期。20 世纪 60 年代～70 年代初。人工智能发展初期的突破性进展大大提升了人们对人工智能的期望，人们开始尝试更具挑战性的任务，并提出了一些不切实际的研发目标。然而，接二连三的失败和预期目标的落空（例如，无法用机器证明两个连续函数之和还是连续函数、机器翻译闹出笑话等），使人工智能的发展走入低谷。

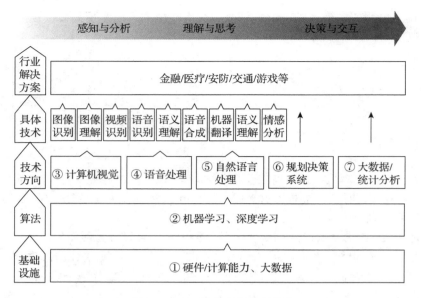

图 9-4　人工智能的层次结构

- 应用发展期。20 世纪 70 年代初期～80 年代中期。20 世纪 70 年代出现的专家系统模拟人类专家的知识和经验解决特定领域的问题，实现了人工智能从理论研究走向实际应用、从一般推理策略探讨转向运用专门知识的重大突破。专家系统在医疗、化学、地质等领域取得成功，推动人工智能走入应用发展的新高潮。
- 低迷发展期。20 世纪 80 年代中期～90 年代中期。随着人工智能的应用规模不断扩大，专家系统存在的应用领域狭窄、缺乏常识性知识、知识获取困难、推理方法单一、缺乏分布式功能、难以与现有数据库兼容等问题逐渐暴露出来。
- 稳步发展期。20 世纪 90 年代中期～2010 年。由于网络技术特别是互联网技术的发展，加速了人工智能的创新研究，促使人工智能技术进一步走向实用化。1997 年 IBM 深蓝超级计算机战胜了国际象棋世界冠军卡斯帕罗夫，2008 年 IBM 提出"智慧地球"的概念。以上都是这一时期的标志性事件。
- 蓬勃发展期。2011 年至今。随着大数据、云计算、互联网、物联网等信息技术的发展，泛在感知数据和图形处理器等计算平台推动以深度神经网络为代表的人工智能技术飞速发展，大幅跨越了科学与应用之间的"技术鸿沟"，诸如图像分类、语音识别、知识问答、人机对弈、无人驾驶等人工智能技术取得了突破性进展，迎来爆发式增长的新高潮。

人工智能的研究现状

自 1956 年在达特茅斯夏季人工智能研究会议上第一次提出人工智能概念以来，人工智能技术的发展已经走过了 60 多年的历程。如今的人工智能不仅在计算机视觉、语音识别、自然语言处理等一系列领域取得了突破性进展，而且它的影响已经远远超出学术界之外，政府、企业以及非营利机构都开始拥抱人工智能技术。不过，对于人工智能的发展现状，社会上存在一些炒作。比如说，认为人工智能系统的智能水平即将全面超越人类水平、30 年内机器人将统治世界、人类将成为人工智能的奴隶，等等。那么，人工智能技术和产业发展的现状到底如何？

专用人工智能取得重要突破。从可应用性看，人工智能大体可分为专用人工智能和通用人工智能（也称强人工智能）。面向特定任务（比如下围棋）的专用人工智能系统由于任务单一、需求明确、应用边界清晰、领域知识丰富、建模相对简单，形成了人工智能领域的单点突破，在局部智能水平的单项测试中可以超越人类智能。人工智能的近期进展主要集中在专用智能领域。例如，AlphaGo 在围棋比赛中战胜人类冠军，人工智能程序在大规模图像识别和人脸识别中达到了超越人类的水平，人工智能系统诊断皮肤癌达到专业医生水平。

通用人工智能尚处于起步阶段。人的大脑是一个通用的智能系统，能举一反三、融会贯通，可处理视觉、听觉、判断、推理、学习、思考、规划、设计等各类问题，可谓"一脑万用"。真正意义上完备的人工智能系统应该是一个通用的智能系统。目前，虽然专用人工智能领域已取得突破性进展，但是通用人工智能领域的研究与应用仍然任重而道远，人工智能总体发展水平仍处于起步阶段。当前的人工智能系统在信息感知、机器学习等"浅层智能"方面进步显著，但是在概念抽象和推理决策等"深层智能"方面的能力还很薄弱。总体上看，目前的人工智能系统可谓有智能没智慧、有智商没情商、会计算不会"算计"、有专才而无通才。因此，人工智能依旧存在明显的局限性，依然还有很多"不能"，与人类智慧还相差甚远。

人工智能创新创业如火如荼。全球产业界充分认识到人工智能技术引领新一轮产业变革的重大意义，纷纷调整发展战略。目前，苹果、谷歌、微软、亚马逊、Facebook 这五大巨头都投入越来越多的资源，来抢占人工智能市场，甚至将自己整体转型为人工智能驱动型公司。国内互联网领军者"BAT"也将人工智能作为重点战略，积极布局人工智能领域（表 9-2）。

表 9-2　国内外互联网巨头的 AI 实验室

公　司	实验室名称	简　介
谷歌	Google X 实验室	负责谷歌自身产品相关的 AI 产品开发，第二代人工智能系统 TensorFlow 诞生在这里。目前，已经正式发布的项目还有无人驾驶汽车和谷歌眼镜
	DeepMind 实验室	DeepMind 是一家英国的人工智能公司，2014 年被谷歌收购，举世闻名的 AlphaGo 就是这家公司的成果。他们发表的论文在研究界很受推崇，而且涉及的领域非常广，例如深度增强学习、贝叶斯神经网络、机器人学、迁移学习等
微软	微软研究院	工作主要集中在语音识别、自然语言和计算机视觉等方面的研究。旗下分别定位为智能助手和情感交互的小冰和小娜，对话水平已经属于语音助手界的顶级水平
	艾伦人工智能研究院	目前主要专注于四个项目：Aristo 的机器阅读与推理程序、Semantic Scholar 语义理解搜索程序、Euclid 自然语言理解程序和 Plato 计算机视觉程序
IBM	IBM 研究院	推出了超级电脑深蓝和 Watson
Facebook	人工智能研究实验室（Facebook's Artificial Intelligence Research，FAIR）	主要致力于图像识别、语义识别等人工智能技术研究
	应用机器学习实验室（Applied Machine Learning，AML）	主要工作是将人工智能和机器学习领域的研究成果应用到 Facebook 现有产品
百度	深度学习研究院（Institute of Deep Learning，IDL）	研究方向包括机器学习、图像识别、图像检索、语音识别、3D 视觉和人机交互等方面。主要产品包括百度识图、百度无人车、百度无人飞行器等概念产品
	硅谷 AI Lab（SVAIL）	深度学习、系统学习、软硬件结合研究
阿里巴巴	人工智能实验室	负责阿里巴巴集团旗下消费级 AI 产品的研发，2017 年发布了第一款智能语音终端设备"天猫精灵 X1"

（续）

公　司	实验室名称	简　介
腾讯	腾讯 AI Lab	专注于人工智能的基础研究，主要包括计算机视觉、语音识别、自然语言处理和机器学习这四个垂直领域。2018 年在日本围棋 AI 大赛中夺冠的绝艺是其成果之一
	优图实验室	专注在图像处理、模式识别、机器学习、数据挖掘等领域开展技术研发和业务落地
	腾讯西雅图 AI 实验室	专注语音识别及自然语言理解等 AI 领域的基础研究

　　人工智能的社会影响日益凸显。一方面，人工智能作为新一轮科技革命和产业变革的核心力量，正在推动传统产业升级换代，驱动"无人经济"快速发展，在智能交通、智能家居、智能医疗等民生领域产生积极的正面影响。另一方面，个人信息和隐私保护、人工智能创作内容的知识产权、人工智能系统可能存在的歧视和偏见、无人驾驶系统的交通法规、脑机接口和人机共生的科技伦理等问题已经显现出来，需要抓紧提供解决方案。

人工智能问题及解决方案

　　经过 60 多年的发展，人工智能在算法、算力（计算能力）和算料（数据）"三算"方面取得了重要突破，正处于从"不能用"到"可以用"的技术拐点，但是距离"很好用"还有诸多瓶颈。人工智能系统作为信息化应用，一定会受到开发技术局限性和数据准确性的影响，有可能在特定场景下发生错误决策。此外，人工智能技术应用还可能带来公平性和歧视性问题。因此，人工智能这一领域天生游走于科技与人文之间，其中既需要数学、统计学、计算机科学等的贡献，也需要哲学、心理学、法学、社会学等的参与。

　　很多 AI 系统，包括深度学习，都是大数据学习，需要大量的数据来训练学习算法，这就带来了隐私忧患。例如，智能医疗要想获得长足发展，必须依赖大量医疗数据的积累。但是医疗数据本身具有敏感属性（如个人基因、患病信息），这些数据可能在后续过程中被泄露出去，对个人的隐私产生影响。智能家居产品也面临如何进行信息安全防护和检测黑客攻击的挑战。2016 年央视 3·15 晚会揭露了无人机、智能摄像机、智能插座等智能硬件存在的三大安全隐患——泄露隐私、财产损失甚至危及生命安全。正在执行任务的无人机突然被劫持，家中的智能插座突然失控导致灯光闪烁不停，安装了智能摄像机的上海和深圳两个家庭的生活画面被一览无遗，甚至整栋建筑的楼宇灯控系统被完全控制……

　　人工智能产品只有是安全的，才能够更好地被公众和社会使用，这种安全性不仅体现在产品质量上，还体现在相关的法律、伦理等方面。多个国家已经在人工智能相关政策及报告中注意到这一问题，希望通过多种措施保证安全性的实现。

　　成立人工智能统筹监管机构。越来越多的国家、地区、国际组织、行业协会提出应将监管之手扩展到人工智能方面，尤其是涉及机器决策的算法、数据等内容，以保障人工智能安全问题在法律和监管方面得到足够的支持。比如，美国建立了以白宫科技政策办公室（OSTP）为首的人工智能技术监管机构。2016 年 5～7 月，OSTP 联合人工智能领域的知名大学、协会组织举办了 5 场公共研讨会，议题涉及人工智能的评估、未来发展、社会和经济影响、安全与控制以及法律和治理等诸多领域，并依托各机构发布了相关报告。

　　构建一个合理的责任体系。人工智能的快速发展和应用确实给人类带来了诸多问题，但仍然有理由相信法律制度能够在不阻碍创新的前提下，控制人工智能带来的公共危险。因此，构建一个合理的责任体系，对人工智能项目的设计者、生产者、销售者以及使用者等在内的主体责任义务进行清楚的界定变得十分重要。IEEE 在《合伦理设计：利用人工智能和自主系统最大化人类福祉的愿景》中指出：立法机构应当阐明人工智能系统开发过程中的职责、过程、责任等问题，以便制造商和使用者知晓其权利和义务；人工智能设计者和开发者在必要时应考虑使用群体的文化规范和多样性；利益相关方应当在人工智能及其影响超出了既有规范时一起制定新的规则；等等。

标准化测试方法。人工智能技术必须满足客观的标准，从而保证对安全性、可信赖性、可追溯性、隐私保护等方面的要求。为了更有效地评估人工智能技术，相关的测试方法必须标准化，并创建人工智能技术基准。由于人工智能系统的机器学习能力、适应能力及性能的提高，现有的传统方法无法适用于不断进化发展的人工智能系统的检验和确认。监管部门应联合产业、研究机构和高校，找到更加切实有效的安全测试方法，并对相关方法进行严格、客观、独立的验证评估，保证人工智能按照既定的计算机算法运行，不出现不必要的行为或者功能改变。

最小化算法歧视。由于人工智能产品不仅受到人工设计的影响，而且还受到学习进程中接受的数据的世界观的影响，而数据在很多方面常常是不完美的，这使得算法继承了人类决策者的种种偏见。此外，歧视可能是由于具有自我学习和适应能力的算法在交互过程中学习得到的，因此人工智能不可能完全做到"公平"。目前人工智能所带来的算法歧视问题已经得到了社会的广泛关注。在自主决策系统应用日益广泛的互联网时代，人们需要摒弃算法本质上是公平的误解，考虑如何通过设计来降低算法和人工智能系统的不公平性。同时一些研究机构还指出，程序员在编辑代码以指引每个人的生活时，应该充分认识到其对伦理道德与社会敏感性的影响。

增加道德代码。未来的人工智能机器将有能力完全自主行动，不再是为人类所使用的被动工具。而且，他们在某些场景中的反映和决策可能不是其创造者可以预料到或者事先控制的，其中可能潜藏着歧视、偏见、不公平等问题。因此，在设计智能机器时，人们需要对智能机器这一能动者提出类似人类的法律、伦理等道义要求，确保机器做出的决策可以像人类一样合情理、合法律，且具有相应的外在约束和制裁机制。但如何将人类社会的法律、伦理等规范和价值嵌入人工智能系统，我们还面临着很大的挑战。

人工智能的影响是世界性的，会带来经济、社会、法律、监管等一系列问题，甚至可能颠覆现有的治理体系。当前，人工智能发展与有关法律的冲突、缺失问题开始显现，社会关注度不断提升。加强相关法律、伦理和社会问题研究，建立保障人工智能健康发展的法律法规和伦理道德框架，是值得关注的重大命题。

思考题

1. 你认为"强人工智能"什么时候会到来？
2. 你认为建立"道德机器人"面临哪些挑战？又该如何解决？
3. 你认为在哪些行业里人工智能无法取代人类？为什么？

9.7　大数据

对于"大数据"（big data），研究机构 Gartner 给出了这样的定义："大数据"是需要新处理模式才能具有更强的决策力、洞察发现力和流程优化能力来适应海量、高增长率和多样化的信息资产。麦肯锡全球研究所给出的定义是：一种规模大到在获取、存储、管理、分析方面大大超出了传统数据库软件工具能力范围的数据集合，具有海量的数据规模、快速的数据流转、多样的数据类型和价值密度低四大特征。

大数据技术的战略意义不在于掌握庞大的数据信息，而在于对这些含有意义的数据进行专业化处理。换而言之，如果把大数据比作一种产业，那么这种产业实现盈利的关键，在于提高对数据的"加工能力"，通过"加工"实现数据的"增值"。

从技术上看，大数据与云计算的关系就像一枚硬币的正反面一样密不可分。大数据必然无法用单台的计算机进行处理，必须采用分布式架构。它的特色在于对海量数据进行分布式数据挖掘，但必须依托云计算的分布式处理、分布式数据库、云存储和虚拟化技术。随着云时代的来临，大数据也吸引了越来越多的关注。

大数据通常用来形容一个公司创造的大量非结构化数据和半结构化数据，这些数据在下载到关系型数据库用于分析时会花费过多时间和金钱。大数据分析常和云计算联系到一起，因为实时的大型数据集分析需要像 MapReduce 一样的框架来向数十、数百甚至数千台电脑分配工作。大数据需要特殊的技术以有效地处理大量的数据，适用于大数据的技术包括大规模并行处理（MPP）数据库、数据挖掘、分布式文件系统、分布式数据库、云计算平台、互联网和可扩展的存储系统。

大数据是以容量大、类型多、存取速度快、应用价值高为主要特征的数据集合，正快速发展为对数量巨大、来源分散、格式多样的数据进行采集、存储和关联分析，从中发现新知识、创造新价值、提升新能力的新一代信息技术和服务业态。信息技术与经济社会的交汇融合引发了数据的迅猛增长，数据已成为国家基础性战略资源，大数据正日益对全球生产、流通、分配、消费活动以及经济运行机制、社会生活方式和国家治理能力产生重要影响。目前，我国在大数据发展和应用方面已具备一定基础，拥有市场优势和发展潜力，但也存在政府数据开放共享不足、产业基础薄弱、缺乏顶层设计和统筹规划、法律法规建设滞后、创新应用领域不广等问题，亟待解决。

大数据的发展形势和重要意义

全球范围内，运用大数据推动经济发展、完善社会治理、提升政府服务和监管能力正成为趋势，一些国家相继制定实施大数据战略性文件，大力推动大数据发展和应用（图 9-5）。目前，我国互联网、移动互联网用户规模居全球第一，拥有丰富的数据资源和应用市场优势，大数据部分关键技术研发取得突破，涌现出一批互联网创新企业和创新应用，一些地方政府已启动大数据相关工作。坚持创新驱动发展，加快大数据部署，深化大数据应用，已成为稳增长、促改革、调结构、惠民生和推动政府治理能力现代化的内在需要和必然选择。

图 9-5　大数据已经应用于各行各业，正在推动社会变革

大数据成为推动经济转型发展的新动力。以数据流引领技术流、物质流、资金流、人才流，将深刻影响社会分工协作的组织模式，促进生产组织方式的集约和创新。大数据推动社会生产要素的网络化共享、集约化整合、协作化开发和高效化利用，改变了传统的生产方式和经济运行机制，可显著提升经济运行水平和效率。大数据持续激发商业模式创新，不断催生新业态，已成为互联网等新兴领域促进业务创新增值、提升企业核心价值的重要驱动力。大数据产业正在成为新的经济增长点，将对未来信息产业格局产生重要影响。

大数据成为重塑国家竞争优势的新机遇。在全球信息化快速发展的大背景下，大数据已成为国家重要的基础性战略资源，正引领新一轮科技创新。充分利用我国的数据规模优势，实现数据规模、质量和应用水平同步提升，发掘和释放数据资源的潜在价值，有利于更好地发挥数据资源的战略作用，增强网络空间数据主权保护能力，维护国家安全，有效提升国家竞争力。

大数据成为提升政府治理能力的新途径。大数据应用能够揭示传统技术方式难以展现的关联关系，推动政府数据开放共享，促进社会事业数据融合和资源整合，将极大提升政府整体数据分析能力，为有效处理复杂社会问题提供新的手段。建立"用数据说话、用数据决策、用数据管理、用数据创新"的管理机制，实现基于数据的科学决策，将推动政府管理理念和社会治理模式进步，加快建设社会主义市场经济体制和促进中国特色社会主义事业的发展。

思考题

1. 什么是大数据？
2. 大数据具有哪些特点？
3. 大数据怎样推动社会变革？

9.8　区块链

区块链是一种全局共享的分布式账本，通过自证清白的方式建立分布式信任机制，具有去中心化、高公信力、数据不可篡改等特点。区块链技术被认为是数字经济的基石，广泛应用于金融、物联网、智能制造、供应链管理、数字资产交易等多个领域。区块链的技术领域主要包括区块链的体系结构、安全与隐私保护、性能优化与互操作、共识机制、智能合约、激励机制等。区块链是分布式数据存储、点对点传输、共识机制、加密算法等计算机技术的新型应用模式。（百度百科）

狭义来讲，区块链是一种按照时间顺序将数据区块以顺序相连的方式组合成的一种链式数据结构，并以密码学方式保证的不可篡改和不可伪造的分布式账本。广义来讲，区块链技术是利用块链式数据结构来验证与存储数据、利用分布式节点共识算法来生成和更新数据、利用密码学的方式保证数据传输和访问的安全、利用由自动化脚本代码组成的智能合约来编程和操作数据的一种全新的分布式基础架构与计算方式。

区块链是由中本聪于 2008 年提出的一种支持比特币运行的底层技术，其去中心化、可追溯、信息不可篡改等特性对金融服务等一系列行业带来了重大影响。区块链本质上是一个去中心化的数据库，是分布式数据存储、点对点传输、共识机制、加密算法等计算机技术的新型应用模式。

区块链是一种去中心化、无须信任的分布式数据账本，通过密码学方法让网络中的所有节点共同拥有、管理和监督数据，系统的运转不受任何单一节点的控制，从而具有不可伪造、不可篡改、可追溯等特点。区块链通过技术构造全新的信任体系，具有改变人类社会价值传递方式的潜力，并支持与行业应用深度融合，得到了信息技术、金融、保险等多个领域的广泛关注。

区块链方法

　　一般说来，区块链系统由数据层、网络层、共识层、激励层、合约层和应用层组成（图 9-6）。其中，数据层封装了底层数据区块以及相关的数据加密和时间戳等基础数据和基本算法；网络层包括分布式组网机制、数据传播机制和数据验证机制等；共识层主要封装网络节点的各类共识算法；激励层将经济因素集成到区块链技术体系中来，主要包括经济激励的发行机制和分配机制等；合约层主要封装各类脚本、算法和智能合约，是区块链可编程特性的基础；应用层封装了区块链的各种应用场景和案例。该模型中，基于时间戳的链式区块结构、分布式节点的共识机制、基于共识算力的经济激励和灵活可编程的智能合约是区块链技术最具代表性的创新点。

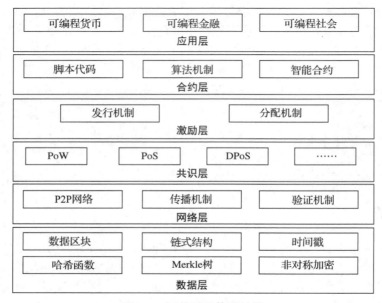

图 9-6　区块链的体系结构

区块链提出了 5 项核心技术：

- 分布式账本。交易记账由分布在不同地方的多个节点共同完成，而且每一个节点都记录的是完整的账目，因此它们都可以参与监督交易合法性，同时也可以共同为其作证。跟传统的分布式存储有所不同，区块链分布式存储的独特性主要体现在两个方面：一是区块链每个节点都按照块链式结构存储完整的数据，而传统分布式存储一般是将数据按照一定的规则分成多份进行存储；二是区块链每个节点存储都是独立的、地位等同的，依靠共识机制保证存储的一致性，而传统分布式存储一般是通过中心节点往其他备份节点同步数据。没有任何一个节点可以单独记录账本数据，从而避免了单一记账人被控制或者被贿赂而记假账的可能性。也由于记账节点足够多，理论上除非所有的节点被破坏，否则账目就不会丢失，从而保证了账目数据的安全性。
- 非对称加密和授权技术。存储在区块链上的交易信息是公开的，但是账户身份信息是高度加密的，只有在数据拥有者授权的情况下才能访问到，从而保证了数据的安全和个人的隐私。

- 共识机制。所有记账节点之间达成共识，以认定一个记录的有效性，这既是认定的手段，也是防止篡改的手段。区块链提出了四种不同的共识机制，适用于不同的应用场景，在效率和安全性之间取得平衡。区块链的共识机制具备"少数服从多数"以及"人人平等"的特点，其中"少数服从多数"并不完全指节点个数，也可以是计算能力、股权数或者其他计算机可以比较的特征量。"人人平等"是指当节点满足条件时，所有节点都有权优先提出共识结果，直接被其他节点认同后，有可能成为最终共识结果。
- 智能合约。智能合约是基于这些可信的、不可篡改的数据，可以自动化地执行一些预先定义好的规则和条款。
- 点对点网络。点对点网络又称 P2P 网络，它不同于传统的 C/S 结构，在 P2P 网络中，每个节点同时具备客户端与服务端功能。P2P 网络可以分为集中式、纯分布式、分层式三种模型，其中纯分布式模型又可以分为结构化和非结构化模型。

区块链原理

在涉及多方交易的场景中，目前的企业级应用各自记录己方的交易数据，不同交易方多个账本间的数据差异会引起分歧与争议，因而需要人工对账或第三方中介裁决。这增加了交易的延迟和费用，例如，目前美国股票交易时间不到 1 秒，但在证券存托与清算公司的结算时间却为 3 天，其限制了资本流动性。各国银行机构主要通过环球银行金融电信协会实现跨币种、跨境交易，目前每笔交易需支付百元左右的电讯费，且转账时间为 2～3 天。区块链技术实现了一个多方共享的全局性单一账本，解决了多方独立记账所带来的数据不一致性问题。

区块链分为三类：

- 公有区块链（public block chain）：世界上任何个体或者团体都可以发送交易，交易能够获得该区块链的有效确认，任何人都可以参与其共识过程。
- 联合（行业）区块链（consortium block chain）：由某个群体内部指定多个预选的节点为记账人，每个块的生成由所有的预选节点共同决定（预选节点参与共识过程），其他接入节点可以参与交易，但不过问记账过程（本质上还是托管记账，只是变成分布式记账，预选节点的多少、如何决定每个块的记账者成为该区块链的主要风险点），其他任何人可以通过该区块链开放的 API 进行限定查询。
- 私有区块链（private block chain）：仅仅使用区块链的总账技术进行记账，可以是一个公司，也可以是个人，独享该区块链的写入权限，本链与其他的分布式存储方案没有太大区别。传统金融企业想要尝试私有区块链，而公链的应用如 Bitcoin 已经工业化，私链的应用产品还在摸索当中。

区块链的特点

- 去中心化。由于使用分布式核算和存储，体系不存在中心化的硬件或管理机构，任意节点的权利和义务都是均等的，系统中的数据块由整个系统中具有维护功能的节点来共同维护。
- 开放性。系统是开放的，除了交易各方的私有信息被加密外，区块链的数据对所有人公开，任何人都可以通过公开的接口查询区块链数据和开发相关应用，因此整个系统信息高度透明。
- 自治性。区块链采用基于协商一致的规范和协议（比如一套公开透明的算法），使得整个系统中的所有节点能够在去信任的环境中自由安全地交换数据，使得对"人"的信任改成了对机器的信任，任何人为的干预都不起作用。
- 信息不可篡改。一旦信息经过验证并添加至区块链，就会永久的存储起来，除非能够同时控制住系统中超过 51% 的节点，否则单个节点上对数据库的修改是无效的，因此区块链的数据稳定性和可靠性极高。

- 匿名性。由于节点之间的交换遵循固定的算法，其数据交互是无须信任的（区块链中的程序规则会自行判断活动是否有效），因此交易对手无须通过公开身份的方式让对方对自己产生信任，对信用的累积非常有帮助。

区块链的测试

- 需要对智能合约进行充分测试，以避免带来经济上的严重损失。
- 由于智能合约本质上是在分布式节点间执行的，所以存在大量的不确定性，并且区块链技术也引入了很多复杂性，一般的测试技术已经不能满足对于区块链的测试要求。
- 使用形式化验证技术对其进行充分验证，以保证不会造成损失。

区块链的优缺点

区块链的长处是数据不可篡改、可追溯、可信，采用共识协议，避免数据的不一致性。区块链的不足包括：隐私保护；安全问题，共识协议、智能合约存在许多安全漏洞；效率问题。由于公有链的共识过程需要全网节点的验证，随着网络节点的增加，共识速度会更加缓慢。

区块链的研究现状

区块链起源于 2008 年中本聪发表的比特币白皮书。比特币的成功促进了密码货币的发展，从莱特币开始，成百上千种密码货币相继出现。从 2013 年开始，越来越多的密码货币爱好者和研究人员开始关注支撑密码货币的区块链。随着研究的深入，区块链已经不仅仅应用在以比特币为代表的加密货币中，而且在数字存证、公益募捐、物联网、网络安全等方面都获得了很好的发展。不仅是以比特币和以太坊（Ethereum）为代表公有链发展势头迅猛，以超级账本（Hyperledger）为代表的私有链和联盟链也获得了很好的发展。区块链的核心是去中心化、去信任、防篡改、防伪造、可溯源，在任何高价值数据的存储、管理与分享中，区块链都有应用价值。区块链从整体上可分为以可编程货币为特征的区块链 1.0，以可编程金融为特征的区块链 2.0，以及以可编程社会为代表的区块链 3.0。目前正处于从区块链 2.0 向区块链 3.0 的过渡阶段。

思考题

1. 什么是区块链？
2. 区块链有哪些特点？

第 10 章

软件智能化开发支撑技术

　　智能化软件开发需要很多的理论与方法的支持，软件分析（10.1 节）是对软件进行人工或者自动分析，以验证、确认或发现软件中存在的问题，是伴随整个软件开发过程的不可缺少的活动。要使软件系统不断适应外界的改变，软件必须不断演化，深入研究软件演化（10.2 节）的规律具有重要的意义。科学的软件架构（10.3 节）是软件开发、维护和灵活演化以适应变化的基础，在这个过程中，需要不断提炼出相对不变的模式，设计模式（10.4 节）就是一类用来解决问题的最佳方案。对于那些已经存在的不尽人意的系统，可以通过软件重构（10.5 节）的方法，改善和提高其质量和性能。软件控制论（10.6 节）强调基于软件开发和维护过程的不断反馈进行持续优化，以达到对软件系统的科学调优和演化。到目前为止，人们在实践中已经提出了 20 多种软件工程的理论和方法（10.7 节），它们相互启发、相互借鉴，为软件工程的发展和智能化软件的开发提供了重要的支撑。

10.1　软件分析

　　软件分析是指对软件进行人工或者自动分析，以验证、确认或发现软件性质（或者规约、约束）的过程或活动。软件由程序和文档组成，软件分析包括程序分析和文档分析。文档分析对象为需求规约、设计文档、代码注释等；程序分析是对计算机程序进行自动化处理，以确认或发现其特性，比如性能、正确性、安全性等。程序分析包括对源代码的分析（静态分析）和对运行程序的分析（动态分析）。程序分析的结果可用于编译优化、提供警告信息等，比如被分析程序在某处可能出现指针为空、数组下标越界的情形等。

　　与程序分析密切相关的两类方法是形式验证及测试，前者试图通过形式化方法严格证明程序具有某种性质。目前，其自动化程度尚有不足，难于实用。测试方法多种多样，在实际工程中广泛使用。这些方法也是以发现程序中的缺陷为目的，一般都需要人们提供输入数据，以便运行程序和观察输出结果。

软件分析的意义

　　软件分析的动机是软件缺陷的存在，其目的在于发现软件中的缺陷，分析软件中缺陷的来源分布。将软件分析分为程序分析和文档分析是很有必要的，文档分析一样不可忽视。

　　软件分析考虑的对象包括对源代码的分析、对文档（含需求规约、设计文档、代码注释等）的分析、对运行程序的分析，不考虑对软件过程、软件人员与软件组织等的分析。软件分析包含三项任务：

- 验证：软件制品是否与软件需求规约一致。
- 确认：软件的特性是否符合用户需求。
- 发现：在没有事先设定软件某个性质的前提下，通过分析发现软件的某种性质。

软件分析的方法很多，如图 10-1 所示，每种方法的概念在表 10-1 中给出了简单的描述。由于篇幅的限制，我们这里不展开介绍。

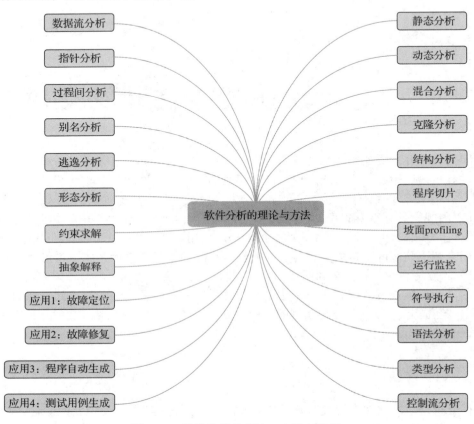

图 10-1　软件分析的理论、方法与应用

表 10-1　软件分析的方法列表

软件分析方法	一句话定义
语法分析	按具体编程语言的词法、语法规则检查语法错误的过程
类型分析	分析程序中是否存在类型错误
控制流分析	一种用来确定程序控制流的静态代码分析技术
数据流分析	一组用来获取数据如何沿着程序执行路径流动的相关信息技术
指针分析	确定一个指针到底指向哪些对象或者存储位置
过程间分析	对跨越过程边界的信息进行跟踪的数据流分析
别名分析	用于确定程序中不同的内存引用是否指向内存的相同区域
逃逸分析	计算变量的可达边界
形态分析	用于发现或者验证程序中动态分配结构的性质

（续）

软件分析方法	一句话定义
静态分析	对程序代码进行自动化的扫描、分析，而不必运行程序
动态分析	利用程序运行过程中的动态信息，分析其行为和特性
混合分析	动态分析和静态分析两种方法结合使用
克隆分析	软件开发中由于复制、粘贴引起的重复代码现象
结构分析	获得程序的调用关系图以展示程序中各个函数之间的调用关系
程序切片	从源程序中抽取对特定变量有影响的语句，组成新的程序
坡面 profiling	利用插装等方法获得程序动态信息，用于优化程序
运行监控	监控系统的一次运行是否满足规定的性质
符号执行	通过使用抽象的符号表示程序中变量的值来模拟程序的执行
抽象解释	在不执行所有计算的情况下获得其语义信息
约束求解	将程序代码转化为一组约束，通过约束求解器获得满足约束的解
测试用例生成	应用之一
程序自动生成	应用之一
故障定位	应用之一
故障修复	应用之一

思考题

1. 软件分析的任务是什么？
2. 软件分析有哪些方法？
3. 软件分析有哪些应用？

10.2　软件演化

软件演化过程是由一系列复杂的变化活动组成的，控制系统按照预期目标进行变化是开发者所追求的目标。软件系统进行渐进完善并达到所希望的目标的过程就是软件演化。软件演化的核心问题是：如何使软件系统适应外界的改变。

随着新需求和新技术的不断涌现，几乎所有的系统都要不断地进行升级和更新，这种变化的原因主要归结为：软件需求的变更，软件运行环境的变更，或软件本身的故障。在软件生命周期的各个阶段，软件需求或运行环境都可能发生改变。

软件演化的意义

"变化"是现实世界永恒的主题，只有"变化"才能发展。软件是对现实世界中问题与解空间的具体描述，是客观事物的一种反映。现实世界是不断演化的，因此，演化性是软件的基本属性。特别是在互联网成为主流软件运行环境之后，网络的开放性和动态性使得客户需求与硬件资源更加频繁地变化，导致软件的演化性和复杂性进一步增强。

随着网络技术的发展，软件系统的复杂性和规模日益增大，软件演化也变得难以控制和管理。这对软件系统的开发产生了很大影响，甚至有可能造成整个项目的失败。现代软件开发中，开发阶段往往只占软件生命周期的一小部分，而软件产品交付以后，维护、演化等活动却占据了软件生命周期的大部分时间，而且此后软件的生命周期基本可以被看作随着需求的变化而不断改变系统的过程。

开发者对软件系统有巨大的投资，目的是实现软件的业务价值，为了保持资产投入与价值回报的良性循环，开发者必须要对软件进行更改和更新，来保持软件的可靠性，以满足新的用户需求。事实上，大公司的大部分软件预算也都在致力于改变和发展现有的软件，而不是不断地开发新软件。

软件演化方法

根据不同的划分标准，我们可以将软件演化划分为不同的类别。根据演化发生时软件系统是否在运行，可以将软件演化划分为静态演化和动态演化。静态演化是指软件在停机状态下的演化，动态演化是指软件在执行期间的演化。在静态演化中，先对需求变化进行分析，锁定软件更新的范围，然后实施系统升级。在停机状态下，系统的维护和二次开发就是一种典型的软件静态演化。对于执行关键任务的一些软件系统而言，通过停止、更新和重启来实现维护演化任务将会导致不可接受的延迟、代价和危险。例如，当对航班调度系统和某些实时监控系统进行演化时，不能进行停机更新，而必须切换到备用系统上，以确保相关服务仍旧可用。

根据软件演化发生的时机，可以分为设计时演化、装载期演化和运行时演化。设计时演化是指在软件编译前，通过修改软件的设计、源代码，重新编译、部署系统来适应变化。设计时演化是目前在软件开发实践中应用最广泛、最常见的演化形式。装载期演化是指在软件编译后、运行前进行的演化，变更发生在运行平台装载代码期间。因为系统尚未开始执行，这类演化不涉及系统状态的维护问题。运行时演化发生在程序执行过程中的任何时刻，在部分代码或者对象的执行期间修改。显而易见，设计时演化是静态演化，运行时演化是一种典型的动态演化，而装载期演化既可以被看作静态演化也可以被看作动态演化，取决于它怎样被平台或提供者使用。

根据演化的实现方式和粒度可以划分为：基于过程和函数的软件演化，面向对象的软件演化，基于构件的软件演化，基于体系结构的软件演化。早期的动态链接库（DLL）的动态加载就是以 DLL 为基础的函数层的软件演化。面向对象的演化是指利用对象和类的相关特性，在软件升级时，可以修改系统以使其局限于某个或某几个类中，以提高演化的效率。构件演化是指在现有构件的基础上对其进行修改，以符合新的要求。构件比对象大得多，更易于复用，复用粒度也更大，更易于演化。体系结构的演化是从宏观角度描述软件演化，是系统框架级的变动。

静态演化

软件静态演化是指软件在停机状态下的演化。静态演化可以是更正代码错误的简单变更，也可以是更正设计方案的重大调整；可以是对错误所做的较大范围的修改，还可以是针对新需求所做的重大完善。演化时，首先根据用户的需求变动，开发新功能模块或更新已有的功能模块，然后编译链接生成新应用系统，最后部署更新后的软件系统。

软件静态演化的优点是不需要考虑系统的状态迁移和活动线程等问题，实现起来较为简单；缺点是会使软件停机，暂时无法提供相关服务。对于某些非常重要的系统，例如航空管理系统，无法应用静态演化对其进行升级。

软件的静态演化是一个循环迭代的过程，一次迭代过程类似于一个瀑布模型。静态演化的具体步骤如下（图10-2）。

1. 软件理解。查阅软件文档，分析系统结构，理解系统组成，得到系统的抽象表示。

2. 需求变更分析。软件的演化往往是需求变化、运行环境变化或软件本身出错导致的。

3. 确定演化计划。对原软件系统进行分析，确定更新范围和所花费的代价，制定更新成本和演化计划。

4. 系统重构。根据演化计划对软件系统进行重构，使之能够适应当前需求。

5. 系统测试。对新的软件系统进行测试，以查出其中的错误和不足之处。

6. 反馈和迭代。对新的系统进行反馈，以确定该次演化是否达到了预期目标，并开始下一次的软件演化。

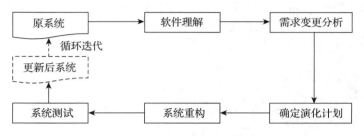

图 10-2　软件静态演化的步骤

对系统功能进行更新时，最简单的方法就是继承，创建子类，然后重载相关方法。

开发构件时，通常采用接口和实现相分离的原则，构件之间只能通过接口通信。具有兼容接口的不同构件实现部分可以相互取代，在静态演化过程中，这已经成为一条非常有效的途径。构件的演化主要包括三种类型：信息演化是给构件增加新的内部状态；行为演化是在保持构件对外接口不变的情况下，修改构件的具体功能，重新实现构件的内部逻辑；接口演化则是要对构件的接口进行修改，包括增加、减少和替换原构件的接口。

在构件开发中，经常出现接口不兼容的情况，例如接口方法名或参数不一致，这时可以使用构件包装器对构件进行包装。包装器对构件进行了封装，并对外提供了一套兼容的接口。包装器的实质是一个筛选器，对请求进行过滤并调用相应方法。包装器还允许将多个构件组合起来形成新的构件。使用继承机制也可以实现构件的演化。

软件体系结构给出了系统的整体框架，可以作为设计、实现和更新的基础，承担了"保证最经常发生的变动是最容易进行的"这一重担。在软件静态演化过程中，对系统任何部分所做的扩充和修改都需要在体系结构的指导下完成。

软件体系结构演化基本上可以归结为 3 类：局部更新是指修改单个软件构件，包括构件删除、构件增加和构件修改；非局部更新则是指对几个软件构件进行修改，但不影响整个体系结构，包括构件合并、构件分解和若干个构件的修改；体系结构级更新则会影响到系统各组成元素之间的相互关系，甚至要改动整个框架结构。

动态演化

动态演化是指软件在运行时的演化。动态演化使得软件在运行过程中，可以根据应用需求和环境变化，动态地进行配置、维护和更新，包括系统元素数目的可变性、结构关系的可调整性等。软件的动态演化特性对于适应未来软件发展的开放性、多态性具有重要意义。

动态演化的优点是不用暂停软件服务，具有持续可用性，使得软件可以根据环境和需求动态地配置和更新，因此也是最具有实际意义的演化行为。缺点是演化需要考虑系统的状态迁移，技术实现上较为复杂。

对于基于硬件的动态演化，最简单的方法就是使用多个硬件设备。动态加载机制是指在编程语言的层次上提供一套机制来支持动态演化。在软件系统运行的过程中，类的表示可以动态变化。实现动态类的过程中，通常需要引入代理机制，代理负责维护动态类的所有实现版本和实现版本的外部存储。代理机制下的动态类是一种轻量级的，侧重于代码的动态演化技术，它不需要编译器和底层运行环境（例如操作系统和虚拟机）的支持，比较容易实现。

在软件运行期间，为某个对象提供代理对象，任何一个访问该对象的操作都必须通过代理对象来进行，这样就可以在调用实际对象前或调用后利用消息传递做一些调用预处理和收尾处理等工作。调用预处理工作用于完成类的版本判别、对象的替换、执行对象调用等操作。当一个对象请求调用另一个对象时，代理对象首先取得调用请求的信息，然后识别被调用对象对应类的版本是否更新，若已更新则重新装载该类并替换被调对象；对象替换时，代理对象采用反射技术，获取旧版本对象的状态并传递给新版本对象以保障对象替换的状态一致性；最后完成新版本对象的行为调用（图 10-3 ）。

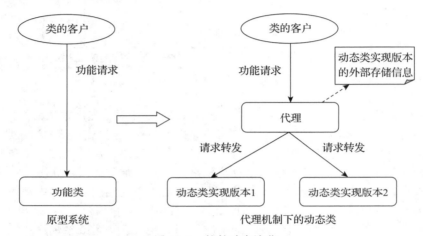

图 10-3   软件动态演化

在基于构件的动态演化中，可以将构件的接口分为两种：用于处理构件所提供的服务，即行为接口；用于处理构件的演化，即演化接口，演化接口被设置成在特定的服务接口被调用时起作用。通过访问演化接口，为相关的动态插入点定义回调方法，增加或替换成用户需要的代码。

体系结构的动态演化可以分为两种：基于体系结构描述语言的演化，动态软件体系。基于体系结构描述语言的演化是指，在语言中增加动态描述成分，通过语言定义构件之间如何相互操作、如何替换。动态软件体系结构（DSA）是指随着外界环境的变化，系统的框架结构可以进行动态调整。体系结构变化主要包括属性变化、行为变化、拓扑结构变化、风格变化。

软件演化原理

软件维护和演化是一个必然的过程，现实世界在不断变化和发展，当系统的环境发生改变时，新的需求就会浮现。因此为了适应变化的环境需要，继续发挥其应有的作用，软件系统也必须根据需要不断地进行维护和演化。当修改后的系统重新投入使用后，又会促使环境的改变，于是演化过程进入循环。

软件的不断修改会导致软件的退化，随着系统的改变，其结构在衰退。因此，为了防止退化的发生，必须增加额外的成本以改善软件的结构和质量。这样，在实现必要的系统变更成本上又会增加额外的支出。

软件系统的动态特性是在开发过程的早期建立起来的。软件的规模限制着自身发生的变更，由于较大的变更会引入更多的缺陷，因而限制了新版本演化的有效程度。这也决定了系统维护过程的总趋势以及系统变更可能次数的极限——系统一旦超过某个最小规模就会变得难以变更。

资源和人员的变化对系统长期演化的影响是不易察觉的，在大型软件项目开发中，团队成员数量的增加不一定能提高软件的开发效率。此外，在软件系统中添加新的功能不可避免地会产生新的缺陷。

软件演化过程

软件演化过程是软件演化和软件过程的统一。按 ISO/IEC12207 标准，软件过程是指软件生命期中的若干活动的集合。活动又称为工作流程，可细分为子活动或任务。Lehman 认为软件演化过程是一个多层次、多循环、多用户的反馈系统。从软件再工程的角度看，软件演化过程是对软件系统进行不断地再工程的过程，是软件系统在其生命周期中不断完善的系统动力学行为。

软件演化过程并非顺序进行，而是根据一定的环境迭代地、多层次地进行的。在软件演化过程中，不同粒度的活动都会发生，因此必须更具有灵活性。通过观察和分析，软件演化过程模型中存在以下特征：

- 迭代性：在软件演化过程中，由于软件系统必须不断地进行变更，许多活动要以比传统开发过程更高的频率进行重复执行；在整个软件演化过程中存在着大量的迭代活动，许多活动一次又一次地被执行。一次迭代过程类似于传统的瀑布模型，处理相应的活动。每次迭代在其结束时需要进行评估，判断是否提出了新的需求，结果是否达到了预定的要求，然后再进行下一个迭代过程。迭代性是软件演化过程的一个重要特性。
- 并行性：在软件演化过程中，有许多并行的活动，而且这些活动的并行性比传统软件开发过程中的活动的并行性要高。如软件过程的并行、子过程的并行、阶段并行、软件发布版本之间的并行、软件活动之间的并行等。为了提高演化过程的效率，必须对软件演化过程进行并行性处理。
- 反馈性：尽管促使软件系统进行演化的原因很复杂，但演化的推动力必然是从对需求的不满产生的。用户的需求和软件系统所处的环境是在不断变化的，所以当环境变化后就必须做出反馈，以便于软件演化过程的执行。反馈是软件系统演化的基础和依据。
- 多层次性：从不同的角度看，由于粒度的不同，软件演化过程包括不同粒度的过程和活动。为了减少这种复杂性，软件演化过程应被划分为不同的层次，低层模型是对高层模型的细化，而高层模型是对低层模型的抽象。
- 交错性：软件演化过程中活动的执行并不像瀑布模型一样是顺序进行的，软件演化过程是连续性与间断性的统一，其活动的执行是交错着进行的。

软件演化实例

软件老化问题是软件演化的一个重要原因，Lehman 指出，如果缺乏积极主动的应对策略，随着软件的演化，软件系统的质量会逐渐降低。事实上，软件质量逐渐降低大部分是由外部因素造成的，比如说成本的压力。软件老化的负面效应最终会给所有的工业部门带来经济和社会的影响。因此，我们必须开发工具和技术以阻止或避免软件老化所带来的各种问题。提供工具和技术来保持和提高软件系统的质量是一个关键任务。

引起软件演化的原因是多方面的，如环境的改变、功能的增加、更优算法的发现等等，所以，对软件演化进行理解和控制显得复杂且困难，还存在许多问题有待解决。

软件演化的优缺点

"演化"这个术语一般是指在性质和特性方面的递增式的改变。在某种意义上来说,这种属性的改变过程导致了新特性的出现或改进。一般来说,这种改变都是诸如改变类的成员以适应环境的改变。改变会使得它们更有用或更有意义,而且在某种程度上会增加它们的价值。与此同时,演化也会去掉一些不合适的特性。

与软件演化相关的概念还包括软件再工程和软件维护。"软件再工程"意味着把用户要求的新功能添加到已经存在的软件中。再工程一般包括三个阶段:逆向工程、功能重构和正向工程。软件演化实际上就是引导持续的软件再工程的过程。换句话说,在很大程度上,软件演化就是重复的软件再工程。因此,可以将再工程看作软件演化中一个非常重要的步骤和技术。

所谓软件维护,是指在软件交付使用后所进行的修改,包括对错误的更正,提高性能或其他属性,以及使软件产品适应改变的环境。维护试图保持系统,以有效地执行各项功能。然而,维护意味着只是在原有实现的基础上简单地修正错误。这种做法忽视了迅速改变的环境和需求所带来的问题。以上这些考虑暗示了"维护"应该被"再工程"或"演化"取代。一些研究人员和实践者都把演化作为维护的更好替代者。从软件过程的角度和观点看,软件维护可被看作细粒度和局部的再工程。

以对软件演化数十年的研究为基础,Lehman 定义了"E型程序"这种计算机程序,用来解决实际应用领域中的一些问题。以 E 型程序的定义为基础,Lehman 提出了软件演化的八条规律:必须频繁地变化以适应要求;软件的复杂度不断增长;通过自我调节以符合产品需求和过程特性;在软件的生命周期中保持一定的组织稳定性;不同的版本之间保持一定的连贯性;功能持续地增加;在没有严格的维护和适应性修改的情况下会出现质量衰退;是一个反馈系统。

软件演化的研究现状

软件演化是软件工程领域正逐步受到重视的研究方向,并将得到越来越多的关注。软件演化过程的相关问题包括软件演化过程元模型 EPMM、软件演化过程描述语言 EPDL、软件演化过程框架、软件演化过程建模方法、软件演化过程改进等。

软件演化过程的目标就是在不违反系统约束的条件下,对软件系统的演化流程进行管理,从而使演化后的软件系统能够在功能上满足用户的需求,同时所展现出来的质量属性也维持在令人满意的水平上。

当今,信息技术社会在各个层面上越来越依赖软件,这种对软件的依赖发生在社会的各个部门,包括政府部门、工业界、运输部门、商业部门、制造业和私人部门。软件组织的生产效率和软件的质量越来越不能符合人们的预期。对于这些问题,一个主要的原因是软件维护和可适应性在传统软件开发过程中往往被忽视。避免软件老化带来的负面影响的唯一方式是把软件变化和演化摆在软件开发过程的中心位置。如果对软件变化和演化缺少明确和直接的支持,软件系统会变得异常复杂和不可靠。

我们不能把焦点仅仅限制在软件开发上,要为软件的可适应性和演化提供更多、更好的支持。这些支持应该放在软件研究和开发的多个层面上,包括:在形式化和理论上的基本研究,理解、管理和控制软件变化;模型、语言、工具、方法和技术的开发,对软件变化提供直接的支持;对大型的、使用时间长的、复杂的软件系统进行真实的有效性研究。

"软件演化的智能化"与"智能化软件的演化"

现实世界在不断变化,需求和环境也在变化,所以软件演化是一个必然的过程,尽管会使软件退化或引入新的缺陷,但这是一个延续软件可使用性的行为。使用合理的智能化演化方法,可以降低演化成本,减小对软件系统的伤害,使之更好地符合当前的需求,因此研究软件演化的智能化技术具有重要的现实意义。同时，由于智能化时代的到来，智能软件无处不在，软件演化主要的内容和难点将是智能软件的演化。

思考题

1. 软件演化与软件维护的区别与联系是什么？

10.3　软件架构

软件架构诞生的背景是 20 世纪 60 年代软件危机爆发的时代。当时的软件设计往往只是为了一个特定的应用而在指定的计算机上设计和编制，采用密切依赖于计算机的机器代码或汇编语言，软件的规模比较小，文档资料通常也不存在。那时很少使用系统化的开发方法，设计软件往往等同于编制程序，基本上是个人设计、个人使用、个人操作、自给自足的私人化软件生产方式。

60 年代中期，大容量、高速度计算机的出现，使计算机的应用范围迅速扩大，软件开发急剧增长。高级语言开始出现，操作系统的发展引起了计算机应用方式的变化，大量数据处理导致第一代数据库管理系统的诞生。软件系统的规模越来越大，复杂程度越来越高，软件可靠性问题也越来越突出。原来的个人设计、个人使用的方式不再能满足要求，迫切需要改变软件生产方式，提高软件生产率，软件危机开始爆发。

随着软件成本增长、软件维护越来越困难、开发进度难以控制等现象的不断加重，人们认识到软件架构的重要性，并认为对软件架构的系统、深入的研究将会成为提高软件生产率和解决软件维护问题的新的最有希望的途径。他们开始探索用工程的方法进行软件生成的可能性，即用现代工程概念、原理、技术和方法进行计算机软件开发、维护和管理。软件架构这一名词首次进入大众的视野。

自从软件系统首次被分成许多模块，模块之间有相互作用，组合起来有整体的属性，就具有了体系结构。好的开发者常常会使用一些体系结构模式作为软件系统结构设计策略，但他们并没有规范地、明确地表达出来，这样就无法将他们的知识与别人交流。软件架构是设计抽象的进一步发展，满足了更好地理解软件系统，更方便地开发更大、更复杂的软件系统的需要。

事实上，软件总是有体系结构的，不存在没有体系结构的软件。体系结构（architecture）一词在英文里就是"建筑"的意思。把软件比作一座楼房，从整体上讲，是因为它有基础、主体和装饰，即操作系统之上的基础设施软件、实现计算逻辑的主体应用程序、方便使用的用户界面程序。从细节上来看，每一个程序也是有结构的。早期的结构化程序就是以语句组成模块，模块的聚集和嵌套形成层层调用的程序结构，也就是体系结构。结构化程序的程序（表达）结构和（计算的）逻辑结构的一致性，以及自顶向下开发方法自然而然地形成了体系结构。由于结构化程序设计时代程序规模不大，通过强调结构化程序设计方法学，自顶向下、逐步求精并注意模块的耦合性就可以得到相对良好的结构。

软件架构的基本概念

软件架构是一种系统草图，为软件系统提供了一个结构、行为和属性的高级抽象，由构件的描述、构件的相互作用、指导构件集成的模式以及这些模式的约束组成。软件架构不仅显示了软件需求和软件结构之间的对应关系，而且指定了整个软件系统的组织和拓扑结构，提供了一些设计决策的基本原理。软件架构设计是成熟软件开发过程中的一个重要环节，是连接用户需求和进一步设计、实现的桥梁，是软件开发质量保证的关键步骤。

软件架构包括组件、连接件和配置三种基本元素，以及端口和角色两种元素（图 10-4）。组件作为一个封装的实体，仅通过其接口结构与外部环境交互，而组件的接口由一组端口组成，每个端口表示组件和外部环境的交互点。连接件的接口由一组角色组成，每个角色定义了相关交互的参与者。

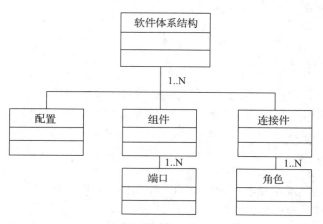

图 10-4　软件架构的基本概念

- 组件：具有某种功能的可重用的软件模块单元，表示系统中主要的计算单元和数据存储。组件分为复合组件和原子组件两种，复合组件由其他复合组件和原子组件通过连接而成。
- 连接件：表示组件之间的交互，简单的连接件有管道（pipe）、过程调用（procedure-call）、事件广播（event broadcast）等。复杂的连接件有客户 – 服务器（client-server）通信协议、数据库和应用之间的 SQL 连接等。
- 配置：表示组件和连接件的拓扑逻辑和约束（constraint）。
- 端口：通过不同的端口类型，组件可以提供多重接口。端口可以很简单，如过程调用；也可以很复杂，如通信协议。
- 角色：二元连接件有两个角色，如 RPC 的角色为 caller 和 callee，管道的角色是 reading 和 writing，消息传递的角色是 sender 和 receiver 等。有的连接件有多于两个的角色，如事件广播有一个事件发布者角色和任意多个事件接收者角色。

IEEE 对软件架构的定义为：软件架构是程序 / 系统的基础组织，包含各个构件、构件互相之间与环境的关系，还有指导其设计和演化的原则。百度百科给出的解释则是：软件架构是具有一定形式的结构化元素，即构件的集合，包括处理构件、数据构件和连接构件。处理构件负责对数据进行加工，数据构件是被加工的信息，连接构件把体系结构的不同部分组合连接起来。

软件架构是软件系统的一种整体的高层次结构表示，是系统的骨架和根基，决定着软件系统的健壮性、安全性、可维护性等重要特性，以及整个生命周期的长度。所谓"根基不牢，地动山摇"，很多不重视软件架构质量的企业几乎都经历过一些惨痛的教训。

研究软件架构的首要问题是如何表示软件架构，即如何对软件架构建模。根据建模侧重点的不同，可以将软件架构的模型分为 5 种：结构模型、框架模型、动态模型、过程模型和功能模型。在这 5 种模型中，最常用的是结构模型和动态模型。

这 5 种模型各有所长，也许将 5 种模型有机地统一在一起，形成一个完整的模型来刻画软件架构更为合适。例如，Kruchten 在 1995 年提出了一个"4+1"的视角模型（图 10-5）。

"4+1"模型从逻辑视角、进程视角、物理视角、开发视角和场景视角来描述软件架构。每一个视角只关心系统的一个侧面，5 个视角结合在一起才能够反映系统的软件架构的全部内容。

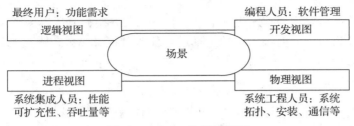

图 10-5　"4 + 1"视图模型

软件架构的理论与方法

软件架构的描述与构造表示。目前有多种软件架构描述语言（ADL）。软件架构的构造表示方法包括一些形式化的架构描述方法，即在严格数学基础之上的方法。还有使用 UML 的体系结构描述方法，以及 IEEE 的软件架构描述规范（IEEE 1471-2000）。

软件架构的分析、设计与测试。架构分析的内容可分为结构分析、功能分析和非功能分析。软件架构分析的目的是在系统被实际构造之前，预测其质量属性。软件架构分析的常见方法包括基于场景的架构分析方法（SAAM）和架构折中分析方法（ATAM）等。

软件架构的设计是指生成一个满足软件需求的架构的过程。常见的软件架构的设计方法包括工件驱动（artifact-driven）方法、用例驱动（usecase-driven）方法、模式驱动（pattern-driven）方法、领域驱动（domain-driven）方法、属性驱动设计（attribute-driven design）方法等。

架构测试着重于仿真系统模型，解决架构层的主要问题。由于测试的抽象层次不同，架构测试策略可以分为单元/子系统/集成/验收测试等阶段的测试策略。架构测试技术包括：Debra 等人提出的一组针对架构的测试覆盖准则，如组件覆盖准则等；基于霍尔定理的组件设计正确性验证技术；基于 CHAM（CHemical Abstract Machine）的架构动态语义验证技术等。

软件架构的发现、演化与复用。架构发现解决如何从已经存在的系统中提取软件的架构，属于逆向工程。软件架构的演化是指由于系统需求、技术、环境、分布等因素的变化而最终导致软件架构的变动。架构复用属于设计复用，比代码重用更抽象。架构模式就是架构复用的一个研究成果。

基于软件架构的开发模型。跨越整个软件生命周期的系统开发、运行、维护所实施的全部工作和任务的结构框架。

软件架构的风格与模式。架构风格（架构模式）是对给定场景中经常出现的问题提供的一般性的可重用方案。David Garlan 和 Mary Shaw 等人将被广泛接受的架构风格分成 5 种主要的类型：数据流风格，调用/返回风格，独立组件风格，虚拟机风格，仓库风格。

软件产品线架构。软件产品线架构的发展是依托着特定领域软件架构（Domain Specific Software Architecture，DSSA）的研究深入而进行的，如北京大学杨芙清院士牵头实现的"支持组件复用的青鸟Ⅲ型系统"等。

软件架构支持工具。包括支持静态分析的工具、支持类型检查的工具、支持架构层次依赖分析的工具、支持架构动态特性仿真的工具、支持架构性能仿真的工具等。

软件架构的应用。第一是软件架构风格的应用。不同的架构风格具有各自的优缺点和应用场景，例如：虚拟机风格经常用于构造解释器或专家系统；C/S 和 B/S 适合于数据和处理分布在一定范围、通过网络连接构成的系统；"平台 – 插件"风格适用于具有插件扩展功能的应用程序；MVC 被广泛应用于用户交互程序的设计；SOA 应用在企业集成等方面。

第二是软件架构在开发过程中的应用。在需求阶段，把 SA 的概念引入到需求分析阶段，有助于保证需求规约和系统设计之间的可追踪性和一致性。在设计阶段，包括 SA 模型的描述、SA 模型的设计与分析方法，以及对 SA 设计经验的总结与复用等。在实现阶段，将设计阶段设计的算法及数据类型用程序设计语言进行表示。在维护阶段，为了保证软件具有良好的维护性，在软件架构中针对维护性的目标进行分析时，需要对一些有关维护性的属性（例如，可扩展性、可替换性等）进行规定。

软件架构的发展历程

基础研究阶段（1968～1994 年）。1968 年北大西洋公约组织（NATO）会议上第一次出现了"软件架构"这一词语。直到 20 世纪 80 年代，"架构"一词大部分情况下被用于表示计算机系统的物理结构，偶尔被用于表示计算指令集的特定体系。随着软件规模的增大，开发者已经开始尝试模块化（modularization）的实践。模块化指的是一种软件开发方法，把一个待开发的软件分解成若干小的、简单的部分，称为模块。每一个模块都独立地开发、测试，最后再组装出整个软件。模块化的规则是：高内聚、低耦合；模块大小适度；模块调用链的深度（嵌套层次）不可过多；接口干净，信息隐蔽；尽可能地复用已有模块。

概念体系和核心技术形成阶段（1991～2000 年）。1991 年，Winston W. Royce 与 Walker Royce 首次对软件架构进行了定义。1992 年 D. E. Perry 与 A. L.Wolf 对软件架构进行了阐述，提出了著名的 {elements, forms, rationale} = software architecture 公式。1996 年 CMU/SEI 的 Mary Shaw 和 David Garlan 出版了 *Software Architecture: Perspectives on an Emerging Discipline*，对软件架构概念的内涵与外延进行了详尽阐述，对软件架构概念的形成起到了至关重要的作用。从 1995 年起，软件架构研究领域开始进入快速发展阶段，Booch、Rumbaugh 和 Jacobson 从另一个角度对软件架构的概念进行了全新的诠释，认为架构是一系列重要决策的集合。Rechtin 和 Mark Maier 在 1998 年出版的 *The Art of Systems Architecting* 中很好地阐述了系统与软件的关系。这一阶段最重要的成果之一就是软件组件技术。组件化开发并不等同于模块化开发。模块化开发只是在逻辑上做了切分，物理上（开发出的系统代码）通常并没有真正意义上的隔离。组件化也不等同于应用集成，应用集成是将一些基于不同平台或不同方案的应用软件和系统有机地集成到一个无缝的、并列的、易于访问的单一系统中，建立一个统一的综合应用。组件化应比模块化更独立，但比应用集成结合得更加紧密。

理论体系丰富发展阶段（1996～1999 年）。随着基于组件软件架构理论的建立，与之相关的一些研究方向逐渐成为软件工程领域的研究热点。主要研究方向包括：软件架构的描述与表示；软件架构分析、设计与测试；软件架构发现、演化与重用；基于软件架构的开发方法；软件架构的风格；等等。

理论完善和普及应用阶段（1999 年至今），1999 年，第一届 IFIP 软件架构会议召开；Open Group 提出了架构描述语言 Markup——一种基于 XML 的架构描述语言，支持广泛的架构模型共享；软件产品线成为软件架构的一个重要分支，吸引了大量的大型企业的关注。2000 年，IEEE 1471-2000 发布，为软件架构的普及应用制定了标准化规范，该标准随后分别于 2007 年与 2011 年得到扩充与修改。2003 年，*Software Architecture in Practice* 一书出版。

软件架构的优势和问题

软件架构虽脱胎于软件工程，但其形成同时借鉴了计算机体系结构和网络体系结构中很多宝贵的思想和方法。最近几年，软件架构研究已完全独立于软件工程的研究，成为计算机科学的一个最新的研究方向和独立学科分支。软件架构研究的主要内容涉及软件架构描述、软件架构风格、软件架构评价和软件架构的形式化方法等。解决好软件的重用、质量和维护问题，是研究软件架构的根本目的。

现如今软件架构虽已经形成研究热点，但当前的研究和对软件架构的描述，在很大程度上来说还停留在非形式化的基础上。软件构架师仍然缺乏必要的工具，这种工具应该是显式描述的、有独立性的形式化工具。当一个软件系统中的构件之间几乎以一种非形式化的方法描述时，系统的重用性也会受到影响，在设计一个系统结构过程中的努力很难移植到另一个系统中去。对系统构件和连接关系的结构化假设没有得到显式的、形式化的描述时，把这样的系统构件移植到另一个系统中去将是有风险的，甚至是不可能的。

软件架构是一种常见的对系统的抽象，代码级别的系统抽象仅仅可以成为程序员的交流工具，而包括程序员在内的绝大多数系统的利益相关者都借助软件架构来进行彼此理解、协商、达成共识或者作为相互沟通的基础。另外，软件架构也是我们所开发的软件系统最早期设计决策的体现，而这些早期决策对软件系统的后续开发、部署和维护具有相当重要的影响。这也是能够对所开发系统进行分析的最早时间点。

软件架构是关于系统构造以及系统各个元素工作机制的相对较小却又能够突出反映问题的模型。由于软件系统具有的一些共通特性，这种模型可以在多个系统之间传递，特别是可以应用到具有相似质量属性和功能需求的系统中，并能够促进大规模软件的系统级复用。

思考题

1. 软件架构是什么？列举你熟悉的软件架构。

10.4　设计模式

"模式"一词最初诞生于建筑领域。在克里斯托弗·亚历山大教授的 *A Pattern Language: Towns, Buildings, Construction* 一书中，给出了关于模式的经典定义：每个模式都描述了一个在我们的环境中不断出现的问题，然后描述了该问题的解决方案的核心，通过这种方式，我们可以无数次地重用那些已有的解决方案，无须再重复相同的工作。简而言之，模式是在特定环境中解决问题的一种方案。

软件模式是将模式的一般概念应用于软件开发领域，即软件开发的总体指导思路或参照样板。软件模式并非仅限于设计模式，还包括架构模式、分析模式和过程模式等，实际上，在软件生命周期的每一个阶段都存在着一些被认同的模式。

可以将软件模式看作对软件开发这一特定"问题"的"解法"的某种统一表示，它和亚历山大所描述的模式定义完全相同，即软件模式等于一定条件下出现的问题以及解法。软件模式的基础结构由 4 个部分构成：问题描述、前提条件（环境或约束条件）、解法和效果。将模式的概念应用于软件领域，软件模式就是在特定环境中解决软件问题的一种方案。

设计模式的概念

维基百科：在软件工程中，设计模式（design pattern）是对软件设计中普遍存在（反复出现）的各种问题所提出的解决方案。这个术语是由埃里希·伽玛等人在 20 世纪 90 年代从建筑设计领域引入到计算机科学的。

设计模式并不直接用来完成代码的编写，而是描述在各种不同情况下，要怎么解决问题的一种方案。面向对象设计模式通常以类别或对象来描述其中的关系和相互作用，但不涉及用来完成应用程序的特定类别或对象。设计模式能使不稳定依赖于相对稳定、具体依赖于相对抽象，避免会引起麻烦的紧耦合，以增强软件设计面对并适应变化的能力。

　　并非所有的软件模式都是设计模式，设计模式特指软件"设计"层次上的问题。还有其他非设计模式的模式，如架构模式。同时，算法不能算是一种设计模式，因为算法主要是用来解决计算上的问题，而非设计上的问题。

　　在《软件工程：实践者的研究方法》一书中，将设计模式描述为："表示特定上下文、问题和解决方案三者之间关系的三部分规则。"

　　总之，设计模式是一套被反复使用、多数人知晓的、经过分类编目的、代码设计经验的总结，使用设计模式是为了可重用代码，让代码更容易被他人理解，保证代码可靠性。简而言之，设计模式是在特定环境中解决软件设计问题的一种方案。

　　随着设计经验的不断累积，人们又提出了反模式的概念。反模式通常是指一个为问题的解决带来负面后果的解决方案。它的出现可能是因为管理者或是开发者没有足够的知识和经验来处理一个特定类型的问题，也可能是因为在一个不适合的环境下错误地使用了优秀的设计模式。

　　当反模式通过文字加以描述时，通常呈现为一种表格的形式，具体样式大致如下：首先是反模式出现的缘由，随后是一些反模式的特征，通过它们确认反模式的存在，接下来则是提供一个重构化的解决方案，指出如何将反模式调整为良好的解决方案。

　　反模式指出了软件中常用的问题，并为人们认识这些问题提供了工具。设计模式与反模式密不可分，设计模式经常会转变为反模式，其根本区别是在于问题所处的环境。反模式是在不合适的环境下应用了设计模式，反模式与设计模式不同，它侧重于提醒人们如何避开错误的设计思维和软件编写。

　　设计模式的模板包括：模式名称、问题、动机（问题实例）、环境、影响因素、解决方案、目的、协作、效果、实现、已知应用、相关模式等。其中，最重要的四项是模式名称、问题、解决方案、效果。

设计模式的意义

　　设计模式可以解决的问题：

- 复用解决方案：通过复用已经公认的设计，能够在解决问题时取得先发优势，而且避免重蹈前人覆辙。可以从学习他人的经验中获益，用不着为那些总是会重复出现的问题再次设计解决方案。
- 确立通用术语：开发中的交流和协作都需要共同的词汇基础和对问题的共识。设计模式在项目的分析和设计阶段提供了共同的基准点。
- 提高观察高度：模式还为我们提供了观察问题、设计过程和面向对象的更高层次的视角，这将使我们从"过早处理细节"的桎梏中解放出来。
- 大多数设计模式还能使软件更容易修改和维护：其原因在于，它们都是久经考验的解决方案。所以，它们的结构都是经过长期发展形成的，比新构思的解决方案更善于应对变化。而且，这些模式所用代码往往更易于理解，从而使代码更易维护。

　　最优的软件设计实践需要预先考虑到那些在应用过程中才会出现的问题，而设计模式能够通过提供经过验证的行之有效的开发范式加快开发过程。可重用的设计模式有助于预防会造成重大隐患的问题，同时还能提高代码的可读性。经验丰富的软件设计师会再次使用之前在工作中验证过的解决方案。在以往工作中对设计模式的经验总结会帮助设计人员更富有成效地工作，而由此产生的设计也会更加灵活，具备更高的可复用性。

设计模式的六大原则

　　开闭原则（open close principle）。对扩展开放，对修改关闭。在程序需要进行拓展的时候，不能修改原有的代码，实现热插拔的效果。简言之，是为了使程序的扩展性好，易于维护和升级。想要达到这样的效果，我们需要使用接口和抽象类。

里氏代换原则（Liskov substitution principle）。里氏代换原则是面向对象设计的基本原则之一，任何基类可以出现的地方，子类一定可以出现。这一原则是继承复用的基石，只有当派生类可以替换掉基类，且软件单位的功能不受影响时，基类才能真正被复用，而派生类也能够在基类的基础上增加新的行为。里氏代换原则是对开闭原则的补充。实现开闭原则的关键步骤就是抽象化，而基类与子类的继承关系就是抽象化的具体实现，所以里氏代换原则是对实现抽象化的具体步骤的规范。

依赖倒转原则（dependence inversion principle）。这个原则是开闭原则的基础，针对接口编程，依赖于抽象而不依赖于具体。

接口隔离原则（interface segregation principle）。使用多个隔离的接口，比使用单个接口要好。它还有另外一层意思：降低类之间的耦合度。由此可见，其实设计模式就是从大型软件架构出发，便于升级和维护的软件设计思想，它强调降低依赖，降低耦合。

迪米特原则（Demeter principle）。又称最少知道原则，指的是一个实体应当尽量少地与其他实体之间发生相互作用，使得系统功能模块相对独立。

合成复用原则（composite reuse principle）。尽量使用合成 / 聚合的方式，而不是使用继承。

设计模式的应用

设计模式是在软件工程实践过程中，由程序员总结出的良好的编程方法。使用设计模式能够增加系统的健壮性、易修改性和可扩展性，当进行开发的软件规模比较大的时候，良好的设计模式会给编程带来便利，让系统更加稳定，这些在编写小程序的时候是体现不出来的。现在大多数框架都使用了很多设计模式，正是因为有了这些设计模式，才能让程序更好地工作。如果能合理使用设计模式，在系统模块化和信息隐藏方面就能做得更好。

设计模式其实就是一种软件设计的整体思路，就是要把一些东西抽象出来再通过一定的方式重新整理，从而达到合理优化。这一软件架构和实现思路一方面便于后期扩展，另一方面也便于研发。

使用设计模式的目的是提高代码的可重用性，让代码更容易被他人理解，保证代码的可靠性。设计模式使代码编写真正工程化，是软件工程的基石。如同大厦的结构一样，在建造房屋时最初只是建造了一座房子，只有四面墙一个屋顶，可随着需求的增多，就需要不断装修——这里添面墙，那里钻个洞。最终有一天会发现，由于装修过程中没有合理规划，导致好好的房子被装修得跟迷宫一样。软件设计也是这样，如果最初就没有设计模型，只是为了完成功能而写代码，最终程序会混乱不堪。

以制作互动式网页为例，其主要的功能需求是用户可以与网页的元素互动，将请求发送给服务器，服务器再回传信息至用户页面。在设计这样的系统时，我们的考虑主要有以下几点：

- 希望服务器接收和发送请求的相关逻辑能够与服务器处理请求的逻辑分离。
- 希望用户页面的显示逻辑与发送、接收服务器信息的逻辑分离。

为了实现以上的逻辑分离，我们可以自行设计系统，但是无法保证设计的质量和未来的可复用性。我们可以采取已有的 MVC（Model-View-Controller）设计模式，这是在网页中常用的一种设计模式，主要效果是将业务逻辑与数据和显示分离。

设计模式的优缺点及研究现状

设计模式的优点如下：

- 设计模式最重要的性质就是可复用性。程序设计中会出现许多相似的问题，在设计阶段的重复工作会浪费大量的人力和时间。对于这些重复出现的问题，一种通用的优秀设计可以节省时间和成本。
- 一种通用的设计模式往往融汇了许多专家的经验，并且已经经历了许多项目的检验。使用已有的设计模式能避免因为低质量的设计导致的变更困难、难以维护等问题。
- 设计模式有着标准的形式，可供广大开发人员使用。设计模式有着一套通用的设计词汇和一种通用的语言以方便开发人员之间进行沟通和交流，使得设计方案更加通俗易懂。
- 对于使用不同编程语言的开发和设计人员，可以通过设计模式来交流系统设计方案，每一个模式都对应一个标准的解决方案，降低开发人员理解系统的复杂度。
- 设计模式使人们可以更加简单方便地复用成功的设计和体系结构，将已证实的技术表述成设计模式也会使新系统开发者更加容易理解其设计思路。设计模式使得重用成功的设计变得更加容易，并避免了那些导致不可重用的设计方案。
- 设计模式有助于初学者更深入地理解面向对象思想，一方面可以帮助初学者更加方便地阅读和学习现有类库与其他系统中的源代码，另一方面还可以提高软件的设计水平和代码质量。

设计模式的缺点如下：

- 设计模式往往通过引入额外的抽象层次来获得程序设计的可变和灵活，这使得程序变得更为复杂且牺牲了一定的性能。
- 在设计阶段必须仔细考虑是否真的需要使用某种设计模式，否则引入额外的间接层次反而会使得开发的效率下降。
- 每一种设计模式都有对应的特定问题，当问题发生变化时，原本的设计模式便不再适用，需要根据问题做出调整。

对于设计模式的研究主要集中于两个方面：一是设计模式的应用，二是设计模式的检测和识别。设计模式的应用包括：对于现有设计模式的创新，即扩展与简化现有的设计模式，使其能够适应新的应用领域；新的设计模式的探索。设计模式的检测和识别包括：检测和识别已有代码中的设计模式、设计模式的可视化以及基于设计模式的软件度量研究等。

思考题

1. 根据你所熟悉或听说过的设计模式，谈谈你对设计模式的看法。
2. 你在开发中用到过哪些设计模式？用在什么场合？

10.5 软件重构

软件重构是指在不改变软件的功能和外部可见性的情况下，为了改善软件的结构，提高软件的清晰性、可扩展性和可重用性而对其进行的改造。简而言之，重构就是改进已经写好的软件的设计。

根据上下文的不同，"重构"一般有两种形式的定义。名词形式上的定义：重构是对软件内部结构的调整，目的是在不改变软件系统可观察行为的前提下，提高其可理解性，降低软件维护成本。另一种动词形式上的定义为：使用一系列的重构手段，在不改变系统可观察行为的前提下，调整其内部结构。

重构的目的是使软件更容易被理解和维护。开发者可以在软件系统内部进行修改，但是只能对系统的外部行为造成很小的变化，甚至不造成变化。另一方面，重构不会改变软件可观察的行为，即重构之后的软件功能一如既往。

软件重构的重要性

重构是代码维护中的一部分，既不修正错误，又不增加新的功能性，而是用于提高代码的可读性或者改变代码的结构和设计，使其在将来更容易维护。特别是，在现有程序的结构下，给程序增加一个新的行为会非常困难，因此开发人员可能先重构这部分代码，使加入新的行为变得容易。

重构是一种工具，可以帮助开发者始终良好地控制自己的代码，进行代码重构通常具有以下几种优点：

- 重构可改进软件设计。在不断的演化过程中，软件中原有的源代码逐渐变得复杂，并且随着时间的流逝，程序中原有的设计会逐渐变质。当开发者为了短期的目的或者在未完成系统的整体设计之前，就进行修改代码的操作，通常会使得程序失去自己原先的设计结构，使开发者更加难以阅读和理解原来的设计。重构类似于对代码进行整理，使得所有的东西回到应有的位置上，所以经常性的重构可以帮助代码维持原有的设计结构。

- 重构使软件更容易理解。当开发者进行程序设计时，主要是编写代码告诉计算机进行什么操作，然后计算机按照开发者的指令行动。但是除了计算机之外，未来可能还有其他开发者需要阅读和理解源代码。这个开发者可能需要花费一周时间来修改某段代码，但是如果该开发者理解了源代码，可能只需要一个小时来修改。重构就是对代码进行适当的修改，例如去除重复的代码，修复源代码设计上的缺陷等，让代码更清楚地表达自己的用途，更容易理解。

- 重构可以帮助找到 bug。如果对代码进行重构，开发者就可以深入理解代码的行为，并且恰到好处地把新的理解反馈回去。不仅可以使开发者清楚源代码的内部结构，还能够让开发者理解源代码中的某些假设，从而可以快速地将 bug 找出来。

- 重构可提升编程速度。在谈到重构时，开发者很容易看出它能够提高软件质量。而通过改善代码结构设计，提升代码可读性，减少错误，这样也可以提升开发者的开发速度。拥有良好的设计才能做到快速开发，而重构可以帮助开发者提升软件设计的质量，阻止系统变质。因此，重构能够帮助开发者更快地开发程序。

软件重构的基本场景

软件总是为解决某种特定的需求而产生，随着时间的推移，客户的需求总是会发生变化，这就产生了一种糟糕的现象。软件产品最初制造出来时是经过精心设计的，具有良好架构，但是随着需求的变化，必须不断修改原有功能、追加新功能，还免不了有一些缺陷需要修改。为了实现变更，不可避免地要违反最初的设计构架。经过一段时间以后，软件的架构就千疮百孔了。bug 越来越多，越来越难维护，新的需求越来越难实现，软件的构架对新的需求渐渐失去支持能力，而是成为一种制约。最后新需求的开发成本会超过开发新的软件的成本，这就是软件系统的生命走到尽头的时候。因此需要有一种方法使软件保持对新需求的适应。

以下列出一些常见的需要重构的场景：

- 代码异味（code smell）：也译为"代码味道"，它是提示代码中某个地方存在错误的一个暗示，开发人员可以通过这种"异味"在代码中追捕问题。

- 代码重复：代码有很多种坏味道，重复是最坏的一种。一个类中的两个方法有重复代码，可以抽取方法将重复代码放到另一个方法中以供调用；互为兄弟的子类中如果有重复代码，可以将重复代码抽取到父类中；两个没有关系的类中如果有重复代码，可以重新抽取一个类将重复代码放到这个第三方类中。

- 方法过长：过长的方法使程序可读性差，难以理解。我们可以整理逻辑，分解为不同的小函数。
- 参数列表过长：过长的参数列表给人带来阅读和理解上的困难，比较常见的解决办法是将相关的参数组织成一个对象来替换掉这些参数。
- 模块耦合度：模块间的耦合度是指模块之间的依赖关系，包括控制关系、调用关系、数据传递关系。模块间联系越多，其耦合性越强，同时表明其独立性越差。降低模块间的耦合度能减少模块间的影响，防止对某一模块修改所引起的"牵一发动全身"的水波效应，保证系统设计顺利进行。

软件重构的基本现状

重构一词通常是指在不改变代码的外部行为的情况下而修改源代码，有时非正式地称为"清理干净"。在极端编程方法学中，重构常常是软件开发循环的一部分：开发总是或者增加新的测试和功能，或者重构代码来改善内部的一致性和清晰性。测试保证了重构没有改变代码的外部行为。

随着软件系统的演化，软件系统可能变得越来越复杂，复杂度将从各种方面积累起来。程序员长期以来的经验表明软件的重构工作枯燥乏味、费时并且容易出错。因此，开展自动软件重构研究十分必要，并且自动化软件重构已经成为软件工程研究领域的一个热点和难点。

思考题

1. 软件重构是什么？
2. 使用 IDE 中的某项重构功能，并指出该功能的优缺点。
3. 在手工重构时，该如何实施才能保证重构的正确性？

10.6　软件控制论

自从 1948 年诺伯特·维纳出版了著名的《控制论：或关于在动物和机器中控制和通信的科学》一书以来，控制论的思想和方法已经渗透到了几乎所有的自然科学和社会科学领域。维纳把控制论看作一门研究机器、生命社会中控制和通信的一般规律的科学，是研究动态系统在变化环境条件下如何保持平衡状态或稳定状态的科学。他特意创造了"cybernetics"这个英语新词来命名这门科学。"控制论"一词最初来源希腊文"mberuhhtz"，原意为"操舵术"，就是掌舵的方法和技术的意思。在柏拉图的著作中，经常用它来表示管理的艺术。

控制论是研究动物（包括人类）和机器内部的控制与通信的一般规律的学科，着重于研究过程中的数学关系。控制论是综合研究各类系统的控制、信息交换、反馈调节的科学，是跨人类工程学、控制工程学、通信工程学、计算机工程学、一般生理学、神经生理学、心理学、数学、逻辑学、社会学等众多学科的交叉学科。

"控制"的定义是：为了"改善"某个或某些受控对象的功能或发展，需要获得并使用信息，以这种信息为基础而选出的、于该对象上的作用，就叫作控制。由此可见，控制的基础是信息，一切信息传递都是为了控制，进而任何控制又都有赖于信息反馈来实现。信息反馈是控制论的一个极其重要的概念。通俗地说，信息反馈就是指由控制系统把信息输送出去，又把其作用结果返送回来，并对信息的再输出发生影响，起到制约的作用，以达到预定的目的。

软件工程，简单地说，就是将工程化应用于软件，即将系统化的、规范化的、可度量的方法应用于软件的开发、运行和维护的过程，采用工程的概念、原理、技术和方法来开发与维护软件。

软件控制论是探讨软件工程理论和控制理论相互渗透的交叉理论，该理论通过将软件（软件工程）问题归结为控制问题，以及将控制问题归结为软件问题，研究这两个领域的互补和结合，从而达到分别发展这两个领域的作用。

控制论的研究可以为控制软件复杂性、软件的修改变化提供更方便、更有效的方法，即可以利用控制论的原理和技术解决软件开发过程中的问题。这种对软件过程进行监督和控制的软件控制论也叫一阶软件控制论。

软件控制论的意义

软件过程和软件系统应是自主、可信、经济的（Autonomous，Dependable，Affordable，ADA），其实现的手段是工程化科学和技术。因此，软件工程是将软件过程和软件系统工程化为 ADA 的科学和技术，即软件 ADA 科学与技术。

软件构造是一种工程化过程。软件工程的基本指导思想是将工程化的方法引入软件构造或生产过程。软件的构造不再是个人艺术，而是一种可重复的过程，旨在实现三大目标：保证软件质量、确保软件生产进度、控制生产费用。对软件生产各个阶段实行有效控制是实现这三大目标的根本，显然，软件控制论的研究和实践可为软件工程的发展做出实质性贡献。

计算是一种控制过程，在串行计算和并发计算中，存在控制机理，只是其作用被隐含其中，并未被突出。服务是一种控制系统，将控制的思想方法引入基于服务的软件系统，可使得服务至少包含两个基本部分，一部分是正常运行部分，另一部分是监督部分，用于处理非正常情况。这就形成了服务即控制系统（Service as a Control System，SaaCS）的理念。

软件控制论旨在探讨计算机软件领域与控制领域的交叉、跨学科研究，其核心科学问题是，如何建立软件行为的控制模型、设计方法和控制理论，以实施对它们的有效、定量化的控制。一般地说，软件控制论关注四个方面的问题：如何形式化和定量化刻画软件行为的反馈和自适应控制机制；如何将控制原理和理论应用于改进软件开发过程和控制软件系统运行行为；如何将软件工程原理和理论应用于控制系统设计和综合；如何为软件工程和控制工程建立统一的原理和理论框架。

软件控制论实例

自适应控制系统是通过在线实时了解被控对象，不断调节控制器，使系统的性能达到技术要求或最优。自适应系统有三大要素：一是在线实时了解对象；二是有一个可调环节；三是使系统性能达到要求或最优。自适应控制可以分为直接自适应控制和间接自适应控制。在间接自适应控制中，被控对象的参数未知，首先在线估计对象参数，利用估计值对控制器参数进行调整以使系统性能指标达到要求；而在直接自适应控制中，不对对象参数进行估计，直接通过调整控制器参数使系统性能得到改进。

自适应测试的理论基础是以自适应控制系统为基础，即受控马尔可夫链。以软件测试为例，自适应测试方法把被测软件当作控制对象，利用受控马尔可夫链理论设计和优化软件测试策略，并把测试策略作为控制器和被测软件构成一个闭环反馈系统，它是软件测试的控制论方法的具体实现（图 10-6）。

所以，自适应软件测试对应于软件测试过程中的自适应控制，意味着软件测试策略应该根据测试过程中收集到的测试数据以及人们对待测试软件的理解进行在线调整。与路径测试、功能测试等传统方法不同的是，自适应软件测试具有明确的优化目标，在测试的过程中不断根据先验知识进行目标优化，而传统方法一般都不具备动态优化功能。

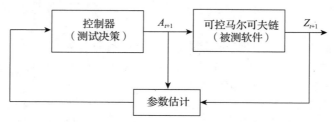

图 10-6　自适应测试系统的结构框图

现有测试技术存在两个问题：没有引入测试历史信息，大量的测试信息（比如，测试用例的有效性）没有用于指导下一步的测试行为；没有对被测对象的参数和对象的性质做在线估计。由此产生的结果是：缺乏对测试过程的改进，不能得到最有效的测试过程；对测试对象的性质不了解，难以实现给定的测试目标（比如，测试代价最小，可靠性评估的方差最小）。而自适应测试正是利用测试过程中的历史信息，并用它来指导未来的测试步骤（比如，测试用例的选择），同时用这些测试信息估计被测对象的性质和参数，根据这些参数可以更有针对性地选取测试用例，实现给定目标下的最优测试。但自适应软件测试方法的效果依赖于反馈系统的形式化和反馈机制的质量，目前相应的反馈机制还远未成熟。尽管反馈机制在软件过程中随处可见，但高度形式化和定量化的反馈机制还未形成，这大大制约了自适应软件测试方法的应用。

软件控制论的研究现状

软件控制论是软件工程领域内的一个分支，这个术语首先是北航蔡开元教授提出来的，并强调早在 1994 年，就有了软件控制论的想法，主要是利用控制论或控制理论与方法去解决软件工程中的问题。近年来，人们对软件控制论的内涵和外延的认识不断扩展，关于软件控制论相关的研究论文将近 200 篇，比较有影响的综述有 4 篇。

思考题
1. 软件控制论的核心是什么？

10.7　软件工程的理论与方法

在软件这个概念形成之初，没有人曾预料到计算机软件会成为现代社会中科学、工程和商业的基础设施。计算机软件的持续发展不仅极大地促进了现代科技的进步，还推动了传统制造业、印刷业和大众传媒等领域的根本转变。近年来，随着互联网等新兴技术的发展和推广，在各式各样的软件产品和服务的驱动下，人们的日常生活和生产方式发生了革命性的变化，包括交通运输、办公、医疗、通信、军事、工业以及娱乐等各个领域都离不开软件的支持。在这样一个"软件定义一切、软件使能一切"的时代，软件的重要性不言而喻，而如何有效应用软件、如何开发出高质量的软件已成为社会和企业谋求发展和创新的核心竞争力。

基于此，软件从业者一直以来都在试图开发新的技术，以使得高质量软件的开发变得更加快捷、容易且成本低廉。然而，作为一种运行在计算机和电子设备中的指令和数据的集合，软件制品本身具有的复杂性、不可见性、易变性和服从性等特点为软件开发带来了与传统物理制品制造所不同的困难和挑战。尤其是在 20 世纪 60 年代，人们发现在使用传统的"软件作坊"方式开发软件时会产生很多严重问题,包括大批软件项目超出金钱和时间预算,甚至造成财产和生命的损失。这一"软件危机"促使人们开始不断思考如何以科学系统的方式开发和维护大规模复杂软件,并最终在 1968 年的 NATO 会议上首次提出了"软件工程"这一概念,使得软件开发开始从"强调个体技巧的行为"向"严格的工程化方法"转变。

软件工程是把系统的、规范的、可量化的方法应用于软件开发、运行和维护的过程,即将成熟的、经过时间考验的工程化方法应用于软件开发。其中,如何低成本地构造高质量的软件是软件工程学科的基本科学问题。针对这一科学问题,软件工程的研究者和实践者在不同的方向上进行了长久深入的探索。20 世纪 60 年代末注重对程序结构的研究,产生了结构化程序设计思想;70 年代强调软件的结构化分析和设计,提出以数据为中心的抽象数据类型概念;80 年代从程序设计方法学研究转向软件开发方法学研究,计算机辅助软件工程成为热点;90 年代面向对象技术成为主流的软件开发技术,软件过程研究、面向方面的方法等开始兴起,软件复用和软件构件技术受到重视;2000 年以后,随着对软件需求的增大以及软件开发团队的小型化趋势,以敏捷为代表的轻量级技术开始发挥越来越重要的作用,服务化、软件产品线等概念逐步影响软件的构造和交付方式;最近,大数据和人工智能等领域的发展也促进了其与软件工程的协同增强,智能化和生态化方法开始成为软件工程研究和应用的前沿。

经过 50 余年的发展,软件工程已成为一门重要的学科领域,不同的软件工程方法为高质量软件的开发提供了积极的推动和支持作用。但我们也需要认识到,已有的软件工程方法离彻底解决软件危机尚有较大差距。Brooks 曾在其经典的"没有银弹"的论著中指出,软件开发是一项困难的活动,其中的本质性困难来源于所要解决的问题本身所固有的复杂性和多变性,而附属性困难则源自解决问题时所使用的技术手段和过程。对应地,新的软件开发方法只能消除软件开发的附属性困难,并在一定程度上提高人们理解和驾驭本质性困难的能力。上述特性让"做好一个软件"变得十分困难,但同时也让软件工程研究有了独特的挑战和魅力。

X- 软件工程

现代软件工程是一个多分支、跨学科的研究领域,人们在实践中不断总结,形成了一批各具特色的软件工程方法,如图 10-7 所示。这些不同的软件工程方法共同构成了丰富的软件工程方法学体系,旨在从不同的视角回答软件工程的核心科学问题。我们在这里将这些软件工程方法统称为 X- 软件工程。

例如,在如何抽象、组织、构造和维护软件的组成元素方面,有面向对象软件工程、面向方面软件工程、面向构件软件工程和面向服务软件工程等方法;在不同的开发方法和思想的应用方面,有敏捷软件工程、净室软件工程、基于模型的软件工程、基于知识的软件工程等方法;在软件工程和其他学科的交叉领域方面,以基于搜索的软件工程和群智软件工程为代表的方法分别利用演化计算方法和群体智能方法求解软件工程问题;在不同类型的软件和运行环境方面,大数据软件工程和智能化软件工程一方面利用大数据和人工智能等技术来增强人们开发复杂软件的能力,另一方面还强调如何为大数据软件和人工智能软件设计最为合适的软件开发方法。

表 10-2 进一步给出了图 10-7 中软件工程方法的基本概念。我们需要强调这些软件工程方法之间并不是互相独立和割裂的,在实践中往往需要综合应用和参考多种方法来解决具体的软件开发问题。例如,我们可能会选择面向服务的思想来分析和设计软件系统架构,同时使用基于搜索的软件工程方法来解决服务组合的问题,并在这一过程中参考可信软件工程方法来提高整个软件系统的可靠性、安全性和容错性等多种质量属性。

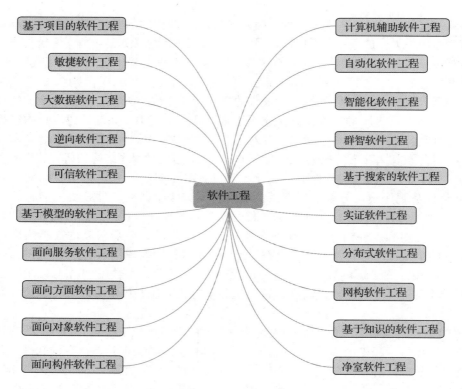

图 10-7　现代软件工程方法

表 10-2　现代软件工程方法的基本概念

现代软件工程方法	基本概念
面向对象软件工程	使用具有封装、继承和多态机制的面向对象方法来开发软件
面向方面软件工程	使用封装和编织横切关注点的面向方面方法来开发软件
面向构件软件工程	通过组装可复用的软件构件来开发软件
面向服务软件工程	使用服务作为软件开发和交付的基本元素来开发软件
基于模型的软件工程	借助模型的转换和映射来实施软件工程活动
计算机辅助软件工程	使用软件工具辅助软件的开发和维护
自动化软件工程	借助计算机完全自动化软件开发的各个过程
分布式软件工程	针对分布式软件的不确定、竞争和同步机制的软件工程方法
敏捷软件工程	强调快速迭代、拥抱变化等价值观的软件工程方法
净室软件工程	通过严格规范和形式化方法来确保零缺陷的软件工程方法
可信软件工程	获得和保证高可信软件系统关键性质的软件工程方法
逆向软件工程	从可运行程序出发生成对应源代码及相关设计的方法
实证软件工程	通过调查、案例研究和实验等手段评估软件工程方法
网构软件工程	应用互联网上自主、协同的网构软件来开发软件
基于项目的软件工程	通过软件项目管理来使软件开发按期望进行
基于知识的软件工程	应用知识工程方法来指导软件开发

（续）

现代软件工程方法	基本概念
基于搜索的软件工程	应用基于搜索的优化算法来解决软件工程问题
大数据软件工程	应用大数据来辅助软件开发 / 大数据软件的构造
智能化软件工程	应用人工智能来辅助软件开发 / 智能软件系统的构造
群智软件工程	应用互联网环境下的群体智慧来解决软件工程问题

人们对软件开发的群智化、生态化和服务化已经有了非常深刻且系统的认识，这些独立发展起来的软件开发方法和理论是人们在实践中不断探索、效法和顺应自然而产生的，具有不可阻挡的优势和生命力，将它们中的任何两个结合在一起都能够起到互相增强的作用（图 10-8）。在此基础上，研究面向服务的群智化、生态化软件构造方法可以系统地将服务化、群智化和生态化中积极和充满活力的元素有机融合在一起，从而形成新的更有力的软件开发理论和方法。

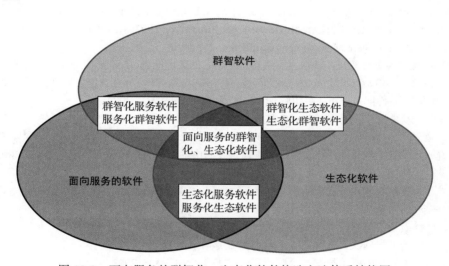

图 10-8　面向服务的群智化、生态化软件构造方法体系结构图

思考题

1. 历史上出现过哪些比较有影响的软件开发方法？

参 考 文 献

[1] 彭国军，傅建明，梁玉. 软件安全 [M]. 武汉：武汉大学出版社，2015.

[2] 陈火旺，王戟，董威. 高可信软件工程技术 [J]. 电子学报，2003，31（Z1）：2-7.

[3] 刘克，单志广，王戟. 可信软件基础研究重大研究计划综述 [J]. 中国科学基金，2008，22（3）：145-151.

[4] N Fenton, J Bieman. Software metrics: A rigorous and practical approach[M]. 3rd ed. CRC Press, 2014.

[5] C Jones. A guide to selecting software measures and metrics[M]. CRC Press, 2017.

[6] G Blokdyk. Software metrics: a complete guide[M]. Emerson Pty Limited, 2019.

[7] IEEE. IEEE Standard for Software Reviews: IEEE Std 1028—1997[S]. 1997.

[8] NASA-GB-001. Software Management Guidebook[Z]. 1996.

[9] 郝红岩.《NASA 软件管理指南》主要内容综述 [J]. 航天标准化，1999（01）.

[10] ECSS-Q-80A. Software Product Assurance[S]. 1996.

[11] Wiegers K E. 软件同级评审（影印版）[M]. 北京：科学出版社，2004.

[12] 石柱，等. 软件评审：类型及其实施要求 [J]. 航天控制，2007，25（3）.

[13] 石柱，周新蕾，缪峥红. 航天软件审查的实施方法及应用经验 [J]. 系统工程与电子技术，2000（10）.

[14] 刘从越，张洪霞. 论软件评审在军用软件质量控制中的作用 [J]. 计算机工程与设计，2009（08）.

[15] 刘正高. 软件评审 [J]. 世界标准化与质量管理，1999（12）.

[16] 刘正高. NASA 软件评审规程综述 [J]. 航天标准化，1999（05）.

[17] 朱少民. 软件质量保证和管理 [M]. 北京：清华大学出版社，2007.

[18] 张瑾. 软件质量管理指南 [M]. 北京：电子工业出版社，2009.

[19] 刘斌. 软件验证与确认 [M]. 北京：国防工业出版社，2011.

[20] 聂长海. 软件测试的概念与方法 [M]. 北京：清华大学出版社，2013.

[21] 秦航，杨强. 软件质量保证与测试 [M]. 北京：清华大学出版社，2012.

[22] 熊伟，丁伟儒. 软件质量管理新模式 [M]. 北京：中国标准出版社，2008.

[23] Karl E Wiegers, Joy Beatty. 软件需求（原书第 3 版）[M]. 李忠利，李淳，霍金健，等译. 北京：机械工业出版社，2016.

[24] 金芝，刘璘，金英. 软件需求工程：原理和方法 [M]. 北京：科学出版社，2008.

[25] 聂长海. 关于软件测试的几点思考 [J]. 计算机科学，2011，38（2）：1-3.

[26] 曹哲，高诚. 软件工程 [M]. 北京：中国水利水电出版社，2008.

[27] Capers Jones, Oliver Bonsignour. 软件质量经济学 [M]. 廖彬山，译. 北京：机械工业出版社，2014.

[28] IEEE. IEEE Standard for Software Quality Assurance Plans, Software Engineering Standards Committee of the IEEE Computer Society: IEEE Std 730™—2002[S]. 2002.

[29] Mark C Paulk, B Curtis, M B Chrissis, et al. Capability Maturity Model for Software[R]. 1993.

[30] C Weber, B Curtis, M B Chrissis. The capability maturity model, guidelines for improving the software process[M]. Addison Wesley, 1994.

[31] 何新贵. 软件能力成熟度模型 CMM 的框架与内容 [J]. 计算机应用，2001（03）：1-5.

[32] 黄玉，王璐瑶，赵庆祥. 软件工程标准化现状与分析 [J]. 电子技术与软件工程，2016（18）.

[33] 杜楠. 软件工程标准化浅析 [J]. 中国标准导报，2015（01）.

[34] 刘振宇. 软件质量标准的发展与应用 [J]. 软件产业与工程，2014（06）.

[35] 傅育熙，李国强，田聪. 形式化方法的理论基础专题前言 [J]. 软件学报，2018，29（06）：1515-1516.

[36] 王戟，詹乃军，冯新宇，等. 形式化方法概貌 [J]. 软件学报，2019，30（01）：33-61.

[37] Jim Woodcock, Peter Gorm Larsen, Juan Bicarregui, et al. Formal methods [J]. ACM Computing Surveys (CSUR), 2009, 41(4).

[38] Leesatapornwongsa T, Hao M, Joshi P, et al. SAMC: semantic-aware model checking for fast discovery of deep bugs in cloud systems[C]. Usenix Conference on Operating Systems Design & Implementation, USENIX Association, 2014.

[39] M Musuvathi, D Y Park, A Chou, et al. CMC: A pragmatic approach to model checking real code[C]. In Proceedings of the Fifth Symposium on Operating Systems Design and Implementation (OSDI '02), 75-88, 2002.

[40] Wu W T. Mathematics Mechanization[M]. 北京：科学出版社，2003.

[41] 颜炯，贾可荣. 逻辑与程序正确性 [J]. 计算机科学，1999，26（7）：57-60.

[42] Harrison J, Urban J, Wiedijk F. History of interactive theorem proving[J]. Handbook of the History of Logic, 2014, 9(2):135-214.

[43] 张文霞. 浅谈计算机仿真技术的发展及其应用 [J]. 计算机产品与流通，2018（09）：12.

[44] 郝雅萍. 基于计算机仿真技术的发展及其应用 [J]. 电子技术与软件工程，2018（20）：125.

[45] 张鹏. 浅析计算机仿真技术及其应用 [J]. 科技风，2018（34）：84.

[46] 滑涛. 计算机仿真技术的发展及应用探析 [J]. 山东工业技术，2016（18）：115.

[47] 裴秀琴. 计算机仿真技术的探究 [J]. 电子世界，2018（02）：202-204.

[48] 胡命杰. 谈计算机仿真技术的新发展 [J]. 信息安全与技术，2015（2）：3-4.

[49] Pradhan D K. Fault-Tolerant Computing[J]. Computer, 1980, 13(3): 6-7.

[50] Nelson V P, Carroll B. Fault-tolerant computing[M]. Prentice-Hall, 1978.

[51] Barborak M. The consensus problem in fault-tolerant computing[J]. Acm Computing Surveys, 1993, 25(2): 171-220.

[52] Nelson V P. Fault-Tolerant Computing: Fundamental Concepts[J]. IEEE Computer, 1990, 23(7): 19-25.

[53] 闵应骅. 容错计算二十五年 [J]. 计算机学报，1995，18（12）：930-943.

[54] Peter Mell, Timothy Grance. The NIST Definition of Cloud Computing[R]. National Institute of Standards and Technology: U.S. Department of Commerce. DOI:10.6028/NIST.SP.800-145. Special publication 800-145.

[55] Chen S, Zhang T, Shi W. Fog Computing[J]. IEEE Internet Computing, 2017, 21(2): 4-6.

[56] Vaquero L M, Roderomerino L. Finding your Way in the Fog: Towards a Comprehensive Definition of Fog Computing[J]. ACM SIGCOMM Computer Communication Review, 2014, 44(5): 27-32.

[57] Pande V, Marlecha C, Kayte S. A Review-Fog Computing and Its Role in the Internet of Things[J]. DOI: 10.1145/2342509.2342513. 2016.

[58] Luan T H, Gao L, Li Z, et al. Fog Computing: Focusing on Mobile Users at the Edge[J]. Computer Science, 2015.

[59] Shi W, et al. Edge Computing: Vision and Challenges[J]. IEEE Internet of Things Journal, 2016, 3(5): 637-646.

[60] Shi W, Dustdar S. The Promise of Edge Computing[J]. Computer, 2016, 49(5): 78-81.

[61] Satyanarayanan M. The Emergence of Edge Computing[J]. Computer, 2017, 50(1): 30-39.

[62] Mach P, Becvar Z. Mobile Edge Computing: A Survey on Architecture and Computation Offloading[J]. IEEE Communications Surveys & Tutorials, 2017(99): 1-1.

[63] Mao Y, You C, Zhang J, et al. A Survey on Mobile Edge Computing: The Communication Perspective[J]. IEEE Communications Surveys & Tutorials, 2017(99): 1-1.

[64] Weiser, M. Some Computer Science Issues in Ubiquitous Computing[J]. Communications of the ACM, 1993(36): 75-84.

[65] 徐光祐，史元春，谢伟凯．普适计算 [J]. 计算机学报，2003，26（9）．

[66] Hightower J, Borriello G. Location systems for ubiquitous computing[J]. Computer, 2001, 34(8): 57-66.

[67] Weiser M. Some computer science issues in ubiquitous computing[J]. ACM SIGMOBILE Mobile Computing and Communications Review, 1999, 3(3): 12.

[68] 工业和信息化部．信息通信行业发展规划物联网分册（2016—2020 年）[EB/OL].（2016-06-05）[2020-03-23]. https://wenku.baidu.com/view/21337d9a492fb4daa58da0116c175f0e7dd11972.html.

[69] 陈宗智．工业 4.0 落地之道 [M]. 北京：人民邮电出版社，2015.

[70] 森德勒．工业 4.0[M]. 邓敏，李现民，译．北京：机械工业出版社，2014.

[71] 杨青峰．智慧的维度：工业 4.0 时代的智慧制造 [M]. 北京：电子工业出版社，2015.

[72] Liu G, Jiang D. 5G: Vision and requirements for mobile communication system towards year 2020[J]. Chinese Journal of Engineering, 2016, 33(7): 1-8.

[73] You X H, Pan Z W, Gao X Q, et al. The 5G mobile communication: the development trends and its emerging key techniques[J]. Scientia Sinica, 2014, 44(5): 551.

[74] weixin_34184158. 5G 的基本特点与关键技术 [EB/OL]. https://blog.csdn.net/weixin_34184158/article/details/92381470.

[75] 张志荣，许晓航，朱雪田，等．基于 AI 的 5G 基站节能技术研究 [J]. 电子技术应用，2019，45(10)：1-4.

[76] 张传福，赵立英，张宇，等．5G 移动通信系统及关键技术 [M]. 北京：电子工业出版社，2018.

[77] 王锐．并发系统的组合结构研究及应用 [D]. 扬州：扬州大学，2018.

[78] 陈刚，关楠，吕鸣松，等．实时多核嵌入式系统研究综述 [J]. 软件学报，2018，29（07）：2152-2176.

[79] 高晓川．面向动态异构多核处理器的公平性任务调度研究 [D]. 合肥：中国科学技术大学，2015.

[80] 娄耘赫．面向大数据处理的多核处理器 Cache 一致性协议 [D]. 长沙：国防科学技术大学，2014.

[81] 高梓焱．基于 C/S 模式下的中间件的应用与发展 [J]. 信息系统工程，2018（9）：131.

[82] 张联梅，王和平．软件中间件技术现状及发展 [J]. 信息通信，2018（5）：183-184.

[83] 陈海明，石海龙，李勐，等．物联网服务中间件：挑战与研究进展 [J]. 计算机学报，2017，40（8）：1725-1749.

[84] M Wooldridge, et.al. Intelligent Agents: Theory and Practice[J]. Knowledge Engineering Review, 1995, 10(2).

[85] Rajeev Alur. 信息物理融合系统（CPS）原理 [M]. 董云卫，张雨，译．北京：机械工业出版社，2017.

[86] 听云．2017 移动应用性能管理白皮书 [EB/OL]. [2020-03-23]. http://www.docin.com/p-1681858511.html.

[87] 卢琳．移动互联网应用软件开发项目质量管理研究 [D]. 哈尔滨：哈尔滨工业大学，2014.

[88] 中国信息通信研究院．2017 年国内手机市场运行情况及发展趋势分析 [EB/OL]. [2020-03-23]. https://wenku.baidu.com/view/5f7376960342a8956bec0975f46527d3240ca69f.html.

[89] 杨芙清，梅宏，吕建，等．浅论软件技术发展 [J]. 电子学报，2002（S1）：1901-1906.

[90] Mei H, Huang G, Zhao H, et al. A software architecture centric engineering approach for Internetware[J]. Science in China: Information Sciences, 2006, 49(6): 702-730.

[91] 马华．工作流驱动面向服务的构件组装平台 [J]. 计算机系统应用，2010，19（04）：23-27.

[92] 张大鹏，王文杰，史忠植．一种基于主体的可信网构软件设计方法 [J]. 电子学报，2010，38（11）：2523-2528.

[93] 吕建，陶先平，马晓星，等．基于 Agent 的网构软件模型研究 [J]. 中国科学（E 辑），2005，35(12)：

1233-1253.

[94] 梅宏，黄罡，赵海燕，等.一种以软件体系结构为中心的网构软件开发方法 [J].中国科学（E 辑），2006，36（10）：1100-1126.

[95] 常志明，毛新军，齐治昌.基于 Agent 的网构软件构件模型及其实现 [J].软件学报，2008，19（5）：1113-1124.

[96] Lu R. From hardware to software to knowware: IT's third liberation?[J]. IEEE Intell Syst, 2005: 82-85.

[97] Ruqian Lu, Zhi Jin. From knowledge based software engineering to knowware based software engineering[J]. Science in China Series F: Information Sciences, 2008, 51(6): 638-660.

[98] Lu Ruqian, et al. A Study on Big Knowledge and Its Engineering Issues[J]. IEEE Transactions on Knowledge and Data Engineering, 2019(31): 1630-1644.

[99] Z H Zhou. Learnware: On the future of machine learning[J]. Frontiers of Computer Science, 2016,10(4): 589-590.

[100] 周志华.机器学习：发展与未来 [J].中国计算机学会通讯，2017（1）：44-51.

[101] 王继业，孙德栋，等.企业级软件生产线 2.0——国家电网云研发平台及应用 [M].北京：电子工业出版社，2018.

[102] 徐正权.软件生产线方法 [J].小型微型计算机系统，2000（3）：309-312.

[103] 荣国平，张贺，邵栋，等.DevOps 原理、方法与实践 [M].北京：机械工业出版社，2017.

[104] Christof Ebert, Gorka Gallardo, Josune Hernantes, et al. DevOps[J]. IEEE SOFTWARE, 2016(5/6): 94-100.

[105] 江贺，陈信，张静宣，等.软件仓库挖掘领域：贡献者和研究热点 [J].计算机研究与发展，2016（12）：2768-2782.

[106] Mark Harman, Yue Jia, Yuanyuan Zhang. App store mining and analysis: MSR for app stores[C]. In Proceedings of the 9th IEEE Working Conference on Mining Software Repositories (MSR'12), IEEE Press, 2012: 108-111.

[107] 周志华.机器学习 [M].北京：清华大学出版社，2016.

[108] 机器学习研究会.最全知识图谱综述：概念以及构建技术 [EB/OL]. [2020-03-23]. https://blog.csdn.net/Leohfan/article/details/82630573.

[109] 周源泉.统计预测概述 [J].质量与可靠性，2014（01）：1-5.

[110] 杨荫洲.统计预测方法（一）[J].统计研究，1986（03）：44-56.

[111] 陈万米，汪镭，等.人工智能：源自挑战服务人类 [M].上海：上海科学普及出版社，2018.

[112] 腾讯研究院，中国信通院互联网法律研究中心，等.人工智能：国家人工智能战略行动抓手 [M].北京：中国人民大学出版社，2017.

[113] 国务院.促进大数据发展行动纲要 [EB/OL]. [2020-03-23]. https://wenku.baidu.com/view/bb8dd3fbac02de80d4d8d15abe23482fb5da0223.html

[114] 袁勇，王飞跃.区块链技术发展现状与展望 [J].自动化学报，2016，42（04）：481-494.

[115] 朱立，俞欢，詹士潇，等.高性能联盟区块链技术研究——以去中心化主板证券竞价交易系统为例 [J].软件学报，2019，30（6）：1577?1593.

[116] 王秀利，江晓舟，李洋，等.一种应用区块链的数据访问控制与共享模型 [J].软件学报，2019（6）：1-9.

[117] 李芳，李卓然，赵赫.区块链跨链技术进展研究 [J].软件学报，2019（6）：1649-1660.

[118] 宋伾阳，徐海水.区块链关键技术与应用特点 [J].网络安全技术与应用，2019（04）：18-23.

[119] 邵奇峰，张召，朱燕超，等.企业级区块链技术综述 [J].软件学报，2019（04）：1-22.

[120] 杨亚涛，蔡居良，张筱薇，等.基于 SM9 算法可证明安全的区块链隐私保护方案 [J].软件学报，2019：1-16.

[121] 徐蜜雪，苑超，王永娟，等.拟态区块链——区块链安全解决方案 [J].软件学报，2019：1-12.

[122]　张健，张超，玄跻峰，等 . 程序分析研究进展 [J]. 软件学报，2019，30（1）：80-109.

[123]　李长云，何频捷，李玉龙 . 软件动态演化技术 [M]. 北京：北京大学出版社，2007.

[124]　Priyadarshi Tripathy, Kshirasagar Naik. 软件演化与维护 [M]. 张志祥，毛晓光，谢茜，译 . 北京：电子工业出版社，2019.

[125]　李必信，廖力，等 . 软件架构理论与实践 [M]. 北京：机械工业出版社，2019.

[126]　Gamma Erich. 设计模式：可复用面向对象软件的基础 [M]. 李英军，等译 . 北京：机械工业出版社，2000.

[127]　Martin Fowler. 重构：改善既有代码的设计 [M]. 熊节，译 . 北京：人民邮电出版社，2010.

[128]　Cai K Y, Chen T Y, Tse T H. Towards research on software cybernetics[C]. In 7th IEEE International Symposium on High Assurance Systems Engineering (HASE'02), 2002: 240.

[129]　Cai K Y, Cangussu J W, De Carlo, et al. An overview of software cybernetics[C]. In Eleventh Annual IEEE International Workshop on Software Tech-nology and Engineering Practice, 2003: 77-86.

[130]　Cangussu J W, Cai K Y, Miller S D, et al. Software cybernetics[J]. Wiley Encyclopedia Comput. Sci. Eng, 2007.

[131]　Hongji Yang, Feng Chen, Suleiman Aliyu. Modern software cybernetics: New trends[J]. The Journal of Systems and Software, 2017(124): 169-186.

[132]　Evseeva Yulia Igorevna. Software cybernetics: current state and problems[EB/OL]. http://ceur-ws.org/Vol-1989/paper5.pdf.

[133]　马晓星，刘譞哲，谢冰，等 . 软件开发方法发展回顾与展望 [J]. 软件学报，2019，30（1）：3-21.

推荐阅读

软件数据分析的科学与艺术

作者：[美] 克里斯蒂安·伯德 蒂姆·孟席斯 托马斯·齐默尔曼 编著 译者：孙小兵 李斌 汪盛
ISBN：978-7-111-64760-7 定价：159.00元

大数据时代，可供分析的软件制品日益增多，软件数据分析技术面临着新的挑战。本书深入探讨了软件数据分析的科学与艺术，来自微软、NASA等的多位软件科学家和数据科学家分享了他们的实践经验。

书中内容涵盖安全数据分析、代码审查、日志文档、用户监控等，技术领域涉及共同修改分析、文本分析、主题分析以及概念分析等方面，还包括发布计划和源代码注释分析等高级主题。书中不仅介绍了不同的数据分析工具和近年来涌现的各类研究方法，而且深入剖析了大量的实战案例。

本书特色：

介绍不同数据分析工具的应用方法，分享一线企业的经验和技巧。

讨论近年来涌现的各类研究方法，同时提供大量的案例分析。

了解工业界中关于数据科学创新的精彩故事。

软件架构理论与实践

作者：李必信 廖力 王璐璐 孔祥龙 周颖 编著 中文版：978-7-111-62070-9 定价：99.00元

本书涵盖了软件架构涉及的几乎所有必要的知识点，从软件架构发展的过去、现在到可能的未来，从软件架构基础理论方法到技术手段，从软件架构的设计开发实践到质量保障实践，以及从静态软件架构到动态软件架构、再到运行态软件架构，等等。

本书特色：

- 理论与实践相结合：不仅详细地介绍了软件架构的基础理论方法、技术和手段，还结合作者的经验介绍了大量工程实践案例。
- 架构质量和软件质量相结合：不仅详细地介绍了软件架构的质量保障问题，还详细介绍了架构质量和软件质量的关系。
- 过去、现在和未来相结合：不仅详细地介绍了软件架构发展的过去和现在，还探讨了软件架构的最新研究主题、最新业界关注点以及可能的未来。

推 荐 阅 读

智能计算系统

作者: 陈云霁 李玲 李威 郭崎 杜子东 编著 ISBN: 978-7-111-64623-5 定价: 79.00元

全面贯穿人工智能整个软硬件技术栈

以应用驱动, 形成智能领域的系统思维

前沿研究与产业实践结合, 快速提升智能计算系统能力

培养具有系统思维的人工智能人才必须要有好的教材。在中国乃至国际上, 对当代人工智能计算系统进行全局、系统介绍的教材十分稀少。因此, 这本《智能计算系统》教材就显得尤为及时和重要。
——陈国良 中国科学院院士, 原中国科大计算机系主任, 首届全国高校教学名师

懂不懂系统知识带来的工作成效差别巨大。这本教材以 "图像风格迁移" 这一具体的智能应用为牵引, 对智能计算系统的软硬件技术栈各层的奥妙和相互联系进行精确、扼要的介绍, 使学生对系统全貌有一个深刻印象。
——李国杰 中国工程院院士, 中科院大学计算机学院院长, 中国计算机学会名誉理事长

中科院计算所的学科优势是计算机系统与算法。本书作者在智能方向打通了系统与算法, 再将这些科研优势辐射到教学, 写出了这本代表了计算所学派特色的教材。读者从中不仅可以学到知识, 也能一窥计算所做学问的方法。
——孙凝晖 中国工程院院士, 中科院计算所所长, 国家智能计算机研发中心主任

作为北京智源研究院智能体系结构方向首席科学家, 陈云霁领衔编写的这本教材, 深入浅出地介绍了当代智能计算系统软硬件技术栈, 其系统性、全面性在国内外都非常难得, 值得每位人工智能方向的同学阅读。
——张宏江 ACM/IEEE会士, 北京智源人工智能研究院理事长, 源码资本合伙人

本书对人工智能软硬件技术栈 (包括智能算法、智能编程框架、智能芯片结构、智能编程语言等) 进行了全方位、系统性的介绍, 非常适合培养学生的系统思维。到目前为止, 国内外少有同类书。
——郑纬民 中国工程院院士, 清华大学计算机系教授, 原中国计算机学会理事长

本书覆盖了神经网络基础算法、深度学习编程框架、芯片体系结构等, 是国内第一本关于深度学习计算系统的书籍。主要作者是寒武纪深度学习处理器基础研究的开拓者, 基于一流科研水平成书, 值得期待。
——周志华 AAAI/AAAS/ACM/IEEE会士, 南京大学人工智能学院院长, 南京大学计算机系主任